平法钢筋
计算方法与实例
基于16G101系列平法新图集

上官子昌　主编

化学工业出版社

·北京·

本书主要依据《混凝土结构施工图平面整体表示方法制图规则和构造详图（现浇混凝土框架、剪力墙、梁、板）》(16G101-1)、《混凝土结构施工图平面整体表示方法制图规则和构造详图（现浇混凝土板式楼梯）》(16G101-2)、《混凝土结构施工图平面整体表示方法制图规则和构造详图（独立基础、条形基础、筏形基础、桩基础）》(16G101-3)等规范编写。本书共分为4章，详细地介绍了平法钢筋计算基础、施工图制图规则、计算方法以及计算实例等内容。

　　本书内容丰富、通俗易懂、实用性强，同时附有相关联的计算实例，便于读者加强理解。可供设计人员、施工技术人员、工程造价人员以及相关专业的师生学习参考。

图书在版编目（CIP）数据

平法钢筋计算方法与实例：基于16G101系列平法新图集/上官子昌主编. —北京：化学工业出版社，2018.9（2021.11重印）
　　ISBN 978-7-122-32635-5

Ⅰ.①平… Ⅱ.①上… Ⅲ.①钢筋混凝土结构-结构计算　Ⅳ.①TU375

中国版本图书馆CIP数据核字（2018）第155627号

责任编辑：徐　娟　　　　　　　　　　文字编辑：吴开亮
责任校对：边　涛　　　　　　　　　　装帧设计：张　辉

出版发行：化学工业出版社（北京市东城区青年湖南街13号　邮政编码100011）
印　　装：涿州市般润文化传播有限公司
787mm×1092mm　1/16　印张14½　字数349千字　2021年11月北京第1版第5次印刷

购书咨询：010-64518888　　　　　　售后服务：010-64518899
网　　址：http://www.cip.com.cn
凡购买本书，如有缺损质量问题，本社销售中心负责调换。

定　　价：58.00元　　　　　　　　　　　　　　版权所有　违者必究

编写人员名单

主　　编　上官子昌

编写人员

于　涛	王红微	王昌丁	王洪德
白雅君	卢　玲	刘艳君	孙　元
孙石春	孙丽娜	李　瑞	何　影
张晓霞	张黎黎	范桂清	高　飞
董　慧	褚丽丽	戴成元	

　　建筑结构施工图平面整体设计方法，简称"平法"，对我国目前混凝土结构施工图的设计表示方法做了重大改革。平法视全部设计过程与施工过程为一个完整的主系统，主系统由多个子系统（基础结构、柱墙结构、梁结构、板结构）构成，各子系统有明确的层次性、关联性和相对完整性。正是由于平法设计的图纸拥有这样的特性，因此我们在计算钢筋工程量时首先结合平法的基本原理准确理解数字化、符号化的内容，才能正确地计算钢筋工程量。基于此，我们组织编写了本书。

　　本书主要依据《混凝土结构施工图平面整体表示方法制图规则和构造详图（现浇混凝土框架、剪力墙、梁、板）》（16G101-1）、《混凝土结构施工图平面整体表示方法制图规则和构造详图（现浇混凝土板式楼梯）》（16G101-2）、《混凝土结构施工图平面整体表示方法制图规则和构造详图（独立基础、条形基础、筏形基础、桩基础）》（16G101-3）、《中国地震动参数区划图》（GB 18306—2015）、《混凝土结构设计规范（2015 年版）》（GB 50010—2010）、《建筑抗震设计规范（附条文说明）（2016 年版）》（GB 50011—2010）、《建筑结构制图标准》（GB/T 50105—2010）、《高层建筑混凝土结构技术规程》（JGJ 3—2010）等规范和标准编写。本书共分为 4 章，详细地介绍了平法钢筋计算基础、施工图制图规则、计算方法以及计算实例等内容。

　　本书内容丰富、通俗易懂、实用性强，同时附有相关联的计算实例，便于读者加强理解。由于时间有限，编写中难免存在疏漏之处，恳请广大读者批评指正。

编　者

2018. 01

目录

CONTENTS

第3章 平法钢筋计算方法 / 85

第1章

平法钢筋计算基础

1.1 钢筋基础知识

钢筋按生产工艺分为：热轧钢筋、冷轧钢筋、余热处理钢筋、冷轧扭钢筋、冷轧带肋钢筋、冷拔螺旋钢筋和钢绞线。

钢筋按轧制外形分为：光圆钢筋、螺纹钢筋（螺旋纹、人字纹）。

钢筋按强度等级分为：HPB300 表示热轧光圆钢筋，符号为φ；HRB335 表示热轧带肋钢筋，符号为Φ；HRB400 表示热轧带肋钢筋，符号为Φ；RRB400 表示余热处理带肋钢筋，符号为$Φ^R$。

（1）热轧钢筋。热轧钢筋是低碳钢、普通低合金钢在高温状态下轧制而成。钢筋强度提高，其塑性降低。热轧钢筋分为光圆钢筋和热轧带肋钢筋两种，如图 1-1 所示。

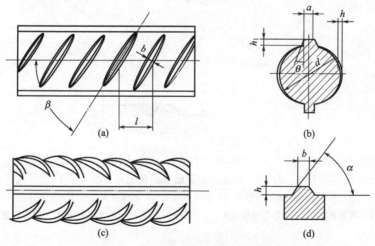

图 1-1 月牙肋钢筋表面及截面形状

（a）侧面图；（b）截面图；（c）示意图；（d）截面放大图

d—钢筋直径；$α$—横肋斜角；h—横肋高度；$β$—横肋与轴线夹角；

h_1—纵肋高度；a—纵肋斜角；l—横肋间距；b—横肋顶宽

（2）冷轧钢筋。冷轧钢筋是热轧钢筋在常温下通过冷拉或冷拔等方法冷加工而成。钢筋经过冷拉和时效硬化后，能提高它的屈服强度，但它的塑性有所降低，已逐渐淘汰。

钢丝是用高碳镇静钢轧制成圆盘后经过多道冷拔，并进行应力消除、矫直、回火处理而成。

刻痕钢丝是在光面钢丝的表面上进行机械刻痕处理，以增加与混凝土的黏结能力。

（3）余热处理钢筋。余热处理钢筋是经热轧后立即穿水，进行表面控制冷却，然后利用芯部余热自身完成回火等调质工艺处理所得的成品钢筋，热处理后钢筋强度得到较大提高而塑性降低并不明显。

（4）冷轧带肋钢筋。冷轧带肋钢筋是热轧圆盘条经冷轧在其表面轧成三面或两面有肋的钢筋。冷轧带肋钢筋的牌号由 CRB 和钢筋的抗拉强度最小值构成。C、R、B 分别为冷轧（cold rolled）带肋（ribbed）、钢筋（bar）三个词的英文首位大写字母。冷轧带肋钢筋分为 CRB550、CRB650、CRB800、CRB970、CRB1170 五个牌号。CRB550 为普通钢筋混凝土用钢筋，其他牌号为预应力混凝土用钢筋。

CRB550 钢筋的公称直径范围为 4～12mm。CRB650 及以上牌号的公称直径为 4mm、5mm、6mm。

冷轧带肋钢筋的外形呈月牙形，横肋沿钢筋截面周圈上均匀分布，其中三面肋钢筋有一面肋的倾角必须与另两面反向，二面肋钢筋一面肋的倾角必须与另一面反向。横肋中心线和钢筋轴线夹角 β 为 $40°\sim60°$。肋两侧面和钢筋表面斜角 α 不得小于 $45°$，横肋与钢筋表面呈弧形相交。横肋间隙的总和应不大于公称周长的 20%（图 1-2）。

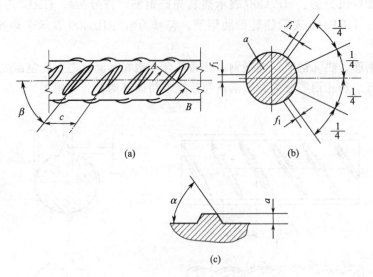

图 1-2　冷轧带肋钢筋表面及截面形状

(a) 表面形状；(b) 截面形状；(c) 截面放大 $A—B$

α—横肋斜角；β—横肋与轴线夹角；a—横肋中点高；c—横肋间距；f_1—横肋间隙

（5）冷轧扭钢筋。冷轧扭钢筋是用低碳钢钢筋（含碳量低于 0.25%）经冷轧扭工艺制成，其表面呈连续螺旋形（图 1-3）。这种钢筋具有较高的强度，而且有足够的塑性，与混凝土黏结性能优异，代替 HPB300 级钢筋可节约钢材约 30%。一般用于预制钢筋混凝土圆孔板、叠合板中的预制薄板以及现浇钢筋混凝土楼板等。

（6）冷拔螺旋钢筋。冷拔螺旋钢筋是热轧圆盘条经冷拔后在表面形成连续螺旋槽的钢筋。冷拔螺旋钢筋的外形见图 1-4。冷拔螺旋钢筋的生产，可利用原有的冷拔设备，只需增加一个专用螺旋装置与陶瓷模具。该钢筋具有强度适中、握裹力强、塑性好、成本低等优点，可用于钢筋混凝土构件中的受力钢筋，以节约钢材；用于预应力空心板可提高延性，改善构件使用性能。

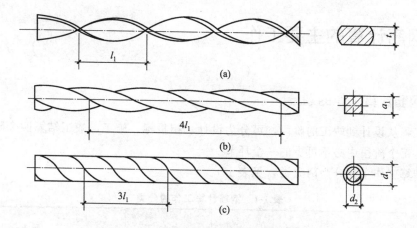

图 1-3　冷轧扭钢筋形状及截面控制尺寸

（a）Ⅰ型；（b）Ⅱ型；（c）Ⅲ型

l_1—节距；t_1—轧扁厚度；a_1—正方形边长；d_1—外圆直径；d_2—内圆直径

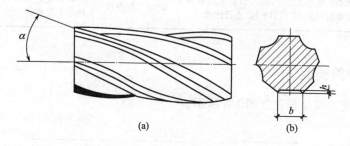

图 1-4　冷拔螺旋钢筋表面及截面形状

（a）表面形状；（b）截面形状

α—横肋与钢筋轴线夹角；b—横肋间隙；h—横肋中点高

（7）钢绞线。钢绞线由沿一根中心钢丝成螺旋形绕在一起的公称直径相同的几根钢丝构成。预应力钢绞线表面及截面形状见图 1-5。常用的有 1×3 和 1×7 标准型。

预应力钢筋宜采用预应力钢绞线、钢丝，也可采用热处理钢筋。

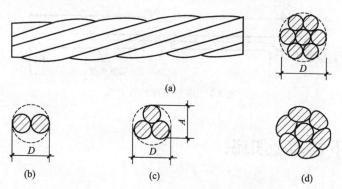

图 1-5　预应力钢绞线表面及截面形状

（a）1×7 钢绞线；（b）1×2 钢绞线；（c）1×3 钢绞线；（d）模拔钢绞线

D—钢绞线公称直径；A—1×3 钢绞线测量尺寸

1.2 钢筋计算的主要工作

1.2.1 钢筋计算工作的划分

建筑工程从设计到竣工的阶段，可分为设计、招投标、施工、竣工结算四个阶段，确定钢筋用量是每个阶段中必不可少的一个环节。

钢筋计算工作主要分为两大类，见表 1-1。

表 1-1　钢筋计算工作的分类

钢筋计算工作划分	计算依据和方法	目的	备注
钢筋计算	按照相关规范及设计图纸，以"实际长度"进行计算	指导实际施工	既符合相关规范和设计要求，还要满足方便施工、降低成本等施工需求
钢筋算量	按照相关规范及设计图纸，以及工程量清单和定额的要求，以"设计长度"进行计算	确定工程造价	以快速计算工程的钢筋总用量，用于确定工程造价

1.2.2 钢筋计算长度

（1）设计长度。设计长度如图 1-6 所示。

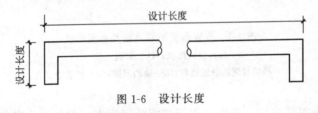

图 1-6　设计长度

（2）计算长度。本书中所涉及的长度，按实际长度计算，如图 1-7 所示，实际长度就要考虑钢筋加工变形。

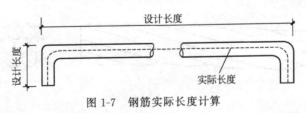

图 1-7　钢筋实际长度计算

1.3 钢筋下料基础知识

1.3.1 钢筋的选用

《混凝土结构设计规范（2015 年版）》（GB 50010—2010）根据"四节一环保"要求，

提倡应用高强度、高性能钢筋。根据混凝土构件对受力性能要求，规定了各种牌号钢筋的选用原则。

（1）增加强度为 500MPa 级的高强热轧带肋钢筋；推广将 400MPa、500MPa 级高强热轧带肋钢筋作为纵向受力的主导钢筋推广应用，尤其是梁、柱和斜撑构件的纵向受力配筋应优先采用 400MPa、500MPa 级高强钢筋，500MPa 级高强钢筋用于高层建筑的柱、大跨度与重荷载梁的纵向受力配筋更为有利；淘汰直径 16mm 及以上的 HRB335 热轧带肋钢筋，保留小直径的 HRB335 钢筋，主要用于中、小跨度楼板配筋以及剪力墙的分布筋配筋，还可用于构件的箍筋与构造配筋；用 300MPa 级光圆钢筋取代 235MPa 级光圆钢筋，将其规格限于直径 6～14mm，主要用于小规格梁柱的箍筋与其他混凝土构件的构造配筋。对既有结构进行再设计时，235MPa 级光圆钢筋的设计值仍可按原规范取值。

（2）推广应用具有较好延性、可焊性、机械连接性能及施工适应性的 HRB 系列普通热轧带肋钢筋。列入采用控温轧制工艺生产的 HRBF400、HRBF500 系列细晶粒带肋钢筋，取消牌号 HRBF335 钢筋。

（3）RRB400 余热处理钢筋由轧制钢筋经高温淬水、余热处理后提高强度，资源能源消耗低、生产成本低。其延性、可焊性、机械连接性能及施工适应性也相应降低，一般可用于对变形性能及加工性能要求不高的构件中，如延性要求不高的基础、大体积混凝土、楼板以及次要的中小结构构件等。

（4）箍筋用于抗剪、抗扭及抗冲切设计时，其抗拉强度设计值发挥受到限制，不宜采用强度高于 400MPa 级的钢筋。当用于约束混凝土的间接配筋（如连续螺旋配箍或封闭焊接箍等）时，钢筋的高强度可以得到充分发挥，采用 500MPa 级钢筋具有一定的经济效益。

因此，在 G101 系列图集的应用过程中，混凝土结构应按下列规定选用钢筋。

（1）纵向受力普通钢筋可采用 HRB400、HRB500、HRBF400、HRBF500、HRB335、RRB400、HPB300 钢筋；梁、柱和斜撑构件的纵向受力普通钢筋宜采用 HRB400、HRB500、HRBF400、HRBF500 钢筋。

（2）箍筋宜采用 HRB400、HRBF400、HRB335、HPB300、HRB500、HRBF500 钢筋。

（3）预应力筋宜采用预应力钢丝、钢绞线和预应力螺纹钢筋。

1.3.2　钢筋下料表

钢筋下料表是工程施工必须用到的表格，尤其是钢筋工更需要这样的表格，因为它可指导钢筋工进行钢筋下料。

（1）钢筋下料表与工程钢筋表的异同点。钢筋下料表的内容和工程钢筋表相似，也具有下列项目：构件编号、构件数量、钢筋编号、钢筋规格、钢筋形状、钢筋根数、每根长度、每构件长度、每构件质量以及总质量。

其中，钢筋下料表的构件编号、构件数量、钢筋编号、钢筋规格、钢筋形状、钢筋根数等项目与工程钢筋表完全一致，但在"每根长度"这个项目上，钢筋下料表和工程钢筋表有很大的不同：工程钢筋表中某根钢筋的"每根长度"是指钢筋形状中各段细部尺寸之和；而钢筋下料表某根钢筋的"每根长度"是指钢筋各段细部尺寸之和减掉在钢筋弯曲加工中的弯曲伸长值。

（2）钢筋的弯曲加工操作。在弯曲钢筋的操作中，除直径较小的钢筋（通常是 6mm、8mm、10mm 直径的钢筋）采用钢筋扳子进行手工弯曲外，直径较大的钢筋均采用钢筋弯曲机进行钢筋弯曲的工作。

钢筋弯曲机的工作盘上有成型轴和心轴，工作台上还有挡铁轴用来固定钢筋。在弯曲钢筋时，工作盘转动，靠成型轴和心轴的力矩使钢筋弯曲。钢筋弯曲机工作盘的转动可以变速，工作盘转速快，可弯曲直径较小的钢筋；工作盘转速慢，可弯曲直径较大的钢筋。

在弯曲不同直径的钢筋时，心轴和成型轴是可以更换不同直径的。更换的原则是：考虑弯曲钢筋的内圆弧，心轴直径应是钢筋直径的 2.5～3 倍，同时，钢筋在心轴和成型轴之间的空隙不超过 2mm。

（3）钢筋的弯曲伸长值。钢筋弯曲之后，其长度会发生变化。一根直钢筋，弯曲几道以后，测量几个分段的长度相加起来，其总长度会大于直钢筋原来的长度，这就是"弯曲伸长"的影响。

弯曲伸长的原因如下。

① 钢筋经过弯曲后，弯角处不再是直角，而是圆弧。但在量度钢筋的时候，是从钢筋外边缘线的交点量起的，这样就会把钢筋量长了。

② 测量钢筋长度时，是以外包尺寸作为量度标准，这样就会把一部分长度重复测量，尤其是弯曲 90°及 90°以上的钢筋。

③ 钢筋在实施弯曲操作时，在弯曲变形的外侧圆弧上会发生一定的伸长。

实际上，影响钢筋弯曲伸长的因素有很多，钢筋种类、钢筋直径、弯曲操作时选用的钢筋弯曲机的心轴直径等等，均会影响到钢筋的弯曲伸长率。因此，应在钢筋弯曲实际操作中收集实测数据，根据施工实践的资料来确定具体的弯曲伸长率。

几种角度的钢筋弯曲伸长率（d 为钢筋直径），见表 1-2。

表 1-2　几种角度的钢筋弯曲伸长率（d 为钢筋直径）

弯曲角度	30°	45°	60°	90°	135°
伸长率	0.35d	0.5d	0.85d	2d	2.5d

1.3.3　钢筋下料长度的概念

1.3.3.1　外皮尺寸

结构施工图中所标注的钢筋尺寸，是钢筋的外皮尺寸。外皮尺寸是指结构施工图中钢筋外边缘至结构外边缘之间的长度，是施工中度量钢筋长度的基本依据。它和钢筋的下料尺寸是不一样的。

钢筋材料明细（见表 1-3）中简图栏的钢筋长度 L_1，L_2 为两端弯钩长度，如图 1-8 所示。L_1 是出于构造的需要标注的，所以钢筋材料明细表中所标注的尺寸是外皮尺寸。通常情况下，钢筋的边界线是从钢筋外皮到混凝土外表面的距离（保护层厚度）来考虑标注钢筋尺寸的。故这里所指的 L_1 是设计尺寸，不是钢筋加工下料的施工尺寸，如图 1-9 所示。

表 1-3 钢筋材料明细

钢筋编号	简图	规格	数量
①	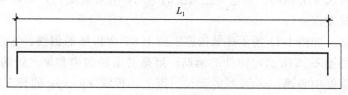	φ22	2

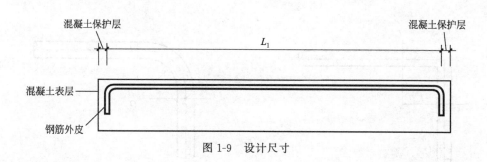

图 1-8 表 1-3 的钢筋长度

图 1-9 设计尺寸

1.3.3.2 钢筋下料长度

钢筋加工前按直线下料，加工变形以后，钢筋外边缘（外皮）伸长，内边缘（内皮）缩短，但钢筋中心线的长度是不会改变的。

如图 1-10 所示，结构施工图上所示受力主筋的尺寸界限就是钢筋的外皮尺寸。钢筋加工下料的实际施工尺寸为 $ab+bc+cd$，其中 ab 为直线段，bc 线段为弧线，cd 为直线段。除此之外，箍筋的设计尺寸，通常采用的是内皮标注尺寸的方法。计算钢筋的下料长度，就是计算钢筋中心线的长度。

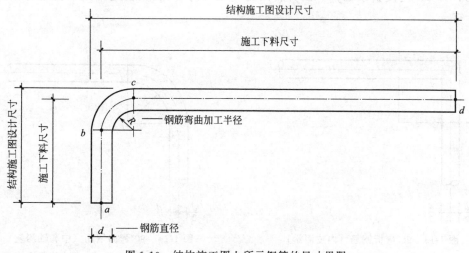

图 1-10 结构施工图上所示钢筋的尺寸界限

1.3.3.3 差值

在钢筋材料明细表的简图中，所标注外皮尺寸之和大于钢筋中心线的长度。它所多出来的数值，就是差值，可用下式来表示：

$$\text{钢筋外皮尺寸之和} - \text{钢筋中心线的长度} = \text{差值} \tag{1-1}$$

对于标注内皮尺寸的钢筋，其差值随角度的不同，有可能是正，也有可能是负。差值分为外皮差值和内皮差值两种。

(1) 外皮差值。如图 1-11 所示是结构施工图上 90°弯折处的钢筋，它是沿外皮 $xy+yz$ 测量尺寸的。而如图 1-12 所示弯曲处的钢筋，则是沿钢筋的中和轴（钢筋被弯曲后，既不伸长也不缩短的钢筋中心线）ab 弧线的弧长。因此，折线 $xy+yz$ 的长度与弧线的弧长 ab 之间的差值，称为"外皮差值"。$xy+yz>ab$。外皮差值通常用于受力主筋的弯曲加工下料计算。

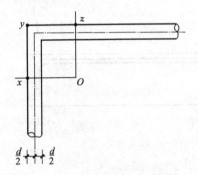

图 1-11　90°弯折钢筋（外皮测量）

d—钢筋直径

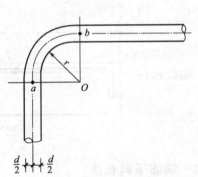

图 1-12　90°弯曲钢筋（中和轴测量）

d—钢筋直径；r—弯曲半径

(2) 内皮差值。图 1-13 所示是结构施工图上 90°弯折处的钢筋，它是沿内皮 $xy+yz$ 测量尺寸的。而图 1-14 所示弯曲处的钢筋，则是沿钢筋的中和轴弧线 ab 测量尺寸的。因此，折线 $xy+yz$ 的长度与弧线的弧长 ab 之间的差值，称为"内皮差值"。$xy+yz>ab$，即 90°内皮折线 $xy+yz$ 仍然比弧线 ab 长。内皮差值通常用于箍筋弯曲加工下料的计算。

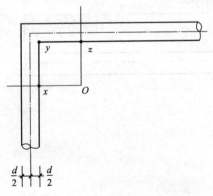

图 1-13　90°弯折钢筋（内皮测量）

d—钢筋直径

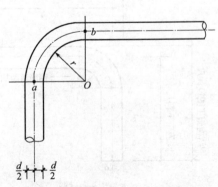

图 1-14　90°弯曲钢筋（中和轴测量）

d—钢筋直径；r—弯曲半径

1.3.3.4　箍筋内皮尺寸

梁和柱中的箍筋，通常用内皮尺寸标注，这样便于设计。梁、柱截面的高度、宽度与保护层厚度的差值即为箍筋高度、宽度的内皮尺寸，如图 1-15 所示。墙、梁、柱的混凝土保护层厚度见表 1-4，混凝土结构的环境类别见表 1-5。

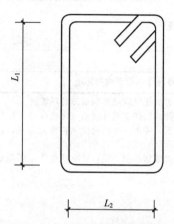

图 1-15　箍筋高度、宽度的内皮尺寸

L_1—箍筋高度；L_2—箍筋宽度

表 1-4　混凝土保护层的最小厚度　　　　　　　　　　　　　　　mm

环境类别	板、墙	梁、柱
一	15	20
二 a	20	25
二 b	25	35
三 a	30	40
三 b	40	50

注：1.表中混凝土保护层厚度指最外层钢筋外边缘至混凝土表面的距离，适用于设计使用年限为 50 年的混凝土结构。

2.构件中受力钢筋的保护层厚度不应小于钢筋的公称直径。

3.一类环境中，设计使用年限为 100 年的结构最外层钢筋的保护层厚度不应小于表中数值的 1.4 倍；二、三类环境中，设计使用年限为 100 年的结构应采取专门的有效措施。

4.混凝土强度等级不大于 C25 时，表中保护层厚度数值应增加 5。

5.基础地面钢筋的保护层厚度，有混凝土垫层时应从垫层顶面算起，且不应小于 40mm。

表 1-5　混凝土结构的环境类别

环境类别	条　件
一	室内干燥环境； 无侵蚀性静水浸没环境
二 a	室内潮湿环境； 非严寒和非寒冷地区的露天环境； 非严寒和非寒冷地区与无侵蚀性的水或土壤直接接触的环境； 严寒和寒冷地区的冰冻线以下与无侵蚀性的水或土壤直接接触的环境
二 b	干湿交替环境； 水位频繁变动环境； 严寒和寒冷地区的露天环境； 严寒和寒冷地区冰冻线以上与无侵蚀性的水或土壤直接接触的环境

续表

环境类别	条　件
三 a	严寒和寒冷地区冬季水位变动区环境； 受除冰盐影响环境； 海风环境
三 b	盐渍土环境； 受除冰盐作用环境； 海岸环境
四	海水环境
五	受人为或自然的侵蚀性物质影响的环境

注：1. 室内潮湿环境是指构件表面经常处于结露或湿润状态的环境。

2. 严寒和寒冷地区的划分应符合《民用建筑热工设计规范（含光盘）》(GB 50176—2016) 的有关规定。

3. 海岸环境和海风环境宜根据当地情况，考虑主导风向及结构所处迎风、背风部位等因素的影响，由调查研究和工程经验确定。

4. 受除冰盐影响环境是指受到除冰盐盐雾影响的环境；受除冰盐作用环境是指被除冰盐溶液溅射的环境以及使用除冰盐地区的洗车房、停车楼等建筑。

1.3.4　基本公式

1.3.4.1　角度基准

钢筋弯曲前的原始状态——笔直的钢筋，弯折以前为 0°。这个 0° 的钢筋轴线，就是"角度基准"。如图 1-16 所示，部分弯折后的钢筋轴线与弯折以前的钢筋轴线（点划线）所形成的角度即为加工弯曲角度。

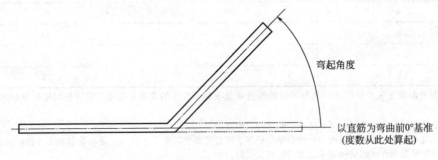

弯起角度

以直筋为弯曲前0°基准
（度数从此处算起）

图 1-16　角度基准

1.3.4.2　外皮差值计算公式

（1）小于或等于 90° 钢筋弯曲外皮差值计算公式。如图 1-17 所示，钢筋的直径为 d；钢筋弯曲的加工半径为 R。钢筋加工弯曲后，钢筋内皮 pq 间弧线，就是以 R 为半径的弧线，设钢筋弯折的角度为 α。

自 O 点引垂直线交水平钢筋外皮线于 x 点，再从 O 点引垂直线交倾斜钢筋外皮线于 z 点。$\angle xOz$ 等于 α。Oy 平分 $\angle xOz$，因此 $\angle xOy$、$\angle zOy$ 均为 $\alpha/2$。

如前所述，钢筋加工弯曲后，其中心线的长度是不变的。$xy+yz$ 的展开长度，同弧线 ab 的展开长度之差，即为所求的差值。

$$|\overline{xy}| = |\overline{yz}| = (R+d) \times \tan\frac{\alpha}{2}$$

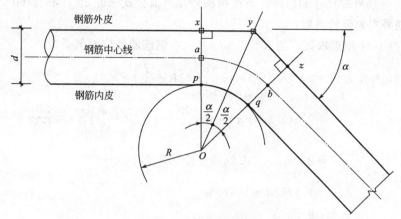

图 1-17　小于或等于 90°钢筋弯曲外皮差值计算示意

$$|\overline{xy}| + |\overline{yz}| = 2 \times (R+d) \times \tan\frac{\alpha}{2}$$

$$\widehat{ab} = \left(R + \frac{d}{2}\right) \times a$$

$$|\overline{xy}| + |\overline{yz}| - \widehat{ab} = 2 \times (R+d) \times \tan\frac{\alpha}{2} - \left(R + \frac{d}{2}\right) \times a$$

以角度 α、弧度 a 和 R 为变量计算的外皮差值公式为

$$2 \times (R+d) \times \tan\frac{\alpha}{2} - \left(R + \frac{d}{2}\right) \times a \tag{1-2}$$

式中　α——角度，(°)；

　　　a——弧度。

用角度 α 换算弧度 a 的公式如下：

$$弧度 = \pi \times \frac{角度}{180°}\left(即\ a = \pi \times \frac{\alpha}{180°}\right) \tag{1-3}$$

将式 (1-2) 中角度换算成弧度，即

$$2 \times (R+d) \times \tan\frac{\alpha}{2} - \left(R + \frac{d}{2}\right) \times \pi \times \frac{\alpha}{180°} \tag{1-4}$$

(2) 常用钢筋加工弯曲半径的设定。常用钢筋加工弯曲半径应符合表 1-6 的规定。

表 1-6　常用钢筋加工弯曲半径 **R**

钢筋用途	钢筋加工弯曲半径 R
HPB300 级箍筋、拉筋	$2.5d$ 且 $>d/2$
HPB300 级主筋	$\geqslant 1.25d$
HRB335 级主筋	$\geqslant 2d$
HRB400 级主筋	$\geqslant 2.5d$
平法框架主筋直径 $d \leqslant 25mm$	$4d$
平法框架主筋直径 $d > 25mm$	$6d$
平法框架顶层边节点主筋直径 $d \leqslant 25mm$	$6d$
平法框架顶层边节点主筋直径 $d > 25mm$	$8d$
轻骨料混凝土结构构件 HPB300 级主筋	$\geqslant 1.75d$

注：d 为钢筋直径。

（3）标注钢筋外皮尺寸的差值。下面根据外皮差值公式求证 30°、45°、60°、90°、135°、180°弯曲钢筋外皮差值的系数：

① 根据图 1-17 原理求证，当 $R=2.5d$ 时，30°钢筋的外皮差值系数：

$$30°外皮差值=2\times(R+d)\times\tan\frac{\alpha}{2}-\left(R+\frac{d}{2}\right)\times\pi\times\frac{\alpha}{180°}$$

$$=2\times(2.5d+d)\times\tan\frac{30°}{2}-\left(2.5d+\frac{d}{2}\right)\times\pi\times\frac{30°}{180°}$$

$$=2\times3.5d\times0.2679-3d\times3.1416\times\frac{1}{6}$$

$$=1.8753d-1.5708d$$

$$\approx0.305d$$

② 根据图 1-17 原理求证，当 $R=2.5d$ 时，45°钢筋的外皮差值系数：

$$45°外皮差值=2\times(R+d)\times\tan\frac{\alpha}{2}-\left(R+\frac{d}{2}\right)\times\pi\times\frac{\alpha}{180°}$$

$$=2\times(2.5d+d)\times\tan\frac{45°}{2}-\left(2.5d+\frac{d}{2}\right)\times\pi\times\frac{45°}{180°}$$

$$=2\times3.5d\times0.4142-3d\times3.1416\times\frac{1}{4}$$

$$=2.8994d-2.3562d$$

$$\approx0.543d$$

③ 根据图 1-17 原理求证，当 $R=2.5d$ 时，60°钢筋的外皮差值系数：

$$60°外皮差值=2\times(R+d)\times\tan\frac{\alpha}{2}-\left(R+\frac{d}{2}\right)\times\pi\times\frac{\alpha}{180°}$$

$$=2\times(2.5d+d)\times\tan\frac{60°}{2}-\left(2.5d+\frac{d}{2}\right)\times\pi\times\frac{60°}{180°}$$

$$=2\times3.5d\times0.5774-3d\times3.1416\times\frac{1}{3}$$

$$=4.0418d-3.1416d\approx0.900d$$

④ 根据图 1-17 原理求证，当 $R=2.5d$ 时，90°钢筋的外皮差值系数：

$$90°外皮差值=2\times(R+d)\times\tan\frac{\alpha}{2}-\left(R+\frac{d}{2}\right)\times\pi\times\frac{\alpha}{180°}$$

$$=2\times(2.5d+d)\times\tan\frac{90°}{2}-\left(2.5d+\frac{d}{2}\right)\times\pi\times\frac{90°}{180°}$$

$$=2\times3.5d\times1-3d\times3.1416\times\frac{1}{2}$$

$$=7d-4.7124d\approx2.288d$$

⑤ 根据图 1-17 原理求证，当 $R=2.5d$ 时，135°钢筋的外皮差值系数，在此可以把 135°看做是 90°+45°。

上面已经求出 90°钢筋的外皮差值系数为 $2.288d$，45°钢筋的外皮差值系数为 $0.543d$，所以 135°钢筋的外皮差值系数为 $2.288d+0.543d=2.831d$。

⑥ 根据图 1-17 原理求证，当 $R=2.5d$ 时，180°钢筋的外皮差值系数，在此可以把 180° 看做是 90°+90°。

上面已经求出 90°钢筋的外皮差值系数为 2.288d，所以 180°钢筋的外皮差值系数为 2× 2.288d=4.576d。

在此，不再一一求证计算。为便于查找，标注钢筋外皮尺寸的差值见表 1-7。

表 1-7　钢筋外皮尺寸的差值

弯曲角度	HPB300 级主筋	轻骨料中 HPB300 级主筋	HRB335 级主筋	HRB400 级主筋	箍筋	平法框架主筋		
	$R=1.25d$	$R=1.75d$	$R=2d$	$R=2.5d$	$R=2.5d$	$R=4d$	$R=6d$	$R=8d$
30°	0.29d	0.296d	0.299d	0.305d	0.305d	0.323d	0.348d	0.373d
45°	0.49d	0.511d	0.522d	0.543d	0.543d	0.608d	0.694d	0.78d
60°	0.765d	0.819d	0.846d	0.9d	0.9d	1.061d	1.276d	1.491d
90°	1.751d	1.966d	2.073d	2.288d	2.288d	2.931d	3.79d	4.648d
135°	2.24d	2.477d	2.595d	2.831d	2.831d	3.539d	4.484d	5.428d
180°	3.502d	3.932d	4.146d	4.576d	4.576d			

注：1. 135°和 180°的差值必须具备准确的外皮尺寸值。

2. 平法框架主筋直径 $d{\leqslant}25$mm 时，$R=4d$（6d）；$d{>}25$mm 时，$R=6d$（8d）。括号内为顶层边节点要求。

135°钢筋的弯曲差值，要绘出其外皮线，如图 1-18 所示。外皮线的总长度为 $wx+xy+yz$，下料长度为 $wx+xy+yz-135°$的差值。按图 1-17 所示推导算式有

$$90°弯钩的展开弧线长度=2\times(R+d)+2\times(R+d)\times\tan\frac{\alpha}{2}$$

则

$$下料长度=2\times(R+d)+2\times(R+d)\times\tan\frac{\alpha}{2}-135°的差值 \tag{1-5}$$

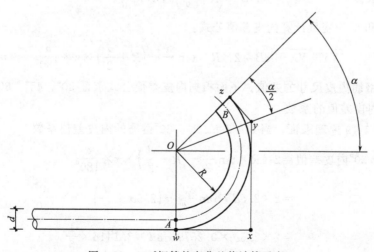

图 1-18　135°钢筋的弯曲差值计算示意

按相关规定要求，钢筋的加工弯曲直径取 $D=5d$ 时，求得各弯折角度的量度近似差值，见表 1-8。

表 1-8 钢筋弯折量度近似差值

弯折角度	30°	45°	60°	90°	135°
量度差值	0.3d	0.5d	1.0d	2.0d	3.0d

1.3.4.3 内皮差值计算公式

（1）小于或等于 90°钢筋弯曲内皮差值计算公式。小于或等于 90°钢筋弯曲内皮差值计算示意如图 1-19 所示。

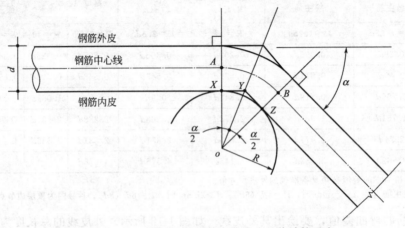

图 1-19 小于或等于 90°钢筋弯曲内皮差值计算示意

折线的长度 $\qquad \overline{XY}=\overline{YZ}=R\times\tan\dfrac{\alpha}{2}$

两折线之和的展开长度 $\qquad \overline{XY}+\overline{YZ}=2\times R\times\tan\dfrac{\alpha}{2}$

弧线展开长度 $\qquad \overset{\frown}{AB}=\left(R+\dfrac{d}{2}\right)\times\pi\times\dfrac{\alpha}{180°}$

以角度 α 和 R 为变量计算内皮差值公式：

$$\overline{XY}+\overline{YZ}-\overset{\frown}{AB}=2\times R\times\tan\dfrac{\alpha}{2}-\left(R+\dfrac{d}{2}\right)\times\pi\times\dfrac{\alpha}{180°} \qquad (1\text{-}6)$$

（2）标注钢筋内皮尺寸的差值。下面根据内皮差值公式求证 30°、45°、60°、90°、135°、180°弯曲钢筋内皮差值的系数。

① 根据图 1-19 原理求证，当 $R=2.5d$ 时，30°钢筋的内皮差值系数：

$$
\begin{aligned}
30°\text{内皮差值} &=2\times R\times\tan\dfrac{\alpha}{2}-\left(R+\dfrac{d}{2}\right)\times\pi\times\dfrac{\alpha}{180°}\\
&=2\times 2.5d\times\tan\dfrac{30°}{2}-\left(2.5d+\dfrac{d}{2}\right)\times\pi\times\dfrac{30°}{180°}\\
&=2\times 2.5d\times 0.2679-3d\times 3.1416\times\dfrac{1}{6}\\
&=1.3395d-1.5708d\approx -0.231d
\end{aligned}
$$

② 根据图 1-19 原理求证，当 $R=2.5d$ 时，45°钢筋的内皮差值系数：

$$45°\text{内皮差值}=2\times R\times\tan\dfrac{\alpha}{2}-\left(R+\dfrac{d}{2}\right)\times\pi\times\dfrac{\alpha}{180°}$$

$$=2\times2.5d\times\tan\frac{45°}{2}-\left(2.5d+\frac{d}{2}\right)\times\pi\times\frac{45°}{180°}$$

$$=2\times2.5d\times0.4142-3d\times3.1416\times\frac{1}{4}$$

$$=2.071d-2.3562d\approx-0.285d$$

③ 根据图 1-19 原理求证，当 $R=2.5d$ 时，60°钢筋的内皮差值系数：

$$60°内皮差值=2\times R\times\tan\frac{\alpha}{2}-\left(R+\frac{d}{2}\right)\times\pi\times\frac{\alpha}{180°}$$

$$=2\times2.5d\times\tan\frac{60°}{2}-\left(2.5d+\frac{d}{2}\right)\times\pi\times\frac{60°}{180°}$$

$$=2\times2.5d\times0.5774-3d\times3.1416\times\frac{1}{3}$$

$$=2.887d-3.1416d\approx-0.255d$$

④ 根据图 1-19 原理求证，当 $R=2.5d$ 时，90°钢筋的内皮差值系数：

$$90°内皮差值=2\times R\times\tan\frac{\alpha}{2}-\left(R+\frac{d}{2}\right)\times\pi\times\frac{\alpha}{180°}$$

$$=2\times2.5d\times\tan\frac{90°}{2}-\left(2.5d+\frac{d}{2}\right)\times\pi\times\frac{90°}{180°}$$

$$=2\times2.5d\times1-3d\times3.1416\times\frac{1}{2}$$

$$=5d-4.7124d\approx0.288d$$

⑤ 根据图 1-19 原理求证，当 $R=2.5d$ 时，135°钢筋的内皮差值系数，在此可以把 135°看做是 90°+45°。

上面已经求出 90°钢筋的内皮差值系数为 $0.288d$，45°钢筋的内皮差值系数为 $-0.285d$，所以 135°钢筋的内皮差值系数为 $0.288d-0.285d=0.003d$。

⑥ 根据图 1-19 原理求证，当 $R=2.5d$ 时，180°钢筋的内皮差值系数，在此可以把 180°看做是 90°+90°。

上面已经求出 90°钢筋的内皮差值系数为 $0.288d$，所以 180°钢筋的内皮差值系数为 $2\times0.288d=0.576d$。

在此，不再一一求证计算。为便于查找，标注钢筋内皮尺寸的差值表见表 1-9。

表 1-9　钢筋内皮尺寸的差值

弯折角度	箍筋差值
	$R=2.5d$
30°	$-0.231d$
45°	$-0.285d$
60°	$-0.255d$
90°	$-0.288d$
135°	$+0.003d$
180°	$+0.576d$

注：R 为钢筋弯曲加工半径，d 为钢筋直径。

1.3.4.4 钢筋端部弯钩增加尺寸

（1）135°钢筋端部弯钩尺寸标注方法。钢筋端部弯钩是指大于90°的弯钩。如图 1-20（a）所示，AB 弧线展开长度为 AB'，BC 为钩端的直线部分。从 A 点弯起，向上直到直线上端 C 点。展开后，即为线段 AC'。L' 是钢筋的水平部分长度，md 是钩端的直线部分长度，$R+d$ 是钢筋弯曲部分外皮的水平投影长度。如图 1-20（b）所示是施工图上简图尺寸注法。钢筋两端弯曲加工后，外皮间尺寸为 L_1。两端以外剩余的长度 $[AB+BC-(R+d)]$ 即为 L_2。

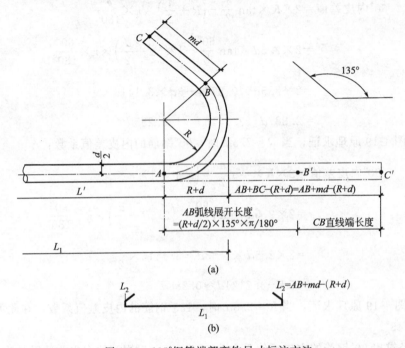

图 1-20　135°钢筋端部弯钩尺寸标注方法

（a）对弯钩的各个部位的剖析；（b）尺寸注法

L'—钢筋的水平部分长度；md—钩端的直线部分长度；$R+d$—钢筋弯曲部分
外皮的水平投影长度；L_1—外皮间尺寸；L_2—两端以外剩余的长度

钢筋弯曲加工后外皮的水平投影长度 L_1 为

$$L_1 = L' + 2(R+d) \tag{1-7}$$

$$L_2 = AB + BC - (R+d) \tag{1-8}$$

（2）180°钢筋端部弯钩尺寸标注方法。如图 1-21（a）所示，AB 弧线展开长度为 AB'。BC 为钩端的直线部分。从 A 点弯起，向上直到直线上端 C 点。展开后，即为 AC' 线段。L' 是钢筋的水平部分，$R+d$ 是钢筋弯曲部分外皮的水平投影长度。如图 1-21（b）所示是施工图上简图尺寸注法。钢筋两端弯曲加工后，外皮间尺寸为 L_1。两端以外剩余的长度 $[AB+BC-(R+d)]$ 即为 L_2。

钢筋弯曲加工后外皮的水平投影长度 L_1 为

$$L_1 = L' + 2(R+d) \tag{1-9}$$

$$L_2 = AB + BC - (R+d) \tag{1-10}$$

（3）常用弯钩端部长度。表 1-10 把钢筋端部弯钩处的 30°、45°、60°、90°、135°和 180°等几种情况，列成计算表格便于查阅。

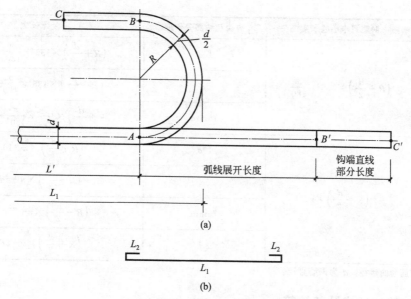

图 1-21　180°钢筋端部弯钩尺寸标注方法

(a) 对弯钩的各个部位的剖析；(b) 尺寸注法

d—钢筋直径；R—钢筋弯曲半径

表 1-10　常用弯钩端部长度

弯起角度	钢筋弧中心线长度	钩端直线部分长度	合计长度
30°	$\left(R+\dfrac{d}{2}\right)\times30°\times\dfrac{\pi}{180°}$	10d	$\left(R+\dfrac{d}{2}\right)\times30°\times\dfrac{\pi}{180°}+10d$
		5d	$\left(R+\dfrac{d}{2}\right)\times30°\times\dfrac{\pi}{180°}+5d$
		75mm	$\left(R+\dfrac{d}{2}\right)\times30°\times\dfrac{\pi}{180°}+75mm$
45°	$\left(R+\dfrac{d}{2}\right)\times45°\times\dfrac{\pi}{180°}$	10d	$\left(R+\dfrac{d}{2}\right)\times45°\times\dfrac{\pi}{180°}+10d$
		5d	$\left(R+\dfrac{d}{2}\right)\times45°\times\dfrac{\pi}{180°}+5d$
		75mm	$\left(R+\dfrac{d}{2}\right)\times45°\times\dfrac{\pi}{180°}+75mm$
60°	$\left(R+\dfrac{d}{2}\right)\times60°\times\dfrac{\pi}{180°}$	10d	$\left(R+\dfrac{d}{2}\right)\times60°\times\dfrac{\pi}{180°}+10d$
		5d	$\left(R+\dfrac{d}{2}\right)\times60°\times\dfrac{\pi}{180°}+5d$
		75mm	$\left(R+\dfrac{d}{2}\right)\times60°\times\dfrac{\pi}{180°}+75mm$
90°	$\left(R+\dfrac{d}{2}\right)\times90°\times\dfrac{\pi}{180°}$	10d	$\left(R+\dfrac{d}{2}\right)\times90°\times\dfrac{\pi}{180°}+10d$
		5d	$\left(R+\dfrac{d}{2}\right)\times90°\times\dfrac{\pi}{180°}+5d$
		75mm	$\left(R+\dfrac{d}{2}\right)\times90°\times\dfrac{\pi}{180°}+75mm$

续表

弯起角度	钢筋弧中心线长度	钩端直线部分长度	合计长度
135°	$\left(R+\dfrac{d}{2}\right)\times135°\times\dfrac{\pi}{180°}$	$10d$	$\left(R+\dfrac{d}{2}\right)\times135°\times\dfrac{\pi}{180°}+10d$
		$5d$	$\left(R+\dfrac{d}{2}\right)\times135°\times\dfrac{\pi}{180°}+5d$
		75mm	$\left(R+\dfrac{d}{2}\right)\times135°\times\dfrac{\pi}{180°}+75\text{mm}$
180°	$\left(R+\dfrac{d}{2}\right)\times\pi$	$10d$	$\left(R+\dfrac{d}{2}\right)\times\pi+10d$
		$5d$	$\left(R+\dfrac{d}{2}\right)\times\pi+5d$
		75mm	$\left(R+\dfrac{d}{2}\right)\times\pi+75\text{mm}$
		$3d$	$\left(R+\dfrac{d}{2}\right)\times\pi+3d$

注：R 为钢筋弯曲半径，d 为钢筋直径。

1.3.4.5 拉筋的样式及其计算

（1）拉筋的作用与样式

① 作用：固定纵向钢筋，防止位移。

② 样式：拉筋的端钩有 90°、135°和 180°三种，如图 1-22 所示。

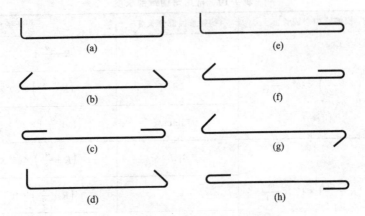

图 1-22　拉筋端钩的三种构造

(a) 两端为 90°弯钩的拉筋；(b) 两端为 135°弯钩的拉筋；
(c) 两端为 180°弯钩的拉筋；(d) 一端为 90°，另一端为 135°弯钩的拉筋；
(e) 一端为 90°，另一端为 180°弯钩的拉筋；(f) 一端为 135°，另一端为 180°弯钩
的拉筋；(g) 两端为 135°异向弯钩的拉筋；(h) 两端为 180°异向弯钩的拉筋

③ 拉筋两弯钩≤90°时，标注外皮尺寸，这时可按外皮尺寸的"和"，减去"外皮差值"来计算下料长度，也可按计算弧线展开长度计算下料长度。

④ 拉筋两端弯钩>90°时，除了标注外皮尺寸，还要在拉筋两端弯钩处（上方）标注下料长度剩余部分。

（2）两端为 90°弯钩的拉筋计算。图 1-23 是两端为 90°弯钩的拉筋尺寸分析图。其中 BC 直线是施工图给出的。图 1-23 对拉筋的各个部位计算做了详细的剖析。它的计算方法不唯

一，但对拉筋图来说，还是要按照图 1-24 的尺寸标注方法注写。

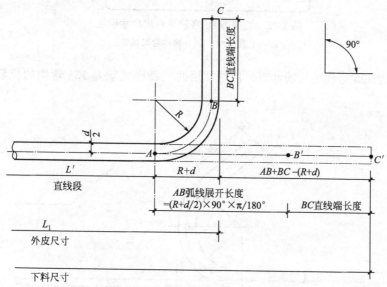

图 1-23 对拉筋的各个部位的剖析

L'—钢筋的水平部分长度；L_1—外皮间尺寸；$R+d$—钢筋弯曲部分外皮的水平投影长度

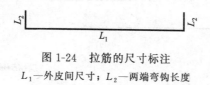

图 1-24 拉筋的尺寸标注

L_1—外皮间尺寸；L_2—两端弯钩长度

表 1-11、表 1-12 是下料长度计算。

表 1-11 双 90°弯钩"外皮尺寸法"与"中心线法"计算对比

"外皮尺寸法"	"中心线法"
$L_1 + 2L_2 - 2 \times 2.288d = L_1 + 2L_2 - 4.576d$	$L_1 - 2(R+d) + 2L_2 - 2(R+d) + 2(R+0.5d)0.5\pi$ $= L_1 - 7d + 2L_2 - 7d + 3d\pi$ $= L_1 + 2L_2 - 4.576d$

表 1-12 双 90°弯钩"内皮尺寸法"计算

设：$R = 2.5d$；$L'_1 = L_1 - 2d_1$；$L'_2 = L_2 - d$

$$L'_1 + 2L'_2 - 2 \times 0.288d$$
$$= L_1 - 2d + 2(L_2 - d) - 2 \times 0.288d$$
$$= L_1 + 2L_2 - 4d - 0.576d$$
$$= L_1 + 2L_2 - 4.576d$$

表 1-11 中的 $R = 2.5d$；$2.288d$ 为差值。

通常不用中心线法，而是用外皮尺寸法。两端为 90°弯钩的拉筋也有可能是标注内皮尺寸，见图 1-25 和表 1-12。

计算结果，与前两种方法一致。

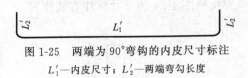

图 1-25　两端为 90°弯钩的内皮尺寸标注

L_1'—内皮尺寸；L_2'—两端弯勾长度

（3）两端为 135°弯钩的拉筋计算。目前常用的一种样式就是 135°弯钩的拉筋，如图 1-26 所示，其算法如下。

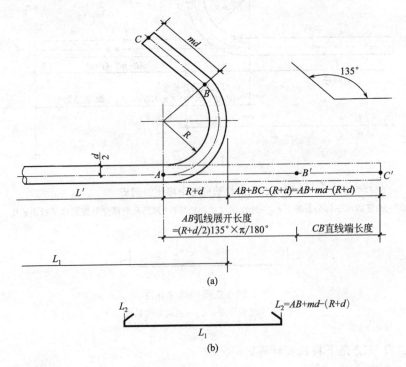

图 1-26　135°弯钩的拉筋

(a) 对弯钩的各个部位的剖析；(b) 尺寸注法

L'—钢筋的水平部分长度；md—钩端的直线部分长度；$R+d$—钢筋弯曲部分外皮的
水平投影长度；L_1—外皮间尺寸；L_2—两端以外剩余的长度

如图 1-26(a) 所示，AB 弧线展开长度是 AB'。BC 是钩端的直线部分。从 A 点起弯起，向上一直到直线上端 C 点。展开以后，就算 AC' 线段。L' 是钢筋的水平部分；$R+d$ 是钢筋弯曲部分外皮的水平投影长度。图 1-26 (b) 是施工图上简图尺寸注法。钢筋两端弯曲加工后，外皮间尺寸就是 L_1。两端以外剩余的长度 $AB+BC-(R+d)$ 就是 L_2。

$$L_1=L'+2(R+d) \tag{1-11}$$

$$L_2=AB+BC-(R+d) \tag{1-12}$$

图 1-27 中，是补充了内皮尺寸的位置和平法框架图中钩端直线段规定长度。拉筋的尺寸标注仍按图 1-26(b) 表示。

因为外皮尺寸的确定（AB、BC、CD、DE、EF）比较麻烦，请看图 1-28，BC 段或 DE 段，都是由两种尺寸加起来，而且其中还要计算三角正切值，所以图 1-26 只是说明外皮尺寸差值的理论出处。

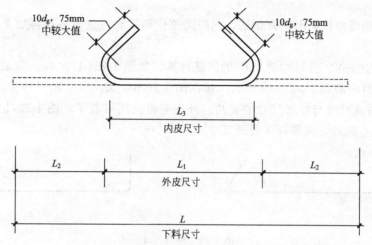

图 1-27　钩端直线段规定长度

d_g—箍筋直径；L—下料尺寸；L_1—外皮尺寸；L_2—两端以外剩余的长度；L_3—内皮尺寸

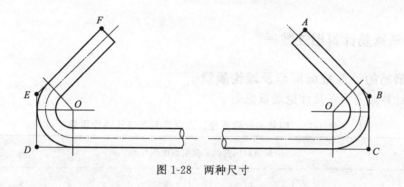

图 1-28　两种尺寸

（4）两端为 180°弯钩的拉筋计算。图 1-29 表示两端为 180°弯钩的拉筋在加工前与加工后的形状。也可以认为，是把弯完的钢筋，展开为下料长度的样子。

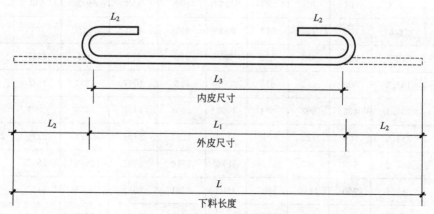

图 1-29　两端为 180°弯钩的拉筋加工前与加工后的形状

L—下料尺寸；L_1—外皮尺寸；L_2—两端以外剩余的长度；L_3—内皮尺寸

下面再介绍内皮尺寸 L_3。

① 如果拉筋直接拉在纵向受力钢筋上，它的内皮尺寸就等于截面尺寸减去两个保护层

的大小。

② 如果拉筋既拉住纵向受力钢筋，同时又拉住箍筋时，这时还要再加上两倍箍筋直径的尺寸。

（5）一端钩≤90°，另一端钩＞90°的拉筋计算。如图 1-22（d）、（e）所示，就是"拉筋一端钩≤90°，另一端钩＞90°"类型的。而在图 1-30 中，L_1、L_2 属于外皮尺寸；L_3 属于展开尺寸。有外皮尺寸与外皮尺寸的夹角，外皮差值就用得着了。图 1-22（b）、（c）、（f）、（g）、（h）两端弯钩处，均需标注展开尺寸。

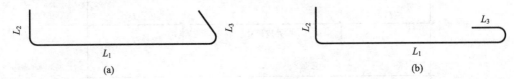

图 1-30　外皮尺寸

（a）外皮尺寸（一）；（b）外皮尺寸（二）

L_1、L_2—外皮尺寸；L_3—展开尺寸

1.3.5　平法钢筋计算相关数据

1.3.5.1　钢筋的计算截面面积及理论质量

钢筋的计算截面面积及理论质量见表 1-13。

表 1-13　钢筋的公称直径、公称截面面积及理论质量

公称直径 /mm	不同根数钢筋的计算截面面积/mm²									单根钢筋 理论质量 /(kg/m)
	1	2	3	4	5	6	7	8	9	
6	28.3	57	85	113	142	170	198	226	255	0.222
8	50.3	101	151	201	252	302	352	402	453	0.395
10	78.5	157	236	314	393	471	550	628	707	0.617
12	113.1	226	339	452	565	678	791	904	1017	0.888
14	153.9	308	461	615	769	923	1077	1231	1385	1.21
16	201.1	402	603	804	1005	1206	1407	1608	1809	1.58
18	254.5	509	763	1017	1272	1527	1781	2036	2290	2.00(2.11)
20	314.2	628	942	1256	1570	1884	2199	2513	2827	2.47
22	380.1	760	1140	1520	1900	2281	2661	3041	3421	2.98
25	490.9	982	1473	1964	2454	2945	3436	3927	4418	3.85(4.10)
28	615.8	1232	1847	2463	3079	3695	4310	4926	5542	4.83
32	804.2	1609	2413	3217	4021	4826	5630	6434	7238	6.31(6.65)

公称直径 /mm	不同根数钢筋的计算截面面积/mm²									单根钢筋理论质量 /(kg/m)
	1	2	3	4	5	6	7	8	9	
36	1017.9	2036	3054	4072	5089	6107	7125	8143	9161	7.99
40	1256.6	2513	3770	5027	6283	7540	8796	10053	11310	9.87(10.34)
50	1963.5	3928	5892	7856	9820	11784	13748	15712	17676	15.42(16.28)

注：括号内为预应力螺纹钢筋的数值。

1.3.5.2 钢筋的锚固长度

（1）受拉钢筋的基本锚固长度见表1-14、表1-15。

表 1-14 受拉钢筋基本锚固长度 l_{ab}

钢筋种类	混凝土强度等级								
	C20	C25	C30	C35	C40	C45	C50	C55	≥C60
HPB300	39d	34d	30d	28d	25d	24d	23d	22d	21d
HRB335	38d	33d	29d	27d	25d	23d	22d	21d	21d
HRB400、HRBF400 RRB400	—	40d	35d	32d	29d	28d	27d	26d	25d
HRB500、HRBF500	—	48d	43d	39d	36d	34d	32d	31d	30d

表 1-15 抗震设计时受拉钢筋基本锚固长度 l_{abE}

钢筋种类		混凝土强度等级								
		C20	C25	C30	C35	C40	C45	C50	C55	≥C60
HPB300	一、二级	45d	39d	35d	32d	29d	28d	26d	25d	24d
	三级	41d	36d	32d	29d	26d	25d	24d	23d	22d
HRB335	一、二级	44d	38d	33d	31d	29d	26d	25d	24d	24d
	三级	40d	35d	31d	28d	26d	24d	23d	22d	22d
HRB400 HRBF400	一、二级	—	46d	40d	37d	33d	32d	31d	30d	29d
	三级	—	42d	37d	34d	30d	29d	28d	27d	26d
HRB500 HRBF500	一、二级	—	55d	49d	45d	41d	39d	37d	36d	35d
	三级	—	50d	45d	41d	38d	36d	34d	33d	32d

注：1. 四级抗震时，$l_{abE} = l_{ab}$。

2. 当锚固钢筋的保护层厚度不大于5d时，锚固钢筋长度范围内应设置横向构造钢筋，其直径不应小于d/4（d为锚固钢筋的最大直径）；对梁、柱等构件间距不应大于5d，对板、墙等构件间距不应大于10d，且均不应大于100mm（d为锚固钢筋的最小直径）。

（2）受拉钢筋的锚固长度见表1-16、表1-17。

表 1-16　受拉钢筋锚固长度 l_a

mm

钢筋种类	C20	C25 d≤25	C25 d>25	C30 d≤25	C30 d>25	C35 d≤25	C35 d>25	C40 d≤25	C40 d>25	C45 d≤25	C45 d>25	C50 d≤25	C50 d>25	C55 d≤25	C55 d>25	≥C60 d≤25	≥C60 d>25
HPB300	39d	34d	—	30d	—	28d	—	25d	—	24d	—	23d	—	22d	—	21d	—
HRB335	38d	33d	—	29d	—	27d	—	25d	—	23d	—	22d	—	21d	—	21d	—
HRB400, HRBF400, RRB400		40d	44d	35d	39d	32d	35d	29d	32d	28d	31d	27d	30d	26d	29d	25d	28d
HRB500, HRBF500		48d	53d	43d	47d	39d	43d	36d	40d	34d	37d	32d	35d	31d	34d	30d	33d

（混凝土强度等级）

表 1-17　受拉钢筋抗震锚固长度 l_{aE}

mm

钢筋种类	抗震等级	C20	C25 d≤25	C25 d>25	C30 d≤25	C30 d>25	C35 d≤25	C35 d>25	C40 d≤25	C40 d>25	C45 d≤25	C45 d>25	C50 d≤25	C50 d>25	C55 d≤25	C55 d>25	≥C60 d≤25	≥C60 d>25
HPB300	一、二级	45d	39d	—	35d	—	32d	—	29d	—	28d	—	26d	—	25d	—	24d	—
HPB300	三级	41d	36d	—	32d	—	29d	—	26d	—	25d	—	24d	—	23d	—	22d	—
HRB335	一、二级	44d	38d	—	33d	—	31d	—	29d	—	26d	—	25d	—	24d	—	24d	—
HRB335	三级	40d	35d	—	30d	—	28d	—	26d	—	24d	—	23d	—	22d	—	22d	—
HRB400, HRBF400	一、二级	—	46d	51d	40d	45d	37d	40d	33d	37d	32d	36d	31d	35d	30d	33d	29d	32d
HRB400, HRBF400	三级	—	42d	46d	37d	41d	34d	37d	30d	34d	29d	33d	28d	32d	27d	30d	26d	29d
HRB500, HRBF500	一、二级	—	55d	61d	49d	54d	45d	49d	41d	46d	39d	43d	37d	40d	36d	39d	35d	38d
HRB500, HRBF500	三级	—	50d	56d	45d	49d	41d	45d	38d	42d	36d	39d	34d	37d	33d	36d	32d	35d

（混凝土强度等级）

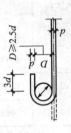

图 1-31　光圆钢筋末端 180° 弯钩

D—钢筋弯折的弯弧直径；d—钢筋直径。

注：1. 当为环氧树脂涂层带肋钢筋时，表中数据尚应乘以 1.25。

2. 当纵向受拉钢筋在施工过程中易受扰动时，表中数据尚应乘以 1.1。

3. 当锚固长度范围内纵向受力钢筋周边保护层厚度为 3d、5d（d 为锚固钢筋的直径）时，表中数据可分别乘以 0.8、0.7；中间时按内插值。

4. 当纵向受拉普通钢筋锚固长度修正系数（注 1～注 3）多于一项时，可按连乘计算。

5. 受拉钢筋的锚固长度 l_a、l_{aE} 计算值不应小于 200mm。

6. 四级抗震时，$l_{aE}=l_a$。

7. 当锚固钢筋的保护层厚度不大于 5d 时，锚固钢筋长度范围内应设置横向构造钢筋，其直径不应小于 d/4（d 为锚固钢筋的最大直径）；对梁、柱等构件间距不应大于 5d，对板、墙等构件间距不应大于 10d，且均不应大于 100mm（d 为锚固钢筋的最小直径）。

8. HPB300 级钢筋末端应做 180° 弯钩，做法详见图 1-31。

1.3.5.3 钢筋搭接长度

纵向受拉钢筋搭接长度见表1-18、表1-19。

表 1-18 纵向受拉钢筋搭接长度 l_l

mm

钢筋种类		C20	C25		C30		C35		C40		C45		C50		C55		>C60	
		混凝土强度等级																
		$d\leqslant25$	$d\leqslant25$	$d>25$	$d\leqslant25$	$d>25$	$d\leqslant25$	$d>25$	$d\leqslant25$	$d>25$	$d\leqslant25$	$d>25$	$d\leqslant25$	$d>25$	$d\leqslant25$	$d>25$	$d\leqslant25$	$d>25$
HPB300	≤25%	47d	41d	—	36d	—	34d	—	30d	—	29d	—	28d	—	26d	—	25d	—
	50%	55d	48d	—	42d	—	39d	—	35d	—	34d	—	32d	—	31d	—	29d	—
	100%	62d	54d	—	48d	—	45d	—	40d	—	38d	—	37d	—	35d	—	34d	—
HRB335	≤25%	46d	40d	—	35d	—	32d	—	30d	—	28d	—	26d	—	25d	—	25d	—
	50%	53d	46d	—	41d	—	38d	—	35d	—	32d	—	31d	—	29d	—	29d	—
	100%	61d	53d	—	46d	—	43d	—	40d	—	37d	—	35d	—	34d	—	34d	—
HRB400 HRBF400 RRB400	≤25%	—	48d	53d	42d	47d	38d	42d	35d	38d	34d	37d	32d	36d	31d	35d	30d	34d
	50%	—	56d	62d	49d	55d	45d	49d	41d	45d	39d	43d	38d	42d	36d	41d	35d	39d
	100%	—	64d	70d	56d	62d	51d	56d	46d	51d	45d	50d	43d	48d	42d	46d	40d	45d
HRB500 HRBF500	≤25%	—	58d	64d	52d	56d	47d	52d	43d	48d	41d	44d	38d	42d	37d	41d	36d	40d
	50%	—	67d	74d	60d	66d	55d	60d	50d	56d	48d	52d	45d	49d	43d	48d	42d	46d
	100%	—	77d	85d	69d	75d	62d	69d	58d	64d	54d	59d	51d	56d	50d	54d	48d	53d

注：1. 表中数值为纵向受拉钢筋绑扎搭接时的搭接长度。

2. 两根不同直径钢筋搭接时，表中 d 取较细钢筋直径。

3. 当为环氧树脂涂层带肋钢筋时，表中数据尚应乘以1.25。

4. 当纵向受拉钢筋在施工过程中易受扰动时，表中数据尚应乘以1.1。

5. 当搭接长度范围内纵向受力钢筋周边保护层厚度为3d、5d（d 为搭接钢筋的直径）时，表中数据尚可分别乘以0.8、0.7；中间时按内插值。

6. 当上述修正系数（注3～注5）多于一项时，可按连乘计算。

7. 位于同一连接区段内的钢筋搭接头面积百分率为表中数据中间值时，搭接长度可按内插取值。

8. 任何情况下，搭接长度不应小于300mm。

9. HPB300级钢筋末端应做180°弯钩，做法详见图1-31。

表 1-19　纵向受拉钢筋抗震搭接长度 l_{lE}

单位：mm

钢筋种类			C20	C25		C30		C35		C40		C45		C50		C55		≥C60	
			d≤25	d≤25	d>25	d≤25	d>25	d≤25	d>25	d≤25	d>25	d≤25	d>25	d≤25	d>25	d≤25	d>25	d≤25	d>25
一级 二级 抗震 等级	HPB300	≤25%	54d	47d	—	42d	—	38d	—	35d	—	34d	—	31d	—	30d	—	29d	—
		50%	63d	55d	—	49d	—	45d	—	41d	—	39d	—	36d	—	35d	—	34d	—
	HRB335	≤25%	53d	46d	—	40d	—	37d	—	35d	—	31d	—	30d	—	29d	—	29d	—
		50%	62d	53d	—	46d	—	43d	—	41d	—	36d	—	35d	—	34d	—	34d	—
	HRB400 HRBF400	≤25%	—	55d	61d	48d	54d	44d	48d	40d	44d	38d	43d	37d	42d	36d	40d	35d	38d
		50%	—	64d	71d	56d	63d	52d	56d	46d	52d	45d	50d	43d	49d	42d	46d	41d	45d
	HRB500 HRBF500	≤25%	—	66d	73d	59d	65d	54d	59d	49d	55d	47d	52d	44d	48d	43d	47d	42d	46d
		50%	—	77d	85d	69d	76d	63d	69d	57d	64d	55d	60d	52d	56d	50d	55d	49d	53d
三级 抗震 等级	HPB300	≤25%	49d	43d	—	38d	—	35d	—	31d	—	30d	—	29d	—	28d	—	26d	—
		50%	57d	50d	—	45d	—	41d	—	36d	—	34d	—	34d	—	32d	—	31d	—
	HRB335	≤25%	48d	42d	—	36d	—	34d	—	31d	—	29d	—	28d	—	26d	—	26d	—
		50%	56d	49d	—	42d	—	39d	—	36d	—	34d	—	32d	—	31d	—	31d	—
	HRB400 HRBF400	≤25%	—	50d	55d	44d	49d	41d	44d	36d	41d	35d	40d	34d	38d	32d	36d	31d	35d
		50%	—	59d	64d	52d	57d	48d	52d	42d	48d	41d	46d	39d	45d	38d	42d	36d	41d
	HRB500 HRBF500	≤25%	—	60d	67d	54d	59d	49d	54d	46d	50d	43d	47d	41d	44d	40d	43d	38d	42d
		50%	—	70d	78d	63d	69d	57d	63d	53d	59d	50d	55d	48d	52d	46d	50d	45d	49d

注：1. 表中数值为纵向受拉钢筋绑扎搭接接头的搭接长度。
2. 两根不同直径钢筋搭接时，表中 d 取较细钢筋直径。
3. 当为环氧树脂涂层带肋钢筋时，表中数据尚应乘以 1.25。
4. 当纵向受拉钢筋在施工过程中易受扰动时，表中数据尚应乘以 1.1。
5. 当搭接长度范围内纵向受力钢筋周边保护层厚度为 3d、5d（d 为搭接钢筋的直径）时，表中数据尚可分别乘以 0.8、0.7；中间时按内插值。
6. 上述修正系数（注 3～注 5）多于一项时，可按连乘计算。
7. 当位于同一连接区段内的钢筋搭接接头面积百分率为 100% 时，$l_{lE} = 1.6 l_{aE}$。
8. 当位于同一连接区段内的钢筋搭接接头搭接接头面积百分率为表中数据中间值时，搭接长度可按内插取值。
9. 任何情况下，搭接长度不应小于 300mm。
10. 四级抗震等级时，$l_{lE} = l_l$。
11. HPB300 级钢筋末端应做 180° 弯钩，做法详见图 1-31。

第 2 章

平法钢筋施工图制图规则

2.1 独立基础平法施工图制图规则

2.1.1 独立基础编号

各种独立基础编号，见表 2-1。

表 2-1 独立基础编号

类型	基础底板截面形状	代号	序号
普通独立基础	阶形	DJ_J	××
	坡形	DJ_P	××
杯口独立基础	阶形	BJ_J	××
	坡形	BJ_P	××

设计时应注意：当独立基础截面形状为坡形时，其坡面应采用能保证混凝土浇筑成型、振捣密实的较缓坡度；当采用较陡坡度时，应要求施工采用在基础顶部坡面加模板等措施，以确保独立基础的坡面浇筑成型、振捣密实。

2.1.2 平面注写方式

(1) 独立基础的平面注写方式，分为集中标注和原位标注两部分内容。

(2) 普通独立基础和杯口独立基础的集中标注，系在基础平面图上集中引注：基础编号、截面竖向尺寸、配筋三项必注内容，以及基础底面标高（与基础底面基准标高不同时）和必要的文字注解两项选注内容。

素混凝土普通独立基础的集中标注，除无基础配筋内容外均与钢筋混凝土普通独立基础相同。

独立基础集中标注的具体内容，规定如下。

① 注写独立基础编号（必注内容），见表 2-1。

独立基础底板的截面形状通常包括以下两种。

a. 阶形截面编号加下标"J"，例如 DJ_J××、BJ_J××。

b. 坡形截面编号加下标"P"，例如 DJ_P××、BJ_P××。

② 注写独立基础截面竖向尺寸（必注内容）。下面按普通独立基础和杯口独立基础分别进行说明。

a. 普通独立基础。注写 $h_1/h_2/\cdots$，具体标注如下。

ⅰ. 当基础为阶形截面时，如图 2-1 所示。

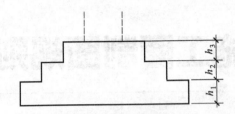

图 2-1　阶形截面普通独立基础竖向尺寸注写方式

h_1、h_2、h_3—各级（阶）的高度

图 2-1 为三阶；当为更多阶时，各阶尺寸自下而上用"/"分隔顺写。当基础为单阶时，其竖向尺寸仅为一个，且为基础总高度，如图 2-2 所示。

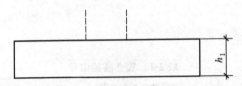

图 2-2　单阶普通独立基础竖向尺寸注写方式

h_1—单阶高度

ⅱ. 当基础为坡形截面时，注写方式为"h_1/h_2"，如图 2-3 所示。

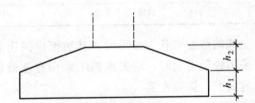

图 2-3　坡形截面普通独立基础竖向尺寸注写方式

h_1、h_2—各级（阶）高度

b. 杯口独立基础

ⅰ. 当基础为阶形截面时，其竖向尺寸分两组，一组表达杯口内，另一组表达杯口外，两组尺寸以","分隔，注写方式为"a_0/a_1，$h_1/h_2/\cdots$"，如图 2-4 和图 2-5 所示，其中杯口深度 a_0 为柱插入杯口的尺寸加 50mm。

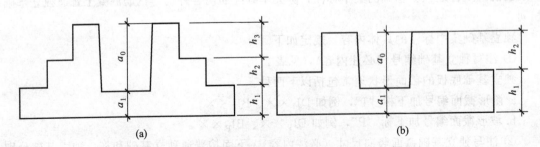

(a)　　　　　　　　　　　　　(b)

图 2-4　阶形截面杯口独立基础竖向尺寸注写方式

(a) 注写方式（一）；(b) 注写方式（二）

h_1、h_2、h_3—各级（阶）的高度；a_0、a_1—杯口内、外尺寸

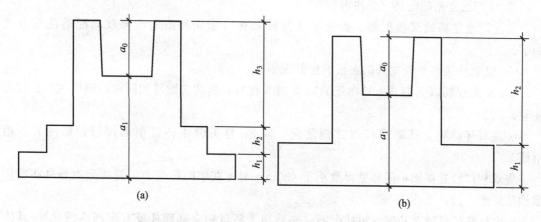

图 2-5　阶形截面高杯口独立基础竖向尺寸注写方式

(a) 注写方式（一）；(b) 注写方式（二）

h_1、h_2、h_3—各级（阶）的高度；a_0、a_1—杯口内、外尺寸

ⅱ. 当基础为坡形截面时，注写方式为"a_0/a_1，$h_1/h_2/h_3/\cdots$"，如图 2-6 和图 2-7 所示。

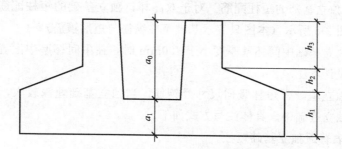

图 2-6　坡形截面杯口独立基础竖向尺寸注写方式

h_1、h_2、h_3—各级（阶）的高度；a_0、a_1—杯口内、外尺寸

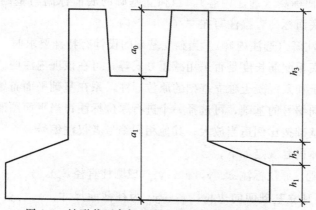

图 2-7　坡形截面高杯口独立基础竖向尺寸注写方式

h_1、h_2、h_3—各级（阶）的高度；a_0、a_1—杯口内、外尺寸

③ 注写独立基础配筋（必注内容）

a. 注写独立基础底板配筋。普通独立基础和杯口独立基础的底部双向配筋注写方式如下。

ⅰ. 以 B 代表各种独立基础底板的底部配筋。

ⅱ. X 向配筋以 X 打头、Y 向配筋以 Y 打头注写；当两向配筋相同时，则以 X&Y 打头注写。

b. 注写杯口独立基础顶部焊接钢筋网。以 Sn 打头引注杯口顶部焊接钢筋网的各边钢筋。

当双杯口独立基础中间杯壁厚度小于 400mm 时，在中间杯壁中配置构造钢筋见相应标准构造详图，设计不注。

c. 注写高杯口独立基础的短柱配筋（亦适用于杯口独立基础杯壁有配筋的情况）。具体注写规定如下。

ⅰ. 以 O 代表短柱配筋。

ⅱ. 先注写短柱纵筋，再注写箍筋。注写方式为：角筋/长边中部筋/短边中部筋，箍筋（两种间距）；当水平截面为正方形时，注写方式为：角筋/x 边中部筋/y 边中部筋，箍筋（两种间距，短柱杯口壁内箍筋间距/短柱其他部位箍筋间距）。

ⅲ. 双高杯口独立基础的短柱配筋。对于双高杯口独立基础的短柱配筋，注写形式与单高杯口相同，如图 2-8 所示（本图只表示基础短柱纵筋与矩形箍筋）。

当双高杯口独立基础中间杯壁厚度小于 400mm 时，在中间杯壁中配置构造钢筋见相应标准构造详图，设计不注。

d. 注写普通独立基础带短柱竖向尺寸及钢筋。当独立基础埋深较大，设置短柱时，短柱配筋应注写在独立基础中。具体注写方式如下。

ⅰ. 以 DZ 代表普通独立基础短柱。

ⅱ. 先注写短柱纵筋，再注写箍筋，最后注写短柱标高范围。注写方式为"角筋/长边中部筋/短边中部筋，箍筋，短柱标高范围"；当短柱水平截面为正方形时，注写方式为"角筋/x 边中部筋/y 边中部筋，箍筋，短柱标高范围"。

④ 注写基础底面标高（选注内容）。当独立基础的底面标高与基础底面基准标高不同时，应将独立基础底面标高直接注写在"（ ）"内。

⑤ 必要的文字注解（选注内容）。当独立基础的设计有特殊要求时，宜增加必要的文字注解。例如，基础底板配筋长度是否采用减短方式等，可在该项内注明。

（3）钢筋混凝土和素混凝土独立基础的原位标注，系在基础平面布置图上标注独立基础的平面尺寸。对相同编号的基础，可选择一个进行原位标注；当平面图形较小时，可将所选定进行原位标注的基础按比例适当放大；其他相同编号者仅注编号。

原位标注的具体内容规定如下。

① 普通独立基础。原位标注 x、y，x_c、y_c（或圆柱直径 d_c），x_i、y_i，$i=1$，2，3，…。其中，x、y 为普通独立基础两向边长，x_c、y_c 为柱截面尺寸，x_i、y_i 为阶宽或坡形平面尺寸（当设置短柱时，尚应标注短柱的截面尺寸）。

对称阶形截面普通独立基础原位标注，如图 2-9 所示。非对称阶形截面普通独立基础原位标注，如图 2-10 所示。设置短柱普通独立基础的原位标注，如图 2-11 所示。

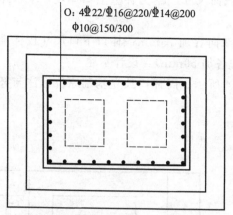

图 2-8 双高杯口独立基础短柱配筋注写方式

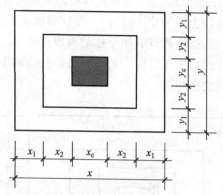

图 2-9 对称阶形截面普通独立基础原位标注

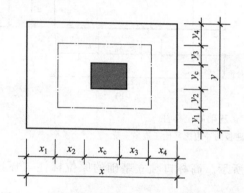

图 2-10 非对称阶形截面普通独立基础原位标注

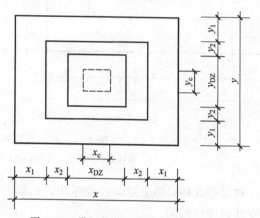

图 2-11 带短柱普通独立基础原位标注

对称坡形截面普通独立基础原位标注，如图 2-12 所示。非对称坡形截面普通独立基础原位标注，如图 2-13 所示。

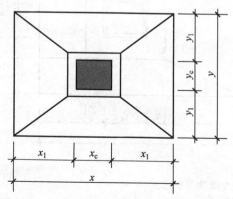

图 2-12 对称坡形截面普通独立基础原位标注

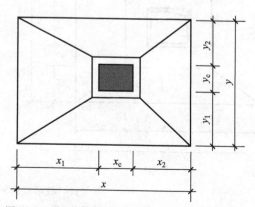

图 2-13 非对称坡形截面普通独立基础原位标注

② 杯口独立基础。原位标注 x、y，x_u、y_u，t_i，x_i、y_i，$i=1$，2，3，…。其中，

x、y 为杯口独立基础两向边长，x_u、y_u 为柱截面尺寸，t_i 为杯壁上口厚度，下口厚度为 t_i+25mm，x_i、y_i 为阶宽或坡形截面尺寸。

杯口上口尺寸 x_u、y_u，按柱截面边长两侧双向各加 75mm；杯口下口尺寸按标准构造详图（为插入杯口的相应柱截面边长尺寸，每边各加 50mm），设计不注。

阶形截面杯口独立基础原位标注，如图 2-14 所示。高杯口独立基础原位标注与杯口独立基础完全相同。

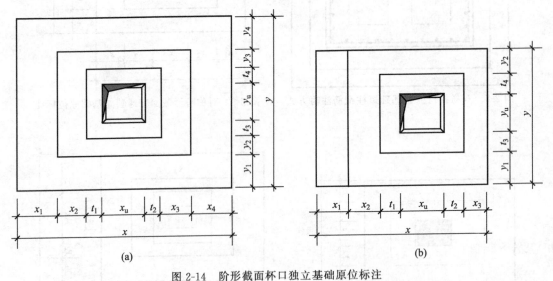

图 2-14 阶形截面杯口独立基础原位标注

（a）基础底板四边阶数相同；（b）基础底板的一边比其他三边多一阶

坡形截面杯口独立基础原位标注，如图 2-15 所示。高杯口独立基础的原位标注与杯口独立基础完全相同。

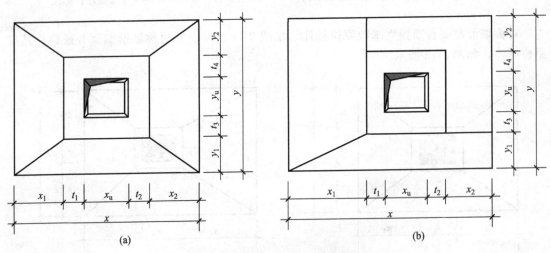

图 2-15 坡形截面杯口独立基础原位标注

（a）基础底板四边均放坡；（b）基础底板有两边不放坡

注：高杯口独立基础原位标注与杯口独立基础完全相同。

设计时应注意：当设计为非对称坡形截面独立基础并且基础底板的某边不放坡时，在原位放大绘制的基础平面图上，或在圈引出来放大绘制的基础平面图上，应按实际放坡情况绘制分坡线，如图 2-15（b）所示。

（4）普通独立基础采用平面注写方式的集中标注和原位标注综合设计表达示意，如图 2-16 所示。

带短柱独立基础采用平面注写方式的集中标注和原位标注综合设计表达示意，如图 2-17 所示。

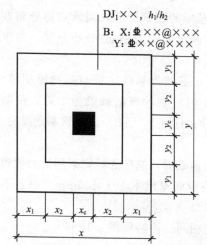

图 2-16　普通独立基础平面注写方式设计表达示意

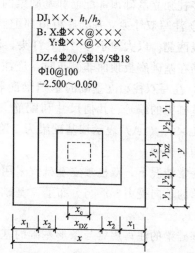

图 2-17　普通独立基础平面注写方式设计表达示意

（5）杯口独立基础采用平面注写方式的集中标注和原位标注综合设计表达示意，如图 2-18 所示。

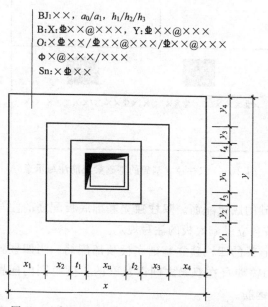

图 2-18　杯口独立基础平面注写方式设计表达示意

在图 2-18 中，集中标注的第三、四行内容是表达高杯口独立基础短柱的竖向纵筋和横向箍筋；当为杯口独立基础时，集中标注通常为第一、二、五行的内容。

（6）独立基础通常为单柱独立基础，也可为多柱独立基础（双柱或四柱等）。多柱独立基础的编号、几何尺寸和配筋的标注方法与单柱独立基础相同。

当为双柱独立基础时，通常仅配置基础底部钢筋；当柱距离较大时，除基础底部配筋外，在两柱间顶部一般要配置基础顶部钢筋或基础梁；当为四柱独立基础时，通常可设置两道平行的基础梁，需要时可在两道基础梁之间配置基础顶部钢筋。

多柱独立基础顶部配筋和基础梁的注写方法规定如下。

① 注写双柱独立基础底板顶部配筋。双柱独立基础的顶部配筋，通常对称分布在双柱中心线两侧。以大写字母"T"打头，注写为：双柱间纵向受力钢筋/分布钢筋。当纵向受力钢筋在基础底板顶面非满布时，应注明其总根数。

② 注写双柱独立基础的基础梁配筋。当双柱独立基础为基础底板与基础梁相结合时，注写基础梁的编号、几何尺寸和配筋。例如 JL×× （1）表示该基础梁为 1 跨，两端无外伸；JL××（1A）表示该基础梁为 1 跨，一端有外伸；JL××（1B）表示该基础梁为 1 跨，两端均有外伸。

通常情况下，双柱独立基础宜采用端部有外伸的基础梁，基础底板则采用受力明确、构造简单的单向受力配筋与分布筋。基础梁宽度应比柱截面宽出不小于 100mm（每边不小于 50mm）。

基础梁的注写规定与条形基础的基础梁注写规定相同。注写如图 2-19 所示。

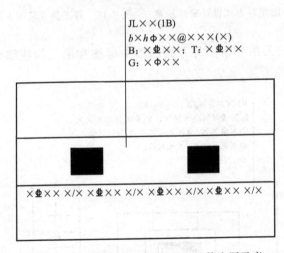

图 2-19　双柱独立基础的基础梁配筋注写示意

③ 注写双柱独立基础的底板配筋。双柱独立基础底板配筋的注写，可以按条形基础底板的注写规定，也可以按独立基础底板的注写规定。

④ 注写配置两道基础梁的四柱独立基础底板顶部配筋。当四柱独立基础已设置两道平行的基础梁时，根据内力需要可在双梁之间以及梁的长度范围内配置基础顶部钢筋，注写为：梁间受力钢筋/分布钢筋。

平行设置两道基础梁的四柱独立基础底板配筋，也可按双梁条形基础底板配筋的注写规定。

（7）采用平面注写方式表达的独立基础设计施工图，如图 2-20 所示。

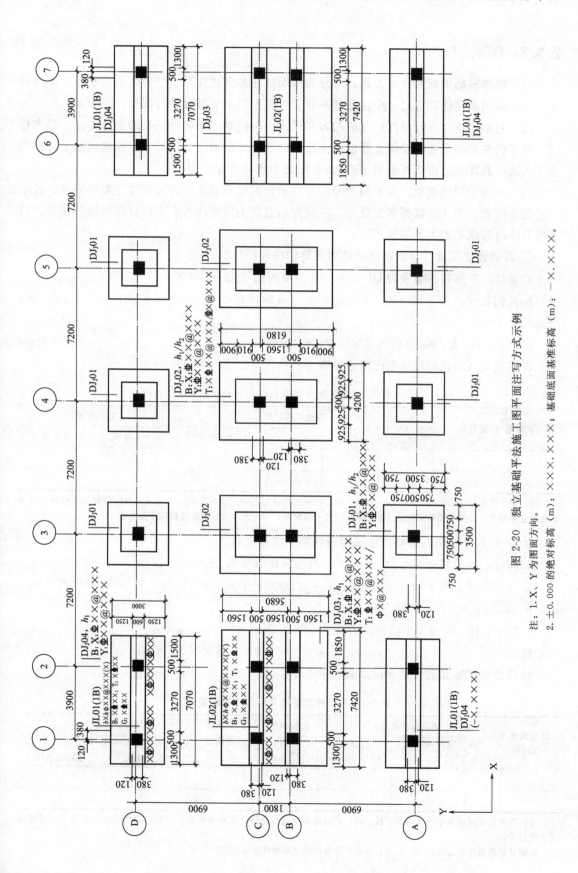

图 2-20　独立基础平法施工图平面注写方式示例

注：1. X、Y 为图面方向。

2. ±0.000 的绝对标高（m）：××××.××××；基础底面基准标高（m）：−×.××××。

2.1.3 截面注写方式

（1）独立基础的截面注写方式，可分为截面标注和列表注写（结合截面示意图）两种表达方式。采用截面注写方式，应在基础平面布置图上对所有基础进行编号，见表 2-1。

（2）对单个基础进行截面标注的内容和形式，与传统"单构件正投影表示方法"基本相同。对于已在基础平面布置图上原位标注清楚的该基础的平面几何尺寸，在截面图上可不再重复表达，具体表达内容可参照 16G101-3 图集中相应的标准构造。

（3）对多个同类基础，可采用列表注写（结合截面示意图）的方式进行集中表达。表中内容为基础截面的几何数据和配筋等，在截面示意图上应标注与表中栏目相对应的代号。列表的具体内容规定如下。

① 普通独立基础。普通独立基础列表集中注写栏目如下。

a. 编号：阶形截面编号为 $DJ_J \times \times$，坡形截面编号为 $DJ_P \times \times$。

b. 几何尺寸：水平尺寸 x、y，x_c、y_c（或圆柱直径 d_c），x_i、y_i，$i = 1, 2, 3, \cdots$；竖向尺寸 $h_1/h_2/\cdots$。

c. 配筋：B：X：$\oplus \times \times @ \times \times \times$，Y：$\oplus \times \times @ \times \times \times$。

普通独立基础几何尺寸和配筋表见表 2-2。

表 2-2 普通独立基础几何尺寸和配筋表

基础编号/截面号	截面几何尺寸				底部配筋（B）	
	x、y	x_c、y_c	x_i、y_i	$h_1/h_2/\cdots$	X 向	Y 向

注：表中可根据实际情况增加栏目。例如：当基础底面标高与基础底面基准标高不同时，加注基础底面标高；当为双柱独立基础时，加注基础顶部配筋或基础梁几何尺寸和配筋；当设置短柱时增加短柱尺寸及配筋等。

② 杯口独立基础。杯口独立基础列表集中注写栏目如下。

a. 编号：阶形截面编号为 $BJ_J \times \times$，坡形截面编号为 $BJ_P \times \times$。

b. 几何尺寸：水平尺寸 x、y，x_u、y_u，t_i，x_i、y_i，$i = 1, 2, 3, \cdots$；竖向尺寸 a_0、a_1，$h_1/h_2/h_3 \cdots$。

c. 配筋：B：X：$\oplus \times \times @ \times \times \times$，Y：$\oplus \times \times @ \times \times \times$，$Sn_x \oplus \times \times$，

O：$x \oplus \times \times / \oplus \times \times @ \times \times \times / \oplus \times \times @ \times \times \times$，$\phi \times \times @ \times \times \times / \times \times \times$。

杯口独立基础几何尺寸和配筋表见表 2-3。

表 2-3 杯口独立基础几何尺寸和配筋表

基础编号/截面号	截面几何尺寸				底部配筋（B）		杯口顶部钢筋网（Sn）	短柱配筋（O）	
	x、y	x_c、y_c	x_i、y_i	a_0、a_1，$h_1/h_2/h_3\cdots$	X 向	Y 向		角筋/长边中部筋/短边中部筋	杯口壁箍筋/其他部位箍筋

注：1. 表中可根据实际情况增加栏目。如当基础底面标高与基础底面基准标高不同时，加注基础底面标高，或增加说明栏目等。

2. 短柱配筋适用于高杯口独立基础，并适用于杯口独立基础杯壁有配筋的情况。

2.2 条形基础平法施工图制图规则

2.2.1 条形基础编号

条形基础编号分为基础梁编号和条形基础底板编号，见表 2-4。

表 2-4 条形基础梁及底板编号

类型		代号	序号	跨数及有无外伸
基础梁		JL	××	(×××)端部无外伸
条形基础底板	阶形	TJB$_P$	××	(××A)一端有外伸
	坡形	TJB$_J$	××	(××B)两端有外伸

注：条形基础通常采用坡形截面或单阶形截面。

2.2.2 基础梁的平面注写方式

（1）基础梁（JL）的平面注写方式，分集中标注和原位标注两部分内容，当集中标注的某项数值不适用于基础梁的某部位时，则将该项数值采用原位标注，施工时，原位标注优先。

（2）基础梁的集中标注内容包括基础梁编号、截面尺寸、配筋三项必注内容，以及基础梁底面标高（与基础底面基准标高不同时）和必要的文字注解两项选注内容。具体规定如下。

① 注写基础梁编号，见表 2-4。

② 注写基础梁截面尺寸。注写 $b \times h$，表示梁截面宽度与高度。当为竖向加腋梁时，用 $b \times h$　Y$c_1 \times c_2$ 表示，其中 c_1 为腋长，c_2 为腋高。

③ 注写基础梁配筋

a.注写基础梁箍筋

ⅰ.当具体设计仅采用一种箍筋间距时，注写钢筋级别、直径、间距与肢数（箍筋肢数写在括号内，下同）。

ⅱ.当具体设计采用两种箍筋时，用"/"分隔不同箍筋，按照从基础梁两端向跨中的顺序注写。先注写第 1 段箍筋（在前面加注箍筋道数），在斜线后再注写第 2 段箍筋（不再加注箍筋道数）。

施工时应注意：两向基础梁相交的柱下区域，应有一向截面较高的基础梁箍筋贯通设置；当两向基础梁高度相同时，任选一向基础梁箍筋贯通设置。

b.注写基础梁底部、顶部及侧面纵向钢筋。

ⅰ.以 B 打头，注写梁底部贯通纵筋（不应少于梁底部受力钢筋总截面面积的 1/3）。当跨中所注根数少于箍筋肢数时，需要在跨中增设梁底部架立筋以固定箍筋，采用"＋"将贯通纵筋与架立筋相联，架立筋注写在加号后面的括号内。

ⅱ.以 T 打头，注写梁顶部贯通纵筋。注写时用";"将底部与顶部贯通纵筋分隔开，如有个别跨与其不同者按原位注写的规定处理。

ⅲ.当梁底部或顶部贯通纵筋多于一排时，用"/"将各排纵筋自上而下分开。

ⅳ. 以大写字母 G 打头注写梁两侧面对称设置的纵向构造钢筋的总配筋值（当梁腹板净高 h_w 不小于 450mm 时，根据需要配置）。

当需要配置抗扭纵向钢筋时，梁两个侧面设置的抗扭纵向钢筋以 N 打头。

注：1. 当为梁侧面构造钢筋时，其搭接与锚固长度可取为 15d。

2. 当为梁侧面受扭纵向钢筋时，其锚固长度为 l_a，搭接长度为 l_l；其锚固方式同基础梁上部纵筋。

④ 注写基础梁底面标高。当条形基础的底面标高与基础底面基准标高不同时，将条形基础底面标高注写在"（ ）"内。

⑤ 必要的文字注解。当基础梁的设计有特殊要求时，宜增加必要的文字注解。

（3）基础梁（JL）的原位标注规定如下。

① 基础梁支座的底部纵筋，系指包含贯通纵筋与非贯通纵筋在内的所有纵筋。

a. 当底部纵筋多于一排时，用"/"将各排纵筋自上而下分开。

b. 当同排纵筋有两种直径时，用"+"将两种直径的纵筋相连。

c. 当梁支座两边的底部纵筋配置不同时，需在支座两边分别标注；当梁支座两边的底部纵筋相同时，可仅在支座的一边标注。

d. 当梁支座底部全部纵筋与集中注写过的底部贯通纵筋相同时，可不再重复做原位标注。

e. 竖向加腋梁加腋部位钢筋，需在设置加腋的支座处以 Y 打头注写在括号内。

设计时应注意：对于"底部一平梁"的支座两边配筋值不同的底部非贯通纵筋（"底部一平梁"为"梁底部在同一个平面上"的缩略词），应先按较小一边的配筋值选配相同直径的纵筋贯穿支座，再将较大一边的配筋差值选配适当直径的钢筋锚入支座，避免造成支座两边大部分钢筋直径不相同的不合理配置结果。

施工及预算方面应注意：当底部贯通纵筋经原位注写修正，出现两种不同配置的底部贯通纵筋时，应在两毗邻跨中配置较小一跨的跨中连接区域进行连接（即配置较大一跨的底部贯通纵筋需伸出至毗邻跨的跨中连接区域）。

② 原位注写基础梁的附加箍筋或（反扣）吊筋。当两向基础梁十字交叉，但交叉位置无柱时，应根据需要设置附加箍筋或（反扣）吊筋。

将附加箍筋或（反扣）吊筋直接画在平面图中条形基础主梁上，原位直接引注总配筋值（附加箍筋的肢数注在括号内）。当多数附加箍筋或（反扣）吊筋相同时，可在条形基础平法施工图上统一注明。少数与统一注明值不同时，在原位直接引注。

施工时应注意：附加箍筋或（反扣）吊筋的几何尺寸应按照标准构造详图，结合其所在位置的主梁和次梁的截面尺寸确定。

③ 原位注写基础梁外伸部位的变截面高度尺寸。当基础梁外伸部位采用变截面高度时，在该部位原位注写 $b \times h_1/h_2$，h_1 为根部截面高度，h_2 为尽端截面高度。

④ 原位注写修正内容。当在基础梁上集中标注的某项内容（如截面尺寸、箍筋、底部与顶部贯通纵筋或架立筋、梁侧面纵向构造钢筋、梁底面标高等）不适用于某跨或某外伸部位时，将其修正内容原位标注在该跨或该外伸部位，施工时原位标注取值优先。

当在多跨基础梁的集中标注中已注明竖向加腋，而该梁某跨根部不需要竖向加腋时，则应在该跨原位标注无 Y$c_1 \times c_2$ 的 $b \times h_1$，以修正集中标注中的竖向加腋要求。

2.2.3 基础梁底部非贯通纵筋的长度规定

（1）为方便施工，对于基础梁柱下区域底部非贯通纵筋的伸出长度 a_0 值：当配置不多于两排时，在标准构造详图中统一取值为自柱边向跨内伸出至 $l_n/3$ 位置；当非贯通纵筋配置多于两排时，从第三排起向跨内的伸出长度值应由设计者注明。l_n 的取值规定为：边跨边支座的底部非贯通纵筋，l_n 取本边跨的净跨长度值；对于中间支座的底部非贯通纵筋，l_n 取支座两边较大一跨的净跨长度值。

（2）基础梁外伸部位底部纵筋的伸出长度 a_0 值，在标准构造详图中统一取值为：第一排伸出至梁端头后，全部上弯 $12d$ 或 $15d$；其他排钢筋伸至梁端头后截断。

（3）设计者在执行第（1）、（2）条底部非贯通纵筋伸出长度的统一取值规定时，应注意按《混凝土结构设计规范（2015 年版）》（GB 50010—2010）、《建筑地基基础设计规范》（GB 50007—2011）和《高层建筑混凝土结构技术规程》（JGJ 3—2010）的相关规定进行校核，若不满足时应另行变更。

2.2.4 条形基础底板的平面注写方式

（1）条形基础底板 TJB_P、TJB_J 的平面注写方式，分集中标注和原位标注两部分内容。

（2）条形基础底板的集中标注内容包括条形基础底板编号、截面竖向尺寸、配筋三项必注内容，以及条形基础底板底面标高（与基础底面基准标高不同时）和必要的文字注解两项选注内容。

素混凝土条形基础底板的集中标注，除无底板配筋内容外与钢筋混凝土条形基础底板相同。具体规定如下。

① 注写条形基础底板编号，见表 2-4。条形基础底板向两侧的截面形状通常包括以下两种。

a.阶形截面，编号加下标"J"，例如 $TJB_J \times \times$（$\times \times$）。

b.坡形截面，编号加下标"P"，例如 $TJB_P \times \times$（$\times \times$）。

② 注写条形基础底板截面竖向尺寸。注写 $h_1/h_2/\cdots$，具体标注如下。

a.当条形基础底板为坡形截面时，注写为"h_1/h_2"，见图 2-21。

b.当条形基础底板为阶形截面时，见图 2-22。

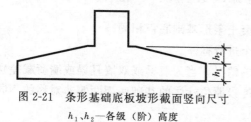

图 2-21 条形基础底板坡形截面竖向尺寸

h_1、h_2—各级（阶）高度

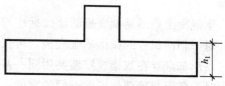

图 2-22 条形基础底板阶形截面竖向尺寸

h_1—条形基础底板级（阶）高度

图 2-22 为单阶，当为多阶时各阶尺寸自下而上以"/"分隔顺写。

③ 注写条形基础底板底部及顶部配筋。以 B 打头，注写条形基础底板底部的横向受力钢筋；以 T 打头，注写条形基础底板顶部的横向受力钢筋；注写时，用"/"分隔条形基础

底板的横向受力钢筋与纵向分布钢筋，如图2-23和图2-24所示。

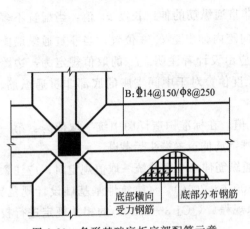

图2-23 条形基础底板底部配筋示意

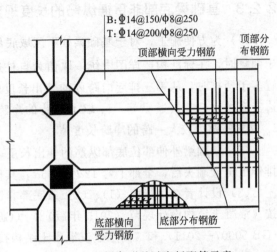

图2-24 双梁条形基础底板配筋示意

④ 注写条形基础底板底面标高。当条形基础底板的底面标高与条形基础底面基准标高不同时，应将条形基础底板底面标高注写在"（ ）"内。

⑤ 必要的文字注解。当条形基础底板有特殊要求时，应增加必要的文字注解。

(3) 条形基础底板的原位标注规定如下。

① 原位注写条形基础底板的平面尺寸。原位标注 b、b_i，$i=1，2，\cdots$。其中，b 为基础底板总宽度，b_i 为基础底板台阶的宽度。当基础底板采用对称于基础梁的坡形截面或单阶形截面时，b_i 可不注，见图2-25。

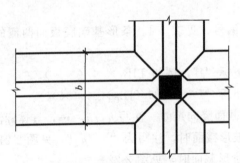

图2-25 条形基础底板平面尺寸原位标注

素混凝土条形基础底板的原位标注与钢筋混凝土条形基础底板相同。

对于相同编号的条形基础底板，可仅选择一个进行标注。

条形基础存在双梁或双墙共用同一基础底板的情况，当为双梁或双墙且梁或墙荷载差别较大时，条形基础两侧可取不同的宽度，实际宽度以原位标注的基础底板两侧非对称的不同台阶宽度 b_i 进行表达。

② 原位注写修正内容。当在条形基础底板上集中标注的某项内容，如底板截面竖向尺寸、底板配筋、底板底面标高等，不适用于条形基础底板的某跨或某外伸部分时，可将其修正内容原位标注在该跨或该外伸部位，施工时原位标注取值优先。

(4) 采用平面注写方式表达的条形基础平法施工图如图2-26所示。

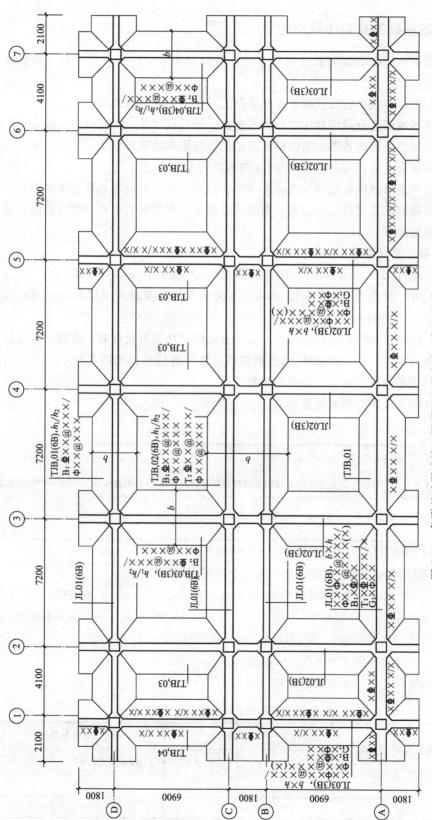

图 2-26　条形基础平法施工图平面注写方式示例（单位：mm）

注：±0.000 的绝对标高（m）：×××.×××；基础底面标高：—×.×××。

2.2.5 条形基础的截面注写方式

（1）条形基础基础底板的截面注写方式，可分为截面标注和列表注写（结合截面示意图）两种表达方式。

采用截面注写方式，应在基础平面布置图上对所有基础进行编号，见表 2-4。

（2）对条形基础进行截面标注的内容与形式，与传统"单构件正投影表示方法"基本相同。对于已在基础平面布置图上原位标注清楚的该条形基础梁的水平尺寸，可不在截面图上重复表达，具体表达内容可参照 16G101-3 中相应的标准构造。

（3）对多个条形基础可采用列表注写（结合截面示意图）的方式进行集中表达。表中内容为条形基础截面的几何数据和配筋，截面示意图上应标注与表中栏目相对应的代号。列表的具体内容规定如下。

① 基础梁。基础梁列表集中注写栏目如下。

a.编号：注写 $JL\times\times$（$\times\times$）、$JL\times\times$（$\times\times A$）或 $JL\times\times$（$\times\times B$）。

b.几何尺寸：梁截面宽度与高度 $b\times h$。当为竖向加腋梁时，注写 $b\times h$　$Yc_1\times c_2$，其中 c_1 为腋长，c_2 为腋高。

c.配筋：注写基础梁底部贯通纵筋＋非贯通纵筋，顶部贯通纵筋，箍筋。当设计为两种箍筋时，箍筋注写为：第一种箍筋/第二种箍筋，第一种箍筋为梁端部箍筋，注写内容包括箍筋的箍数、钢筋级别、直径、间距与肢数。

基础梁几何尺寸和配筋表见表 2-5。

表 2-5　基础梁几何尺寸和配筋表

基础梁编号 /截面号	截面几何尺寸		配筋	
	$b\times h$	竖向加腋 $c_1\times c_2$	底部贯通纵筋＋非贯通纵筋,顶部贯通纵筋	第一种箍筋/第二种箍筋

注：表中可根据实际情况增加栏目，如增加基础梁地面标高等。

② 条形基础底板。条形基础底板列表集中注写栏目如下。

a.编号：坡形截面编号为 $TJB_P\times\times$（$\times\times$）、$TJB_P\times\times$（$\times\times A$）或 $TJB_P\times\times$（$\times\times B$），阶形截面编号为 $TJB_J\times\times$（$\times\times$）、$TJB_J\times\times$（$\times\times A$）或 $TJB_J\times\times$（$\times\times B$）。

b.几何尺寸：水平尺寸 b、b_i，$i=1,2,\cdots$；竖向尺寸 h_1/h_2。

c.配筋：B：$\Phi\times\times@\times\times\times/\Phi\times\times@\times\times\times$。

条形基础底板几何尺寸和配筋表见表 2-6。

表 2-6　条形基础底板几何尺寸和配筋表

基础底板编号/截面号	截面几何尺寸			底部配筋(B)	
	b	b_i	h_1/h_2	横向受力钢筋	纵向分布钢筋

注：表中可根据实际情况增加栏目，如增加上部配筋、基础底板底面标高（与基础底板底面标高不一致时）等。

2.3 筏形基础平法施工图制图规则

2.3.1 梁板式筏形基础平法施工图制图规则

2.3.1.1 梁板式筏形基础构件的类型与编号

梁板式筏形基础由基础主梁、基础次梁、基础平板等构成，编号按表 2-7 的规定。

表 2-7 梁板式筏形基础梁编号

构件类型	代号	序号	跨数及是否有外伸
基础主梁（柱下）	JL	××	(××)或(××A)或(××B)
基础次梁	JCL	××	(××)或(××A)或(××B)
梁板筏基础平板	LPB	××	

注：1.(××A) 为一端有外伸，(××B) 为两端有外伸，外伸不计入跨数。

2.梁板式筏形基础平板跨数及是否有外伸分别在 X、Y 两向的贯通纵筋之后表达。图面从左至右为 X 向，从下至上为 Y 向。

3.梁板式筏形基础主梁与条形基础梁编号与标准构造详图一致。

2.3.1.2 基础主梁和基础次梁的平面注写方式

（1）基础主梁 JL 与基础次梁 JCL 的平面注写方式，分集中标注与原位标注两部分内容。当集中标注的某项数值不适用于梁的某部位时，则将该项数值采用原位标注，施工时，原位标注优先。

（2）基础主梁 JL 与基础次梁 JCL 的集中标注内容为：基础梁编号、截面尺寸、配筋三项必注内容，以及基础梁底面标高高差（相对于筏形基础平板底面标高）一项选注内容。具体规定如下。

① 注写基础梁的编号，见表 2-7。

② 注写基础梁的截面尺寸。以 $b×h$ 表示梁截面宽度和高度，当为竖向加腋梁时，用 $b×hYc_1×c_2$ 表示，其中，c_1 为腋长，c_2 为腋高。

③ 注写基础梁的配筋

a.注写基础梁箍筋

ⅰ.当采用一种箍筋间距时，注写钢筋级别、直径、间距与肢数（写在括号内）。

ⅱ.当采用两种箍筋时，用"/"分隔不同箍筋，按照从基础梁两端向跨中的顺序注写。先注写第 1 段箍筋（在前面加注箍数），在斜线后再注写第 2 段箍筋（不再加注箍数）。

施工时应注意：两向基础主梁相交的柱下区域，应有一向截面较高的基础主梁箍筋贯通设置；当两向基础主梁高度相同时，任选一向基础主梁箍筋贯通设置。

b.注写基础梁的底部、顶部及侧面纵向钢筋。

ⅰ.以 B 打头，先注写梁底部贯通纵筋（不应少于底部受力钢筋总截面面积的 1/3）。当跨中所注根数少于箍筋肢数时，需要在跨中加设架立筋以固定箍筋，注写时，用"+"将贯通纵筋与架立筋相联，架立筋注写在加号后面的括号内。

ⅱ.以 T 打头，注写梁顶部贯通纵筋值。注写时用";"将底部与顶部纵筋分隔开。

ⅲ. 当梁底部或顶部贯通纵筋多于一排时，用"/"将各排纵筋自上而下分开。

ⅳ. 以大写字母 G 打头，注写梁两侧面设置的纵向构造钢筋有总配筋值（当梁腹板高度 h_w 不小于 450mm 时，根据需要配置）。

当需要配置抗扭纵向钢筋时，梁两个侧面设置的抗扭纵向钢筋以 N 打头。

注：1. 当为梁侧面构造钢筋时，其搭接与锚固长度可取为 $15d$。

2. 当为梁侧面受扭纵向钢筋时，其锚固长度为 l_a，搭接长度为 l_l；其锚固方式同基础梁上部纵筋。

④ 注写基础梁底面标高高差（系指相对于筏形基础平板底面标高的高差值），该项为选注值。有高差时需将高差写入括号内（如"高板位"与"中板位"基础梁的底面与基础平板地面标高的高差值），无高差时不注（如"低板位"筏形基础的基础梁）。

（3）基础主梁与基础次梁的原位标注规定如下。

① 梁支座的底部纵筋，系指包含贯通纵筋与非贯通纵筋在内的所有纵筋。

a. 当底部纵筋多余一排时，用"/"将各排纵筋自上而下分开。

b. 当同排有两种直径时，用加号"+"将两种直径的纵筋相联。

c. 当梁中间支座两边底部纵筋配置不同时，需在支座两边分别标注；当梁中间支座两边的底部纵筋相同时，只仅在支座的一边标注配筋值。

d. 当梁端（支座）区域的底部全部纵筋与集中注写过的贯通纵筋相同时，可不再重复做原位标注。

e. 竖向加腋梁加腋部位钢筋，需在设置加腋的支座处以 Y 打头注写在括号内。

设计时应注意：当对底部一平的梁支座两边的底部非贯通纵筋采用不同配筋值时，应先按较小一边的配筋值选配相同直径的纵筋贯穿支座，再将较大一边的配筋差值选配适当直径的钢筋锚入支座，避免造成两边大部分钢筋直径不相同的不合理配置结果。

施工及预算方面应注意：当底部贯通纵筋经原位修正注写后，两种不同配置的底部贯通纵筋应在两毗邻跨中配置较小一跨的跨中连接区域连接（即配置较大一跨的底部贯通纵筋需越过其跨数终点或起点伸至毗邻跨的跨中连接区域）。

② 注写基础梁的附加箍筋或（反扣）吊筋。将其直接画在平面图中的主梁上，用线引注总配筋值（附加箍筋的肢数注在括号内），当多数附加箍筋或（反扣）吊筋相同时，可在基础梁平法施工图上统一注明，少数与统一注明值不同时，在原位引注。

施工时应注意：附加箍筋或（反扣）吊筋的几何尺寸应按照标准构造详图，结合其所在位置的主梁和次梁的截面尺寸确定。

③ 当基础梁外伸部位变截面高度时，在该部位原位注写 $b \times h_1/h_2$，h_1 为根部截面高度，h_2 为尽端截面高度。

④ 注写修正内容。当在基础梁上集中标注的某项内容（如梁截面尺寸、箍筋、底部与顶部贯通纵筋或架立筋、梁侧面纵向构造钢筋、梁底面标高高差等）不适用于某跨或某外伸部分时，则将其修正内容原位标注在该跨或该外伸部位，施工时原位标注取值优先。

当在多跨基础梁的集中标注中已注明竖向加腋，而该梁某跨根部不需要竖向加腋时，则应在该跨原位标注等截面的 $b \times h$，以修正集中标注中的加腋信息。

（4）按以上各项规定的组合表达方式，基础主梁和基础次梁标注图示如图 2-27 所示。

基础主梁 JL 与基础次梁 JCL 标注说明

集中标注说明：集中标注应在第一跨引出

注写形式	表达内容	附加说明
JL×××(×B)或 JCL×××(×B)	基础主梁 JL 或基础次梁 JCL 编号，具体包括：代号、序号，（跨数及外伸状况）	(×A)：一端有外伸；(×B)：两端均有外伸；无外伸则（仅注跨数）(×)
b×h	截面尺寸，梁宽×梁高	当加腋时，用 b×h Yc₁×c₂ 表示，其中 c₁ 为腋长，c₂ 为腋高
×Φ×××@×××/×Φ×××@×××(×)	第一种箍筋道数、强度等级、直径、间距/第二种箍筋道数、强度等级、直径	Φ—HPB300，Φ—HRB335，Φ—HRB400，ΦR—RRB400，下同
B:×Φ××； T:×Φ××	底部(B)贯通纵筋根数、强度等级、直径；顶部(T)贯通纵筋根数、强度等级、直径	底部纵筋应有不少于 1/3 贯通全跨 顶部纵筋全部连通
G:×Φ××	梁侧面纵向构造钢筋根数、强度等级、直径	梁两个侧面构造纵筋的总根数
(×.×××)	梁底面相对于筏基础平板底标高高的高差	高者前加+号；低者前加-号，无高差不注

原位标注（含贯通筋）

注写形式	表达内容	附加说明
×Φ×× ×/×	基础主梁柱下与基础次梁支座区域底部纵筋根数、强度等级、直径、以及用"/"分隔的两排或多排数	为该区域底部包括贯通筋与非贯通筋在内的全部纵筋
×Φ×× ×/×	附加箍筋总根数及强度等级、直径、直径及肢数	在主梁与次梁相交处的主梁上引出
其他原位标注	某部位与集中标注不同的内容	原位标注取值优先

注：平面注写时，相同的基础主梁或基础次梁只标注一根。其他仅注编号。在基础梁相交处位于同一层面内的纵向钢筋相交叉时，设计应注明何梁纵筋在下，何梁纵筋在上。

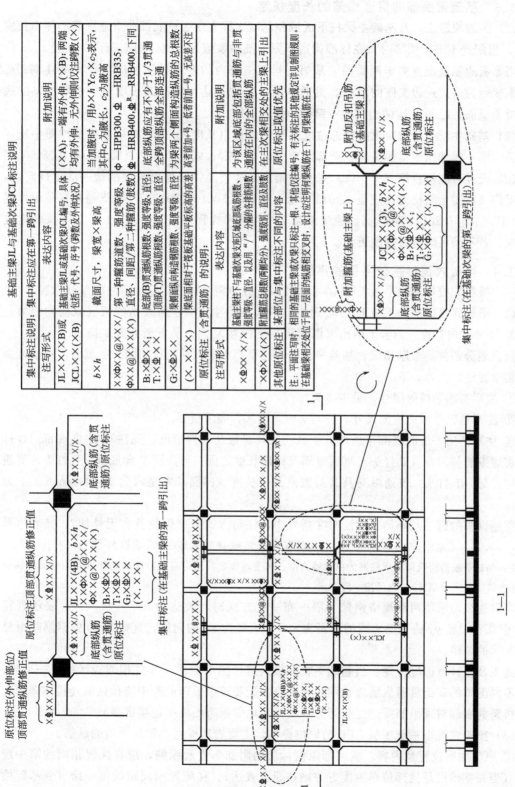

图 2-27 基础主梁和基础次梁标注图示

2.3.1.3 基础梁底部非贯通纵筋的长度规定

（1）为方便施工，凡基础主梁柱下区域和基础次梁支座区域底部非贯通纵筋的伸出长度 a_0 值，当配置不多于两排时，在标准构造详图中统一取值为自支座边向跨内伸出至 $l_n/3$ 位置；当非贯通纵筋配置多于两排时，从第三排起向跨内的伸出长度值应由设计者注明。l_n 的取值规定为：边跨边支座的底部非贯通纵筋，l_n 取本边跨的净跨长度值；中间支座的底部非贯通纵筋，l_n 取支座两边较大一跨的净跨长度值。

（2）基础主梁与基础次梁外伸部位底部纵筋的伸出长度 a_0 值，在标准构造详图中统一取值为：第一排伸出至梁端头后，全部上弯 $12d$ 或 $15d$，或其他排伸至梁端头后截断。

（3）设计者在执行第（1）、（2）条基础梁底部非贯通纵筋伸出长度的统一取值规定时，应注意按《混凝土结构设计规范（2015 年版）》（GB 50010—2010）、《建筑地基基础设计规范》（GB 50007—2011）和《高层建筑混凝土结构技术规程》（JGJ 3—2010）的相关规定进行校核，若不满足时应另行变更。

2.3.1.4 梁板式筏形基础平板的平面注写方式

（1）梁板式筏形基础平板 LPB 的平面注写，分为集中标注与原位标注两部分内容。

（2）梁板式筏形基础平板 LPB 贯通纵筋的集中标注，应在所表达的板区双向均为第一跨（X 与 Y 双向首跨）的板上引出（图面从左至右为 X 向，从下至上为 Y 向）。

板区划分条件：板厚相同、基础平板底部与顶部贯通纵筋配置相同的区域为同一板区。

集中标注的内容如下。

① 注写基础平板的编号，见表 2-7。

② 注写基础平板的截面尺寸。注写 $h=\times\times\times$，表示板厚。

③ 注写基础平板的底部与顶部贯通纵筋及其跨数及外伸情况。先注写 X 向底部（B 打头）贯通纵筋与顶部（T 打头）贯通纵筋及纵向长度范围；再注写 Y 向底部（B 打头）贯通纵筋与顶部（T 打头）贯通纵筋及其跨数及外伸长度（图面从左至右为 X 向，从下至上为 Y 向）。

贯通纵筋的跨数及外伸长度注写在括号中，注写方式为"跨数及有无外伸"，其表达形式为：$(\times\times)$（无外伸）、$(\times\times A)$（一端有外伸）或 $(\times\times B)$（两端有外伸）。

注：基础平板的跨数以构成柱网的主轴线为准；两主轴线之间无论有几道辅助轴线（例如框筒结构中混凝土内筒中的多道墙体），均可按一跨考虑。

当贯通纵筋采用两种规格钢筋"隔一布一"方式时，表达为 xx/yy@$\times\times$，表示直径 xx 的钢筋和直径 yy 的钢筋之间的间距为 $\times\times$，直径为 xx 的钢筋、直径为 yy 的钢筋间距分别为 $\times\times$ 的 2 倍。

施工及预算方面应注意：当基础平板分板区进行集中标注，并且相邻板区板底一平时，两种不同配置的底部贯通纵筋应在两毗邻板跨中配筋较小板跨的跨中连接区域连接（即配置较大板跨的底部贯通纵筋需越过板区分界线伸至毗邻板跨的跨中连接区域）。

（3）梁板式筏形基础平板 LPB 的原位标注，主要表达板底部附加非贯通纵筋。

① 原位注写位置及内容。板底部原位标注的附加非贯通纵筋，应在配置相同的第一跨表达（当在基础梁悬挑部位单独配置时则在原位表达）。在配置相同跨的第一跨（或基础梁外伸部位），垂直于基础梁，绘制一段中粗虚线（当该筋通长设置在外伸部位或短跨板下部时，应画至对边或贯通短跨），在虚线上注写编号（如①、②等）、配筋值、横向布置的跨数

及是否布置到外伸部位。

注：（××）为横向布置的跨数，（××A）为横向布置的跨数及一端基础梁的外伸部位，（××B）为横向布置的跨数及两端基础梁外伸部位。

板底部附加非贯通纵筋自支座中线向两边跨内的伸出长度值注写在线段的下方位置。当该筋向两侧对称伸出时，可仅在一侧标注，另一侧不注；当布置在边梁下时，向基础平板外伸部位一侧的伸出长度与方式按标准构造，设计不注。底部附加非贯通筋相同者，可仅注写一处，其他只注写编号。

横向连续布置的跨数及是否布置到外伸部位，不受集中标注贯通纵筋的板区限制。

原位注写的底部附加非贯通纵筋与集中标注的底部贯通钢筋，宜采用"隔一布一"的方式布置，即基础平板（X 向或 Y 向）底部附加非贯通纵筋与贯通纵筋间隔布置，其标注间距与底部贯通纵筋相同（两者实际组合后的间距为各自标注间距的 1/2）。

② 注写修正内容。当集中标注的某些内容不适用于梁板式筏形基础平板某板区的某一板跨时，应由设计者在该板跨内注明，施工时应按注明内容取用。

③ 当若干基础梁下基础平板的底部附加非贯通纵筋配置相同时（其底部、顶部的贯通纵筋可以不同），可仅在一根基础梁下做原位注写，并在其他梁上注明"该梁下基础平板底部附加非贯通纵筋同××基础梁"。

（4）梁板式筏形基础平板 LPB 的平面注写规定，同样适用于钢筋混凝土墙下的基础平板。按以上主要分项规定的组合表达方式，梁板式筏形基础平板 LPB 标注识图，见图 2-28。

2.3.2　平板式筏形基础平法施工图制图规则

2.3.2.1　平板式筏形基础构件的类型与编号

平板式筏形基础的平面注写表达方式有两种。一是划分为柱下板带和跨中板带进行表达；二是按基础平板进行表达。平板式筏形基础构件编号见表 2-8。

表 2-8　平板式筏形基础构件编号

构件类型	代号	序号	跨数及有无外伸
柱下板带	ZXB	××	（××）或（××A）或（××B）
跨中板带	KZB	××	（××）或（××A）或（××B）
平板筏基础平板	BPB		

注：1.（××A）为一端有外伸，（××B）为两端有外伸，外伸不计入跨数。
2. 平板式筏形基础平板，其跨数及是否有外伸分别在 X、Y 两向的贯通纵筋之后表达。图面从左至右为 X 向，从下至上为 Y 向。

2.3.2.2　柱下板带、跨中板带的平面注写方式

（1）柱下板带 ZXB（视其为无箍筋的宽扁梁）与跨中板带 KZB 的平面注写，分集中标注与原位标注两部分内容。

（2）柱下板带与跨中板带的集中标注，应在第一跨（X 向为左端跨，Y 向为下端跨）引出，具体内容如下。

① 注写编号，见表 2-8。

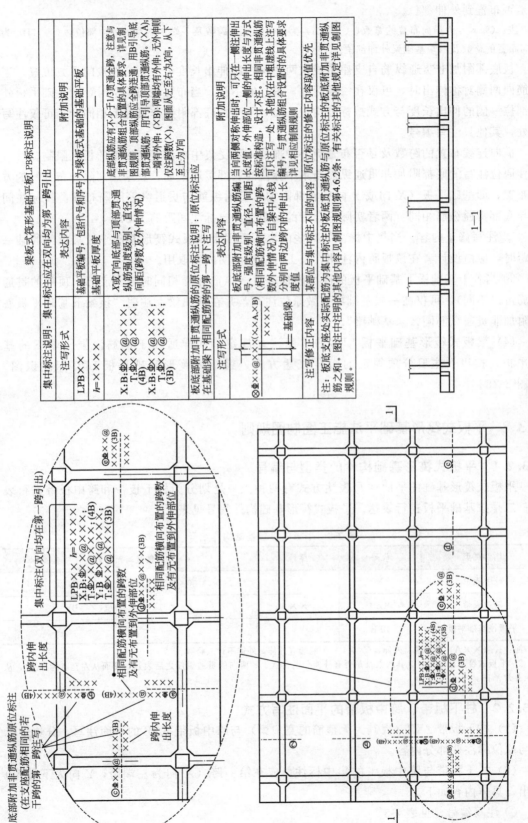

图 2-28　梁板式筏形基础平板 LPB 标注识图

② 注写截面尺寸。注写 $b=\times\times\times\times$ 表示板带宽度（在图注中注明基础平板厚度）。确定柱下板带宽度应根据规范要求与结构实际受力需要。当柱下板带宽度确定后，跨中板带宽度亦随之确定（即相邻两平行柱下板带之间的距离）。当柱下板带中心线偏离柱中心线时，应在平面图上标注其定位尺寸。

③ 注写底部与顶部贯通纵筋。注写底部贯通纵筋（B 打头）与顶部贯通纵筋（T 打头）的规格与间距，用";"将其分隔开。柱下板带的柱下区域，通常在其底部贯通纵筋的间隔内插空设有（原位注写的）底部附加非贯通纵筋。

施工及预算方面应注意：当柱下板带的底部贯通纵筋配置从某跨开始改变时，两种不同配置的底部贯通纵筋应在两毗邻跨中配置较小跨的跨中连接区域连接（即配置较大跨的底部贯通纵筋需越过其跨数终点或起点伸至毗邻跨的跨中连接区域）。

（3）柱下板带与跨中板带原位标注的内容，主要为底部附加非贯通纵筋。具体内容如下。

① 注写内容：以一段与板带同向的中粗虚线代表附加非贯通纵筋。柱下板带：贯穿其柱下区域绘制；跨中板带：横贯柱中线绘制。在虚线上注写底部附加非贯通纵筋的编号（例如①、②等）、钢筋级别、直径、间距，以及自柱中线分别向两侧跨内的伸出长度值。当向两侧对称伸出时，长度值可仅在一侧标注，另一侧不注。外伸部位的伸出长度与方式按标准构造，设计不注。对同一板带中底部附加非贯通筋相同者，可仅在一根钢筋上注写，其他可仅在中粗虚线上注写编号。

原位注写的底部附加非贯通纵筋与集中标注的底部贯通纵筋，宜采用"隔一布一"的方式布置，即柱下板带或跨中板带底部附加非贯通纵筋与贯通纵筋交错插空布置，其标注间距与底部贯通纵筋相同（两者实际组合后的间距为各自标注间距的 1/2）。

当跨中板带在轴线区域不设置底部附加非贯通纵筋时，则不做原位注写。

② 注写修正内容。当在柱下板带、跨中板带上集中标注的某些内容（例如截面尺寸、底部与顶部贯通纵筋等）不适用于某跨或某外伸部分时，则将修正的数值原位标注在该跨或该外伸部位，施工时原位标注取值优先。

设计时应注意：对于支座两边不同配筋值的（经注写修正的）底部贯通纵筋，应按较小一边的配筋值选配相同直径的纵筋贯穿支座，较大一边的配筋差值选配适当直径的钢筋锚入支座，避免造成两边大部分钢筋直径不相同的不合理配置结果。

（4）柱下板带 ZXB 与跨中板带 KZB 的注写规定，同样适用于平板式筏形基础上局部有剪力墙的情况。

（5）按以上各项规定的组合表达方式，柱下板带 ZXB 与跨中板带 KZB 标注图示，见图 2-29。

2.3.2.3 平板式筏形基础平板 BPB 的平面注写方式

（1）平板式筏形基础平板 BPB 的平面注写，分为集中标注与原位标注两部分内容。基础平板 BPB 的平面注写与柱下板带 ZXB、跨中板带 KZB 的平面注写虽是不同的表达方式，但可以表达同样的内容。当整片板式筏形基础配筋比较规律时，宜采用 BPB 表达方式。

（2）平板式筏形基础平板 BPB 的集中标注，除按表 2-8 注写编号外，所有规定均与"梁板式筏形基础基础平板 LPB 的集中标注"相同。当某向底部贯通纵筋或顶部贯通纵筋的配置，在跨内有两种不同间距时，先注写跨内两端的第一种间距，并在前面加注纵筋根数（以表示其分布的范围），再注写跨中部的第二种间距（不需加注根数），两者用"/"分隔。

（3）平板式筏形基础平板 BPB 的原位标注，主要表达横跨柱中心线下的底部附加非贯通纵筋。

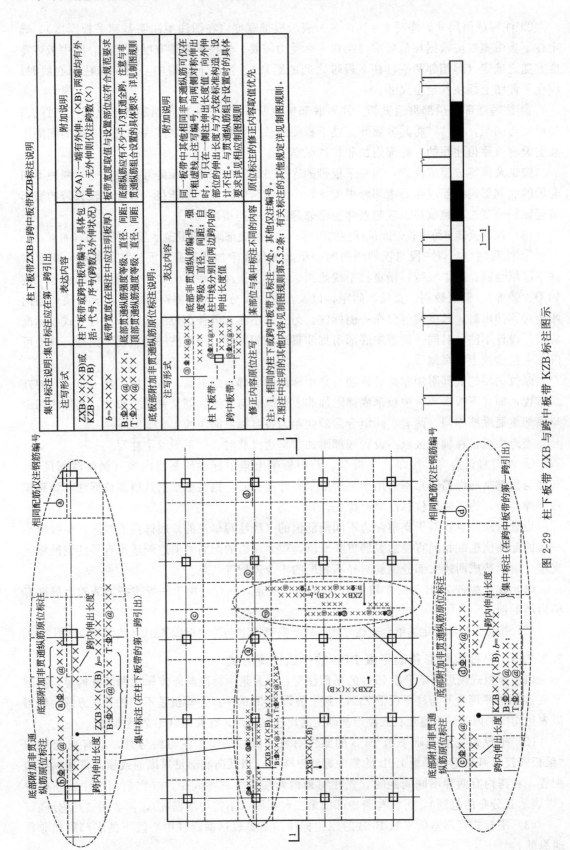

图 2-29 柱下板带 ZXB 与跨中板带 KZB 标注图示

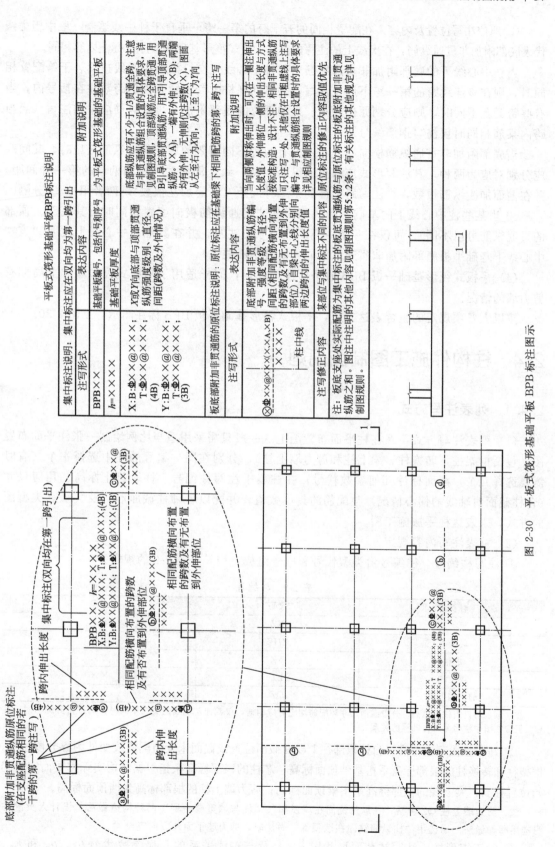

图 2-30　平板式筏形基础平板 BPB 标注图示

① 原位注写位置及内容。在配置相同的若干跨的第一跨，垂直于柱中线绘制一段中粗虚线代表底部附加非贯通纵筋，在虚线上的注写内容与梁板式筏形基础平板原位标注内容相同。

当柱中心线下的底部附加非贯通纵筋（与柱中心线正交）沿柱中心线连续若干跨配置相同时，则在该连续跨的第一跨下原位注写，且将同规格配筋连续布置的跨数注在括号内；当有些跨配置不同时，则应分别原位注写。外伸部位的底部附加非贯通纵筋应单独注写（当与跨内某筋相同时仅注写钢筋编号）。

当底部附加非贯通纵筋横向布置在跨内有两种不同间距的底部贯通纵筋区域时，其间距应分别对应为两种，其注写形式应与贯通纵筋保持一致，即先注写跨内两端的第一种间距，并在前面加注纵筋根数，再注写跨中部的第二种间距（不需加注根数），两者用"/"分隔。

② 当某些柱中心线下的基础平板底部附加非贯通纵筋横向配置相同时（其底部、顶部的贯通纵筋可以不同），可仅在一条中心线下做原位注写，并在其他柱中心线上注明"该柱中心线下基础平板底部附加非贯通纵筋同××柱中心线"。

（4）平板式筏形基础平板 BPB 的平面注写规定，同样适用于平板式筏形基础上局部有剪力墙的情况。

按以上各项规定的组合表达方式，平板式筏形基础平板 BPB 标注图示，见图 2-30。

2.4 柱构件施工图制图规则

2.4.1 列表注写方式

（1）列表注写方式，系在柱平面布置图上（一般只需采用适当比例绘制一张柱平面布置图，包括框架柱、转换柱、梁上柱和剪力墙上柱），分别在同一编号的柱中选择一个（有时需要选择几个）截面标注几何参数代号；在柱表中注写柱编号、柱段起止标高、几何尺寸（含柱截面对轴线的偏心情况）与配筋的具体数值，并配以各种柱截面形状及其箍筋类型图的方式，来表达柱平法施工图。

（2）柱表注写内容规定

① 注写柱编号。柱编号由类型代号和序号组成，应符合表 2-9 的规定。

表 2-9 柱编号

柱类型	代号	序号
框架柱	KZ	××
转换柱	ZHZ	××
芯柱	XZ	××
梁上柱	LZ	××
剪力墙上柱	QZ	××

注：编号时，当柱的总高、分段截面尺寸和配筋均对应相同，仅截面与轴线的关系不同时，仍可将其编为同一柱号，但应在图中注明截面与轴线的关系。

② 注写柱段起止标高。自柱根部往上以变截面位置或截面未变但配筋改变处为界分段注写。框架柱和转换柱的根部标高系指基础顶面标高；芯柱的根部标高系指根据结构实际需要而定的起始位置标高；梁上柱的根部标高系指梁顶面标高；剪力墙上柱的根部标高为墙顶面标高。

注：剪力墙上柱 QZ 包括"柱纵筋锚固在墙顶部"、"柱与墙重叠一层"两种构造做法，设计人员应注明选用哪种做法。当选用"柱纵筋锚固在墙顶部"做法时，剪力墙平面外方向应设梁。

③ 对于矩形柱，注写柱截面尺寸用 $b \times h$ 及与轴线关系的几何参数代号 b_1、b_2 和 h_1、

h_2 的具体数值，需对应于各段柱分别注写。其中 $b=b_1+b_2$，$h=h_1+h_2$。当截面的某一边收缩变化至与轴线重合或偏到轴线的另一侧时，b_1、b_2、h_1、h_2 中的某项为零或为负值。

对于圆柱，表中 $b×h$ 一栏改用在圆柱直径数字前加 d 表示。为表达简单，圆柱截面与轴线的关系也用 b_1、b_2 和 h_1、h_2 表示，并使 $d=b_1+b_2=h_1+h_2$。

对于芯柱，根据结构需要，可以在某些框架柱的一定高度范围内，在其内部的中心位置设置（分别引注其柱编号）；芯柱中心应与柱中心重合，并标注其截面尺寸，按本书钢筋构造详图施工；当设计者采用与本书构造详图不同的做法时，应另行注明。芯柱定位随框架柱，不需要注写其与轴线的几何关系。

④ 注写柱纵筋。当柱纵筋直径相同，各边根数也相同时（包括矩形柱、圆柱和芯柱），可将纵筋注写在"全部纵筋"一栏中；除此之外，柱纵筋分角筋、截面 b 边中部筋和 h 边中部筋三项分别注写（对于采用对称配筋的矩形截面柱，可仅注写一侧中部筋，对称边省略不注；对于采用非对称配筋的矩形截面柱，必须每侧均注写中部筋）。

⑤ 注写箍筋类型号及箍筋肢数。在箍筋类型栏内注写按本节（3）规定的箍筋类型号与肢数。

⑥ 注写柱箍筋。包括箍筋级别、直径与间距。用"/"区分柱端箍筋加密区与柱身非加密区长度范围内箍筋的不同间距。施工人员需根据标准构造详图的规定，在规定的几种长度值中取其最大者作为加密区长度。当框架节点核心区内箍筋与柱端箍筋设置不同时，应在括号中注明核心区箍筋直径及间距。

当箍筋沿柱全高为一种间距时，则不使用"/"。

当圆柱采用螺旋箍筋时，需在箍筋前加"L"。

（3）具体工程所设计的各种箍筋类型图以及箍筋复合的具体方式，需画在表的上部或图中的适当位置，并在其上标注与表中相对应的 b、h 和类型号。

注：确定箍筋肢数时要满足对柱纵筋"隔一拉一"以及箍筋肢距的要求。

（4）采用列表注写方式表达的柱平法施工图示例见图 2-31。

2.4.2 截面注写方式

（1）截面注写方式，系在柱平面布置图的柱截面上，分别在同一编号的柱中选择一个截面，以直接注写截面尺寸和配筋具体数值的方式来表达柱平法施工图。

（2）对除芯柱之外的所有柱截面按表 2-9 的规定进行编号，从相同编号的柱中选择一个截面，按另一种比例原位放大绘制柱截面配筋图，并在各配筋图上继其编号后再注写截面尺寸 $b×h$、角筋或全部纵筋（当纵筋采用一种直径且能够图示清楚时）、箍筋的具体数值，以及在柱截面配筋图上标注柱截面与轴线关系 b_1、b_2、h_1、h_2 的具体数值。

当纵筋采用两种直径时，需再注写截面各边中部筋的具体数值（对于采用对称配筋的矩形截面柱，可仅在一侧注写中部筋，对称边省略不注）。

当在某些框架柱的一定高度范围内，在其内部的中心位设置芯柱时，首先按照表 2-9 的规定进行编号，继其编号之后注写芯柱的起止标高、全部纵筋及箍筋的具体数值，芯柱截面尺寸按构造确定，并按标准构造详图施工，设计不注；当设计者采用不同的做法时，应另行注明。芯柱定位随框架柱，不需要注写其与轴线的几何关系。

（3）在截面注写方式中，如柱的分段截面尺寸和配筋均相同，仅截面与轴线的关系不同时，可将其编为同一柱号。但此时应在未画配筋的柱截面上注写该柱截面与轴线关系的具体尺寸。

（4）采用截面注写方式表达的柱平法施工图示例见图 2-32。

图 2-31　柱平法施工图列表注写方式示例

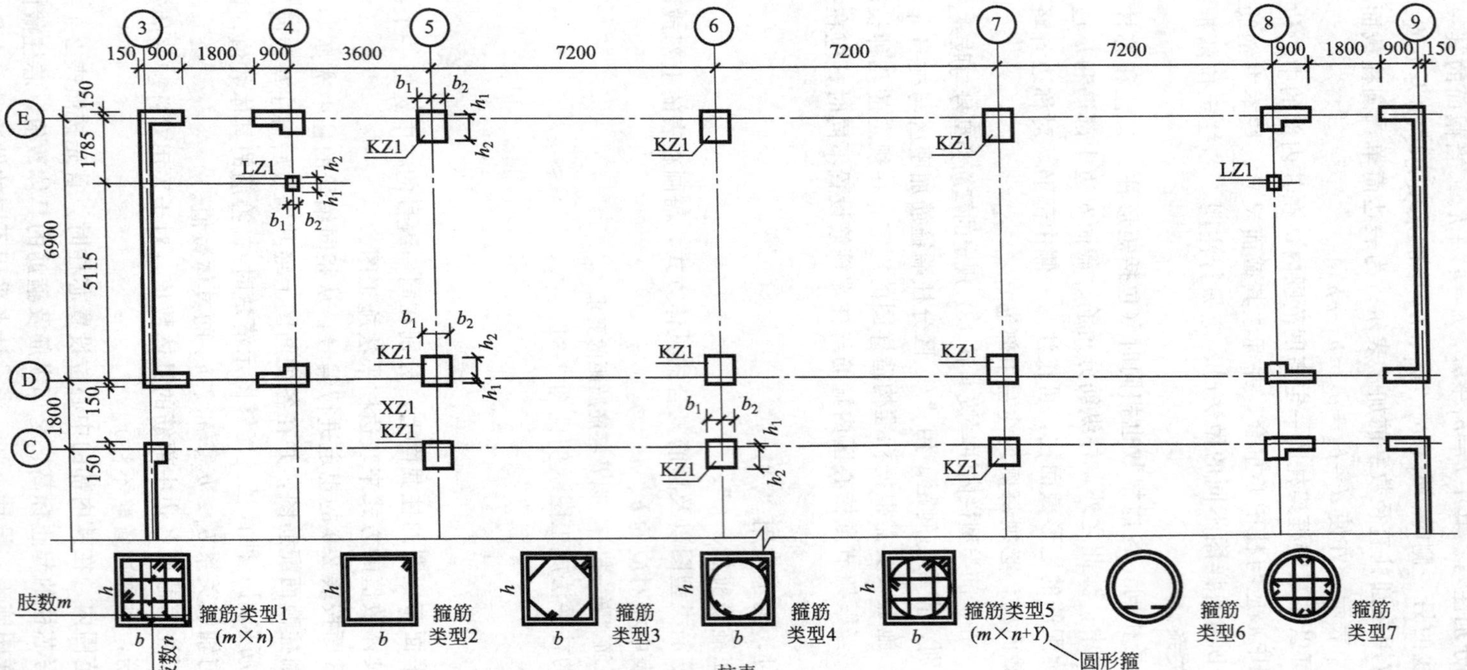

柱表

柱号	标高	b×h（圆柱直径D)	b_1	b_2	h_1	h_2	全部纵筋	角筋	b边一侧中部筋	h边一侧中部筋	箍筋类型号	箍筋	备注
KZ1	-4.530～-0.030	750×700	375	375	150	550	28Φ25				1(6×6)	Φ10@100/200	
	-0.030～19.470	750×700	375	375	150	550	24Φ25				1(5×4)	Φ10@100/200	
	19.470～37.470	650×600	325	325	150	450		4Φ22	5Φ22	4Φ20	1(4×4)	Φ10@100/200	
	37.470～59.070	550×500	275	275	150	350		4Φ22	5Φ22	4Φ20	1(4×4)	Φ8@100/200	
XZ1	-4.530～8.670						8Φ25				按标准构造详图	Φ10@100	⑤×Ⓒ轴KZ1中设置

箍筋类型1（m×n）
箍筋类型2
箍筋类型3
箍筋类型4
箍筋类型5（m×n+Y）
圆形箍
箍筋类型6
箍筋类型7

层号	标高/m	层高/m
屋面2	65.670	3.30
塔层2	62.370	3.30
屋面1（塔层1)	59.070	3.60
16	55.470	3.60
15	51.870	3.60
14	48.270	3.60
13	44.670	3.60
12	41.070	3.60
11	37.470	3.60
10	33.870	3.60
9	30.270	3.60
8	26.670	3.60
7	23.070	3.60
6	19.470	3.60
5	15.870	3.60
4	12.270	3.60
3	8.670	4.20
2	4.470	4.50
1	-0.030	4.50
-1	-4.530	4.50
-2	-9.030	

结构层楼面标高
结构层高

上部结构嵌固部位：-4.530

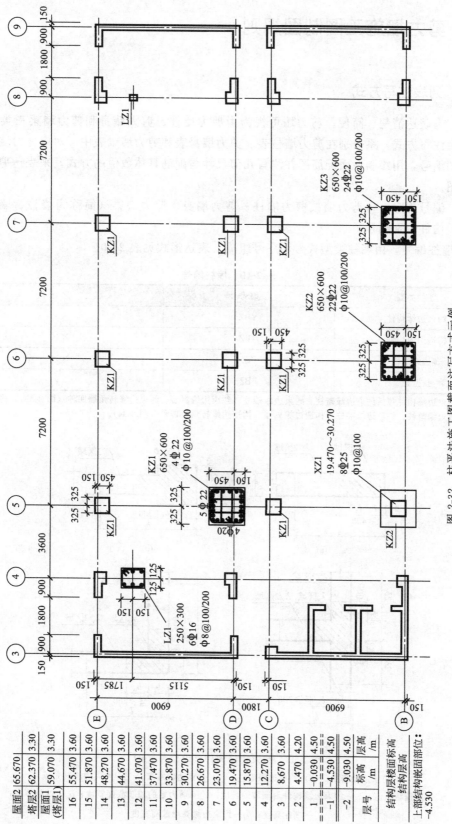

图 2-32 柱平法施工图截面注写方式示例

2.5 剪力墙施工图制图规则

2.5.1 列表注写方式

（1）为表达清楚、简便，剪力墙可视为由剪力墙柱、剪力墙身和剪力墙梁三类构件构成。列表注写方式，系分别在剪力墙柱表、剪力墙身表和剪力墙梁表中，对应剪力墙平面布置图上的编号，用绘制截面配筋图并注写几何尺寸与配筋具体数值的方式，来表达剪力墙平法施工图。

（2）编号规定：将剪力墙按剪力墙柱、剪力墙身、剪力墙梁（简称为墙柱、墙身、墙梁）三类构件分别编号。

① 墙柱编号，由墙柱类型代号和序号组成，表达形式见表 2-10。

表 2-10 墙柱编号

墙柱类型	编号	序号
约束边缘构件	YBZ	××
构造边缘构件	GBZ	××
非边缘暗柱	AZ	××
扶壁柱	FBZ	××

注：约束边缘构件包括约束边缘暗柱、约束边缘端柱、约束边缘翼墙、约束边缘转角墙四种（图 2-33）。构造边缘构件包括构造边缘暗柱、构造边缘端柱、构造边缘翼墙、构造边缘转角墙四种（图 2-34）。

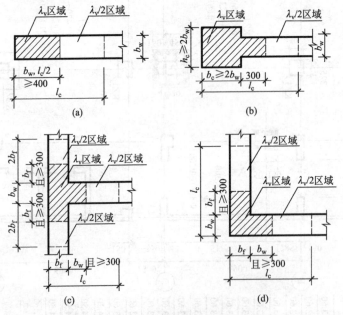

图 2-33 约束边缘构件（单位：mm）

（a）约束边缘暗柱；（b）约束边缘端柱；（c）约束边缘翼墙；（d）约束边缘转角墙

λ_v—配箍特征值；l_c—约束边缘构件沿墙肢的长度；b_w—剪力墙的墙肢截面宽度；b_c—端柱宽度；h_c—端柱高度；b_f—约束边缘翼墙截面宽度

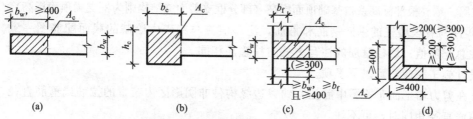

图 2-34 构造边缘构件（单位：mm）

(a) 构造边缘暗柱；(b) 构造边缘端柱；(c) 构造边缘翼墙（括号中数值用于高层建筑）；

(d) 构造边缘转角墙（括号中数值用于高层建筑）

b_w—暗柱翼板墙厚度；b_c—端柱宽度；h_c—端柱高度；b_f—剪力墙厚度；A_c—截面面积

② 墙身编号，由墙身代号、序号以及墙身所配置的水平与竖向分布钢筋的排数组成，其中，排数注写在括号内。表达形式为：

$$Q\times\times（\times排）$$

注：a. 在编号中：如若干墙柱的截面尺寸与配筋均相同，仅截面与轴线的关系不同时，可将其编为同一墙柱号；又如若干墙身的厚度尺寸和配筋均相同，仅墙厚与轴线的关系不同或墙身长度不同时，也可将其编为同一墙身号，但应在图中注明与轴线的几何关系。

b. 当墙身所设置的水平与竖向分布钢筋的排数为 2 时可不注。

c. 对于分布钢筋网的排数规定：当剪力墙厚度不大于 400mm 时，应配置双排；当剪力墙厚度大于 400mm，但不大于 700mm 时，宜配置三排；当剪力墙厚度大于 700mm 时，宜配置四排。

d. 各排水平分布钢筋和竖向分布钢筋的直径与间距宜保持一致。

e. 当剪力墙配置的分布钢筋多于两排时，剪力墙拉筋两端应同时勾住外排水平纵筋和竖向纵筋，还应与剪力墙内排水平纵筋和竖向纵筋绑扎在一起。

③ 墙梁编号，由墙梁类型代号和序号组成，表达形式见表 2-11。

表 2-11 墙梁编号

墙梁类型	代号	序号
连梁	LL	××
连梁（对角暗撑配筋）	LL(JC)	××
连梁（交叉斜筋配筋）	LL(JX)	××
连梁（集中对角斜筋配筋）	LL(DX)	××
连梁（跨高比不小于 5）	LLk	××
暗梁	AL	××
边框梁	BKL	××

注：1. 在具体工程中，当某些墙身需设置暗梁或边框梁时，宜在剪力墙平法施工图中绘制暗梁或边框梁的平面布置图并编号，以明确其具体位置。

2. 跨高比不小于 5 的连梁按框架梁设计时，代号为 LLk。

(3) 在剪力墙柱表中表达的内容，规定如下。

① 注写墙柱编号（见表 2-10），绘制该墙柱的截面配筋图，标注墙柱几何尺寸。

a. 约束边缘构件（图 2-33），需注明阴影部分尺寸。

注：剪力墙平面布置图中应注明约束边缘构件沿墙肢长度 l_c（约束边缘翼墙中沿墙肢长度尺寸为 $2b_f$ 时可不注）。

b. 构造边缘构件（图 2-34），需注明阴影部分尺寸。

c. 扶壁柱及非边缘暗柱需标注几何尺寸。

② 注写各段墙柱的起止标高，自墙柱根部往上以变截面位置或截面未变但配筋改变处为界

分段注写。墙柱根部标高系指基础顶面标高（部分框支剪力墙结构则为框支梁顶面标高）。

③ 注写各段墙柱的纵向钢筋和箍筋，注写值应与在表中绘制的截面配筋图一致。纵向钢筋注总配筋值；墙柱箍筋的注写方式与柱箍筋相同。

设计施工时应注意以下事项。

a. 在剪力墙平面布置图中需注写约束边缘构件非阴影区内布置的拉筋或箍筋直径，与阴影区箍筋直径相同时，可不注。

b. 当约束边缘构件体积配箍率计算中计入墙身水平分布钢筋时，设计者应注明。施工时，墙身水平分布钢筋应注意采用相应的构造做法。

c. 本书约束边缘构件非阴影区拉筋是沿剪力墙竖向分布钢筋逐根设置的。施工时应注意，非阴影区外圈设置箍筋时，箍筋应包住阴影区内第二列竖向纵筋。当设计采用与本书构件详图不同的做法时，应另行注明。

d. 当非底部加强部位构造边缘构件不设置外圈封闭箍筋时，设计者应注明。施工时，墙身水平分布钢筋应注意采用相应的构造做法。

（4）在剪力墙身表中表达的内容，规定如下。

① 注写墙身编号（含水平与竖向分布钢筋的排数）。

② 注写各段墙身起止标高，自墙身根部往上以变截面位置或截面未变但配筋改变处为界分段注写。墙身根部标高系指基础顶面标高（部分框支剪力墙结构则为框支梁顶面标高）。

③ 注写水平分布钢筋、竖向分布钢筋和拉筋的具体数值。注写数值为一排水平分布钢筋和竖向分布钢筋的规格与间距，具体设置几排已经在墙身编号后面表达。

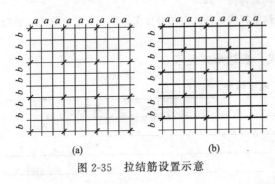

图 2-35　拉结筋设置示意

拉筋应注明布置方式为"矩形"或"梅花"，用于剪力墙分布钢筋的拉结，见图 2-35（图中 a 为竖向分布钢筋间距，b 为水平分布钢筋间距）。

（a）拉结筋@$3a3b$ 矩形（$a \leqslant 200mm$、$b \leqslant 200mm$）；（b）拉结筋@$4a4b$ 梅花（$a \leqslant 150mm$、$b \leqslant 150mm$）

（5）在剪力墙梁表中表达的内容，规定如下。

① 注写墙梁编号。

② 注写墙梁所在楼层号。

③ 注写墙梁顶面标高高差，系指相对于墙梁所在结构层楼面标高的高差值，高于者为正值，低于者为负值，当无高差时不注。

④ 注写墙梁截面尺寸 $b \times h$，上部纵筋，下部纵筋和箍筋的具体数值。

⑤ 当连梁设有对角暗撑时［代号为 LL(JC)××］，注写暗撑的截面尺寸（箍筋外皮尺寸）；注写一根暗撑的全部纵筋，并标注×2 表明有两根暗撑相互交叉；注写暗撑箍筋的具体数值。

⑥ 当连梁设有交叉斜筋时［代号为 LL(JX)××］，注写连梁一侧对角斜筋的配筋值，并标注×2 表明对称设置；注写对角斜筋在连梁端部设置的拉筋根数、强度级别及直径，并标注×4 表示四个角都设置；注写连梁一侧折线筋配筋值，并标注×2 表明对称设置。

⑦ 当连梁设有集中对角斜筋时［代号为 LL(DX)××］，注写一条对角线上的对角斜

筋，并标注×2表明对称设置。

⑧ 跨高比不小于5的连梁，按框架梁设计时（代号为LLk××），采用平面注写方式，注写规则同框架梁，可采用适当比例单独绘制，也可与剪力墙平法施工图合并绘制。

墙梁侧面纵筋的配置，当墙身水平分布钢筋满足连梁、暗梁及边框梁的梁侧面纵向构造钢筋的要求时，该筋配置同墙身水平分布钢筋，表中不注，施工按标准构造详图的要求即可。当墙身水平分布钢筋不满足连梁、暗梁及边框梁的梁侧面纵向构造钢筋的要求时，应在表中补充注明梁侧面纵筋的具体数值；当为LLk时，平面注写方式以大写字母N打头。梁侧面纵向钢筋在支座内锚固要求同连梁中受力钢筋。

（6）采用列表注写方式分别表达剪力墙墙梁、墙身和墙柱的平法施工图示例，如图2-36所示。

2.5.2 截面注写方式

（1）截面注写方式，系在分标准层绘制的剪力墙平面布置图上，以直接在墙柱、墙身、墙梁上注写截面尺寸和配筋具体数值的方式来表达剪力墙平法施工图。

（2）选用适当比例原位放大绘制剪力墙平面布置图，其中对墙柱绘制配筋截面图；对所有墙柱、墙身、墙梁进行编号，并分别在相同编号的墙柱、墙身、墙梁中选择一根墙柱、一道墙身、一根墙梁进行注写，其注写方式按以下规定进行。

① 从相同编号的墙柱中选择一个截面，注明几何尺寸，标注全部纵筋及箍筋的具体数值。

注：约束边缘构件（图2-33）除需注明阴影部分具体尺寸外，尚需注明约束边缘构件沿墙肢长度 l_c，约束边缘翼墙中沿墙肢长度尺寸为 $2b_f$ 时可不注。

② 从相同编号的墙身中选择一道墙身，按顺序引注的内容为：墙身编号（应包括注写在括号内墙身所配置的水平与竖向分布钢筋的排数）、墙厚尺寸，水平分布钢筋、竖向分布钢筋和拉筋的具体数值。

③ 从相同编号的墙梁中选择一根墙梁，按顺序引注的内容如下。

a.注写墙梁编号、墙梁截面尺寸 $b \times h$、墙梁箍筋、上部纵筋、下部纵筋和墙梁顶面标高高差的具体数值。

b.当连梁设有对角暗撑时［代号为LL(JC)××］，注写暗撑的截面尺寸（箍筋外皮尺寸）；注写一根暗撑的全部纵筋，并标注×2表明有两根暗撑相互交叉；注写暗撑箍筋的具体数值。

c.当连梁设有交叉斜筋时［代号为LL(JX)××］，注写连梁一侧对角斜筋的配筋值，并标注×2表明对称设置；注写对角斜筋在连梁端部设置的拉筋根数、规格及直径，并标注×4表示四个角都设置；注写连梁一侧折线筋配筋值，并标注×2表明对称设置。

d.当连梁设有集中对角斜筋时［代号为LL(DX)××］，注写一条对角线上的对角斜筋，并标注×2表明对称设置。

e.跨高比不小于5的连梁，按框架梁设计时（代号为LLk××），采用平面注写方式，注写规则同框架梁，可采用适当比例单独绘制，也可与剪力墙平法施工图合并绘制。

当墙身水平分布钢筋不能满足连梁、暗梁及边框梁的梁侧面纵向构造钢筋的要求时，应补充注明梁侧面纵筋的具体数值；注写时，以大写字母N打头，接续注写直径与间距。其在支座内的锚固要求同连梁中受力钢筋。

（3）采用截面注写方式表达的剪力墙平法施工图示例见图2-37。

剪力墙梁表

编号	所在楼层号	梁顶相对标高高差	梁截面 b×h	上部纵筋	下部纵筋	箍筋
LL1	2~9	0.800	300×2000	4Φ25	4Φ25	Φ10@100(2)
	10~16	0.800	250×2000	4Φ22	4Φ22	Φ10@100(2)
	屋面1		250×1200	4Φ20	4Φ20	Φ10@100(2)
LL2	3	-1.200	300×2520	4Φ25	4Φ25	Φ10@150(2)
	4	-0.900	300×2070	4Φ25	4Φ25	Φ10@150(2)
	5~9	-0.900	300×1770	4Φ25	4Φ25	Φ10@150(2)
	10~屋面1	-0.900	250×1770	4Φ22	4Φ22	Φ10@100(2)
LL3	2		300×2070	4Φ25	4Φ25	Φ10@100(2)
	3		300×1770	4Φ25	4Φ25	Φ10@100(2)
	4~9		300×1170	4Φ22	4Φ22	Φ10@100(2)
	10~屋面1		250×1170	4Φ20	4Φ20	Φ10@120(2)
LL4	2		250×2070	4Φ20	4Φ20	Φ10@120(2)
	3		250×1770	4Φ20	4Φ20	Φ10@120(2)
	4~屋面1		250×1170	4Φ20	4Φ20	Φ10@150(2)
AL1	2~9		300×600	3Φ20	3Φ20	Φ8@150(2)
	10~16		250×500	3Φ18	3Φ18	Φ8@150(2)
BKL1	屋面1		500×750	4Φ22	4Φ22	Φ10@150(2)

剪力墙身表

编号	标高	墙厚	水平分布筋	垂直分布筋	拉筋(矩形)
Q1	-0.030~30.270	300	Φ12@200	Φ12@200	Φ6@600@600
	30.270~59.070	250	Φ10@200	Φ10@200	Φ6@600@600
Q2	-0.030~30.270	250	Φ10@200	Φ10@200	Φ6@600@600
	30.270~59.070	200	Φ10@200	Φ10@200	Φ6@600@600

层号	标高/m	层高/m
屋面2	65.670	3.30
塔层2	62.370	3.30
塔层1(16)	59.070	3.60
15	55.470	3.60
14	51.870	3.60
13	48.270	3.60
12	44.670	3.60
11	41.070	3.60
10	37.470	3.60
9	33.870	3.60
8	30.270	3.60
7	26.670	3.60
6	23.070	3.60
5	19.470	3.60
4	15.870	3.60
3	12.270	3.60
2	8.670	4.20
1	4.470	4.50
-1	-0.030	4.50
-2	-4.530	4.50
	-9.030	

塔楼与裙房

结构层楼面标高
结构层高

上部结构嵌固部位：-0.030

剪力墙柱表

项目	YBZ1	YBZ2	YBZ3	YBZ4
截面	（1050×300，300×300）	（1200×600，300）	（900×600，300）	（300×300，300×300）
编号	YBZ1	YBZ2	YBZ3	YBZ4
标高	-0.030~12.270	-0.030~12.270	-0.030~12.270	-0.030~12.270
纵筋	24Φ20	22Φ20	18Φ22	20Φ20
箍筋	Φ10@100	Φ10@100	Φ10@100	Φ10@100

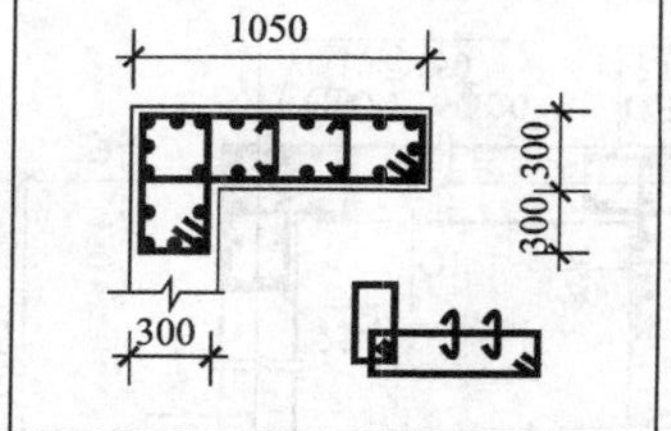

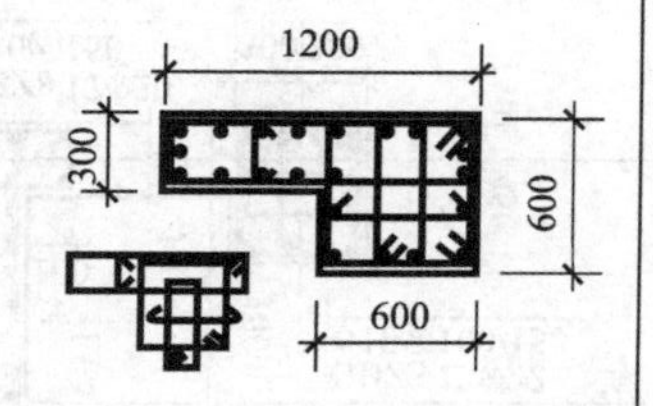

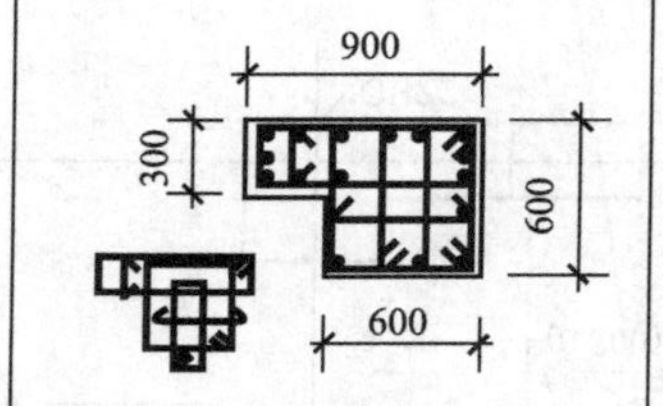

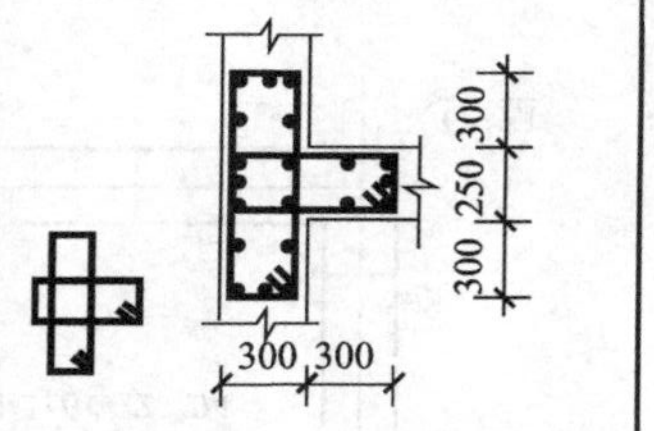

项目	YBZ5	YBZ6	YBZ7
截面	（550×250，250×250）	（1400×300，250）	（600×600，300×300）
编号	YBZ5	YBZ6	YBZ7
标高	-0.030~12.270	-0.030~12.270	-0.030~12.270
纵筋	20Φ20	28Φ20	16Φ20
箍筋	Φ10@100	Φ10@100	Φ10@100

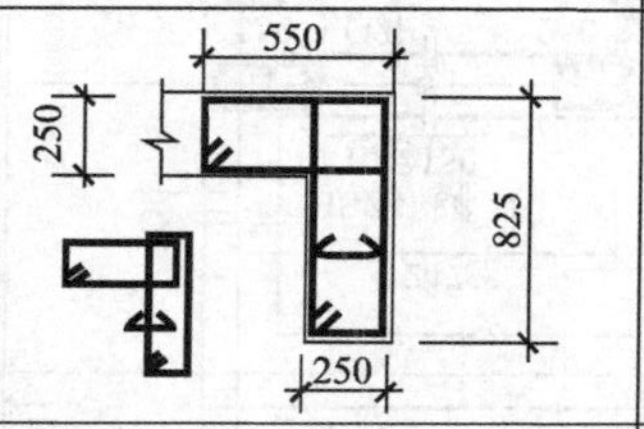

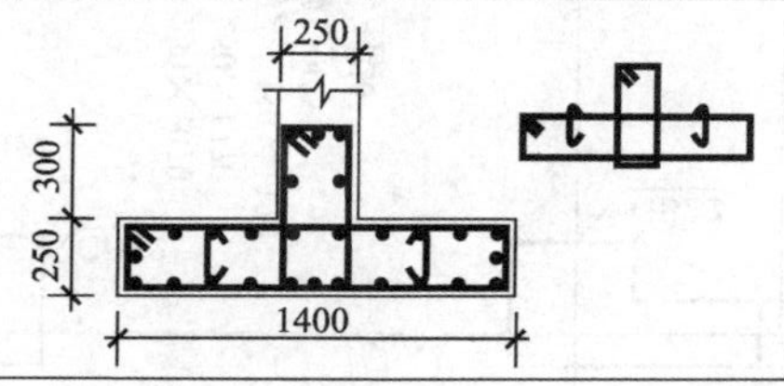

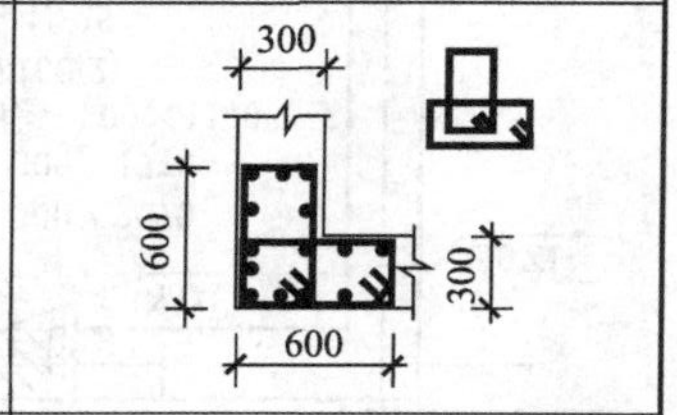

层号	标高/m	层高/m
屋面2	65.670	
塔层2	62.370	3.30
屋面1（塔层1）	59.070	3.30
16	55.470	3.60
15	51.870	3.60
14	48.270	3.60
13	44.670	3.60
12	41.070	3.60
11	37.470	3.60
10	33.870	3.60
9	30.270	3.60
8	26.670	3.60
7	23.070	3.60
6	19.470	3.60
5	15.870	3.60
4	12.270	3.60
3	8.670	4.20
2	4.470	4.50
1	-0.030	4.50
-1	-4.530	4.50
-2	-9.030	4.50

结构层楼面标高
结构层高

上部结构嵌固部位：
-0.030

图 2-36　剪力墙平法施工图列表注写方式示例

注：1. 可在"结构层楼面标高、结构层高表"中增加混凝土强度等级等栏目。

2. 图中 l_c 为约束边缘构件沿墙肢的伸出长度（实际工程中应注明具体值）。

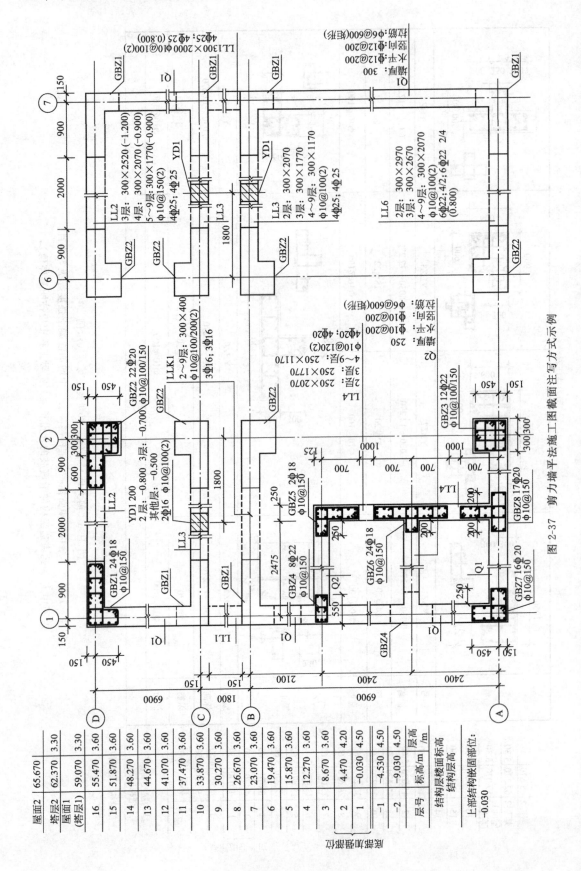

图 2-37　剪力墙平法施工图截面注写方式示例

2.5.3　剪力墙洞口的表示方法

（1）无论采用列表注写方式还是截面注写方式，剪力墙上的洞口均可在剪力墙平面布置图上原位表达。

（2）洞口的具体表示方法

① 在剪力墙平面布置图上绘制洞口示意，并标注洞口中心的平面定位尺寸。

② 在洞口中心位置引注四项内容，具体规定如下。

a.洞口编号：矩形洞口为 JD×× （×× 为序号），圆形洞口为 YD×× （×× 为序号）。

b.洞口几何尺寸：矩形洞口为洞宽×洞高（$b \times h$），圆形洞口为洞口直径。

c.洞口中心相对标高，系相对于结构层楼（地）面标高的洞口中心高度。当其高于结构层楼面时为正值，低于结构层楼面时为负值。

d.洞口每边补强钢筋，分以下几种不同情况。

ⅰ.当矩形洞口的洞宽、洞高均不大于 800mm 时，此项注写为洞口每边补强钢筋的具体数值。当洞宽、洞高方向补强钢筋不一致时，分别注写洞宽方向、洞高方向补强钢筋，以"/"分隔。

ⅱ.当矩形或圆形洞口的洞宽或直径大于 800mm 时，在洞口的上、下需设置补强暗梁，此项注写为洞口上、下每边暗梁的纵筋与箍筋的具体数值（在标准构造详图中，补强暗梁梁高一律定为 400mm，施工时按标准构造详图取值，设计不注。当设计者采用与该构造详图不同的做法时，应另行注明），圆形洞口时尚需注明环向加强钢筋的具体数值；当洞口上、下边为剪力墙连梁时，此项免注；洞口竖向两侧设置边缘构件时，亦不在此项表达（当洞口两侧不设置边缘构件时，设计者应给出具体做法）。

ⅲ.当圆形洞口设置在连梁中部 1/3 范围（且圆洞直径不应大于 1/3 梁高）时，需注写在圆洞上下水平设置的每边补强纵筋与箍筋。

ⅳ.当圆形洞口设置在墙身或暗梁、边框梁位置，且洞口直径不大于 300mm 时，此项注写为洞口上下左右每边布置的补强纵筋的具体数值。

ⅴ.当圆形洞口直径大于 300mm，但不大于 800mm 时，此项注写为洞口上下左右每边布置的补强纵筋的具体数值，以及环向加强钢筋的具体数值。

2.5.4　地下室外墙的表示方法

（1）本部分所述地下室外墙的表示方法仅适用于起挡土作用的地下室外围护墙。地下室外墙中墙柱、连梁及洞口等的表示方法同地上剪力墙。

（2）地下室外墙编号，由墙身代号序号组成。表达为：DWQ××。

（3）地下室外墙平面注写方式，包括集中标注墙体编号、厚度、贯通筋、拉筋等和原位标注附加非贯通筋等两部分内容。当仅设置贯通筋，未设置附加非贯通筋时，则仅做集中标注。

（4）地下室外墙的集中标注，规定如下。

① 注写地下室外墙编号，包括代号、序号、墙身长度（注为××～××轴）。

② 注写地下室外墙厚度 $b_w = \times\times\times$。

③ 注写地下室外墙的外侧、内侧贯通筋和拉筋。

a. 以 OS 代表外墙外侧贯通筋。其中，外侧水平贯通筋以 H 打头注写，外侧竖向贯通筋以 V 打头注写。

b. 以 IS 代表外墙内侧贯通筋。其中，内侧水平贯通筋以 H 打头注写，内侧竖向贯通筋以 V 打头注写。

c. 以 tb 打头注写拉结筋直径、强度等级及间距，并注明"矩形"或"梅花"。

（5）地下室外墙的原位标注，主要表示在外墙外侧配置的水平非贯通筋或竖向非贯通筋。

当配置水平非贯通筋时，在地下室墙体平面图上原位标注。在地下室外墙外侧绘制粗实线段代表水平非贯通筋，在其上注写钢筋编号并以 H 打头注写钢筋强度等级、直径、分布间距，以及自支座中线向两边跨内的伸出长度值。当自支座中线向两侧对称伸出时，可仅在单侧标注跨内伸出长度，另一侧不注，此种情况下非贯通筋总长度为标注长度的 2 倍。边支座处非贯通钢筋的伸出长度值从支座外边缘算起。

地下室外墙外侧非贯通筋通常采用"隔一布一"方式与集中标注的贯通筋间隔布置，其标注间距应与贯通筋相同，两者组合后的实际分布间距为各自标注间距的 1/2。

当在地下室外墙外侧底部、顶部、中层楼板位置配置竖向非贯通筋时，应补充绘制地下室外墙竖向剖面图并在其上原位标注。表示方法为在地下室外墙竖向剖面图外侧绘制粗实线段代表竖向非贯通筋，在其上注写钢筋编号并以 V 打头注写钢筋强度等级、直径、分布间距，以及向上（下）层的伸出长度值，并在外墙竖向剖面图名下注明分布范围（××～××轴）。

注：竖向非贯通筋向层内的伸出长度值注写方式如下所述。

1. 地下室外墙底部非贯通钢筋向层内的伸出长度值从基础底板顶面算起。

2. 地下室外墙顶部非贯通钢筋向层内的伸出长度值从顶板底面算起。

3. 中层楼板处非贯通钢筋向层内的伸出长度值从板中间算起，当上下两侧伸出长度值相同时可仅注写一侧。

地下室外墙外侧水平、竖向非贯通筋配置相同者，可仅选择一处注写，其他可仅注写编号。

当在地下室外墙顶部设置水平通长加强钢筋时应注明。

设计时应注意以下事项。

① 设计者应按具体情况判定扶壁柱或内墙是否作为墙身水平方向支座，以选择合理的配筋方式。

② 在"顶板作为外墙的简支支承""顶板作为外墙的弹性嵌固支承（墙外侧竖向钢筋与板上部纵向受力钢筋搭接连接）"两种做法中，设计者应在施工中指定选用何种做法。

采用平面注写方式表达的地下室剪力墙平法施工图示例如图 2-38 所示。

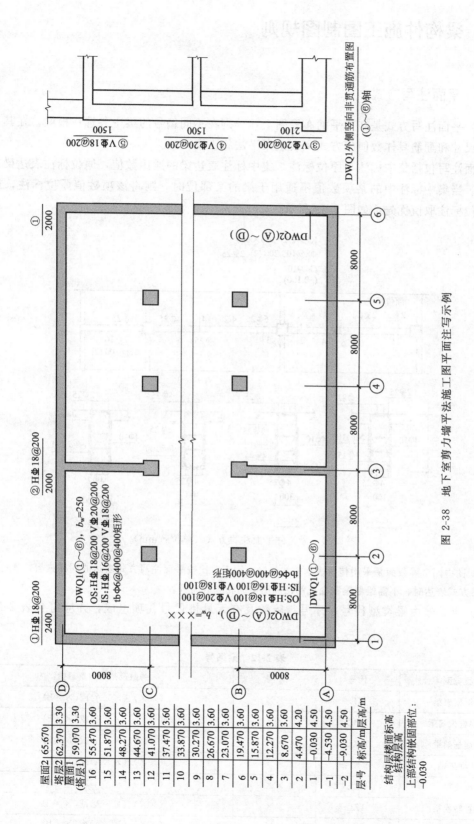

图 2-38 地下室剪力墙平法施工图平面注写示例

屋面2	65.670	3.30
塔层2	62.370	3.30
屋面1 (塔层1)	59.070	3.60
16	55.470	3.60
15	51.870	3.60
14	48.270	3.60
13	44.670	3.60
12	41.070	3.60
11	37.470	3.60
10	33.870	3.60
9	30.270	3.60
8	26.670	3.60
7	23.070	3.60
6	19.470	3.60
5	15.870	3.60
4	12.270	3.60
3	8.670	3.60
2	4.470	4.20
1	-0.030	4.50
-1	-4.530	4.50
-2	-9.030	4.50
层号	标高/m	层高/m

结构层楼面标高
结构层高
上部结构嵌固部位:
-0.030

2.6 梁构件施工图制图规则

2.6.1 平面注写方式

（1）平面注写方式是在梁平面布置图上，分别在不同编号的梁中各选一根梁，在其上注写截面尺寸和配筋具体数值的方式来表达梁平法施工图。

平面注写包括集中标注与原位标注，集中标注表达梁的通用数值，原位标注表达梁的特殊数值。当集中标注中的某项数值不适用于梁的某部位时，则将该项数值原位标注，施工时，原位标注取值优先，如图 2-39 所示。

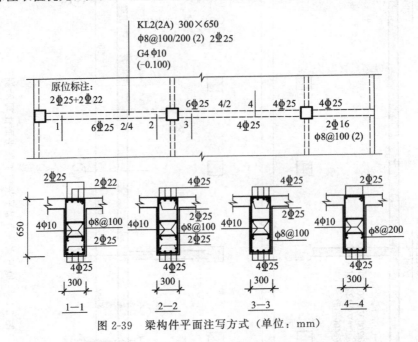

图 2-39　梁构件平面注写方式（单位：mm）

注：图中四个梁截面是采用传统表示方法绘制，用于对比按平面注写方式表达的同样内容。实际采用平面注写方式表达时，不需绘制梁截面配筋图和图中的相应截面号。

（2）梁编号由梁类型代号、序号、跨数及有无悬挑代号几项组成，并应符合表 2-12 的规定。

表 2-12　梁编号

梁类型	代号	序号	跨数及是否带有悬挑
楼层框架梁	KL	××	(××)、(××A)或(××B)
楼层框架扁梁	KBL	××	(××)、(××A)或(××B)
屋面框架梁	WKL	××	(××)、(××A)或(××B)
非框架梁	L	××	(××)、(××A)或(××B)
框支梁	KZL	××	(××)、(××A)或(××B)
托柱转换梁	TZL	××	(××)、(××A)或(××B)
悬挑梁	XL	××	(××)、(××A)或(××B)

续表

梁类型	代号	序号	跨数及是否带有悬挑
井字梁	JZL	××	(××)、(××A)或(××B)

注：1.(××A) 为一端有悬挑，(××B) 为两端有悬挑，悬挑不计入跨数。

2.楼层框架扁梁节点核心区代号KBH。

3.非框架梁L、井字梁JZL表示端支座为铰接；当非框架梁L、井字梁JZL端支座上部纵筋为充分利用钢筋的抗拉强度时，在梁代号后加"g"。

（3）梁集中标注的内容，有五项必注值及一项选注值（集中标注可以从梁的任意一跨引出），规定如下。

① 梁编号，见表2-12，该项为必注值。

② 梁截面尺寸，该项为必注值。

当为等截面梁时，用 $b \times h$ 表示。

当为竖向加腋梁时，用 $b \times h$　$Yc_1 \times c_2$ 表示，其中 c_1 为腋长，c_2 为腋高，如图2-40所示。

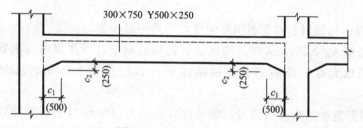

图 2-40　竖向加腋梁标注

当为水平加腋梁时，一侧加腋时用 $b \times h$　$PYc_1 \times c_2$ 表示，其中 c_1 为腋长，c_2 为腋宽，加腋部位应在平面图中绘制，如图2-41所示。

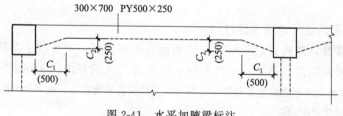

图 2-41　水平加腋梁标注

当有悬挑梁并且根部和端部的高度不同时，用斜线分隔根部与端部的高度值，即为 $b \times h_1/h_2$，如图2-42所示。

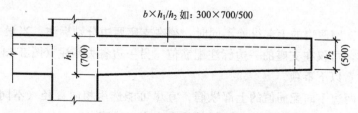

图 2-42　悬挑梁不等高截面标注

③ 梁箍筋，包括钢筋级别、直径、加密区与非加密区间距及肢数，该项为必注值。箍

筋加密区与非加密区的不同间距及肢数需用"/"分隔；当梁箍筋为同一种间距及肢数时，则不需用斜线；当加密区与非加密区的箍筋肢数相同时，则将肢数注写一次；箍筋肢数应写在括号内。加密区范围见相应抗震等级的标准构造详图。

非框架梁、悬挑梁、井字梁采用不同的箍筋间距及肢数时，也用"/"将其分隔开来。注写时，先注写梁支座端部的箍筋（包括箍筋的箍数、钢筋级别、直径、间距与肢数），在斜线后注写梁跨中部分的箍筋间距及肢数。

④ 梁上部通长筋或架立筋配置（通长筋可为相同或不同直径采用搭接连接、机械连接或焊接的钢筋），该项为必注值。所注规格与根数应根据结构受力要求及箍筋肢数等构造要求而定。当同排纵筋中既有通长筋又有架立筋时，应用"＋"将通长筋和架立筋相联。注写时需将角部纵筋写在加号的前面，架立筋写在加号后面的括号内，以示不同直径及与通长筋的区别。当全部采用架立筋时，则将其写入括号内。

当梁的上部纵筋和下部纵筋为全跨相同，且多数跨配筋相同时，此项可加注下部纵筋的配筋值，用"；"将上部与下部纵筋的配筋值分隔开来表达。少数跨不同者，则将该项数值原位标注。

⑤ 梁侧面纵向构造钢筋或受扭钢筋配置，该项为必注值。

当梁腹板高度 $h_w \geqslant 450\,\mathrm{mm}$ 时，需配置纵向构造钢筋，所注规格与根数应符合规范规定。此项注写值以大写字母 G 打头，接续注写设置在梁两个侧面的总配筋值，且对称配置。

当梁侧面需配置受扭纵向钢筋时，此项注写值以大写字母 N 打头，接续注写配置在梁两个侧面的总配筋值，且对称配置。受扭纵向钢筋应满足梁侧面纵向构造钢筋的间距要求，且不再重复配置纵向构造钢筋。

注：1. 当为梁侧面构造钢筋时，其搭接与锚固长度可取为 $15d$。

2. 当为梁侧面受扭纵向钢筋时，其搭接长度为 l_l 或 l_{lE}，锚固长度为 l_a 或 l_{aE}；其锚固方式同框架梁下部纵筋。

⑥ 梁顶面标高高差，该项为选注值。

梁顶面标高高差，系指相对于结构层楼面标高的高差值，对于位于结构夹层的梁，则指相对于结构夹层楼面标高的高差。有高差时，需将其写入括号内，无高差时不注。

注：当某梁的顶面高于所在结构层的楼面标高时，其标高高差为正值，反之为负值。

（4）梁原位标注的内容

① 梁支座上部纵筋。该部位含通长筋在内的所有纵筋。

a. 当上部纵筋多于一排时，用"/"将各排纵筋自上而下分开。

b. 当同排纵筋有两种直径时，用"＋"将两种直径的纵筋相联，注写时将角部纵筋写在前面。

c. 当梁中间支座两边的上部纵筋不同时，须在支座两边分别标注；当梁中间支座两边的上部纵筋相同时，可仅在支座的一边标注配筋值，另一边省去不注（图 2-43）。

设计时应注意以下事项。

a. 对于支座两边不同配筋值的上部纵筋，宜尽可能选用相同直径（不同根数），使其贯穿支座，避免支座两边不同直径的上部纵筋均在支座内锚固。

b. 对于以边柱、角柱为端支座的屋面框架梁，当能够满足配筋截面面积要求时，其梁的上部钢筋应尽可能只配置一层，以避免梁柱纵筋在柱顶处因层数过多、密度过大导致不方

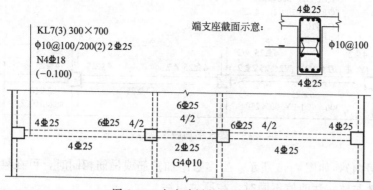

图 2-43　大小跨梁的注写示意

便施工和影响混凝土浇筑质量。

② 梁下部纵筋

a. 当下部纵筋多于一排时，用"/"将各排纵筋自上而下分开。

b. 当同排纵筋有两种直径时，用"+"将两种直径的纵筋相联，注写时角筋写在前面。

c. 当梁下部纵筋不全部伸入支座时，将梁支座下部纵筋减少的数量写在括号内。

d. 当梁的集中标注中已分别注写了梁上部和下部均为通长的纵筋值时，则不需在梁下部重复做原位标注。

e. 当梁设置竖向加腋时，加腋部位下部斜纵筋应在支座下部以 Y 打头注写在括号内（图 2-44），图集中框架梁竖向加腋结构适用于加腋部位参与框架梁计算，其他情况设计者应另行给出构造。当梁设置水平加腋时，水平加腋内上、下部斜纵筋应在加腋支座上部以 Y 打头注写在括号内，上下部斜纵筋之间用"/"分隔（图 2-45）。

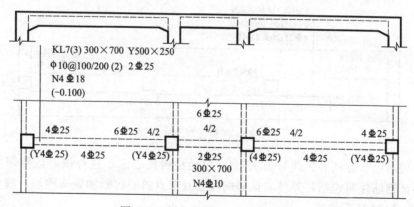

图 2-44　梁竖向加腋平面注写方式

③ 当在梁上集中标注的内容（即梁截面尺寸、箍筋、上部通长筋或架立筋，梁侧面纵向构造钢筋或受扭纵向钢筋，以及梁顶面标高高差中的某一项或几项数值）不适用于某跨或某悬挑部分时，则将其不同数值原位标注在该跨或该悬挑部位，施工时应按原位标注数值取用。

当在多跨梁的集中标注中已注明加腋，而该梁某跨的根部却不需要加腋时，则应在该跨原位标注等截面的 $b×h$，以修正集中标注中的加腋信息，如图 2-44 所示。

④ 附加箍筋或吊筋，将其直接画在平面图中的主梁上，用线引注总配筋值（附加箍筋

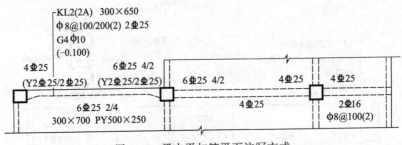

图 2-45　梁水平加腋平面注写方式

的肢数注在括号内），如图 2-46 所示。当多数附加箍筋或吊筋相同时，可在梁平法施工图上统一注明，少数与统一注明值不同时，在原位引注。

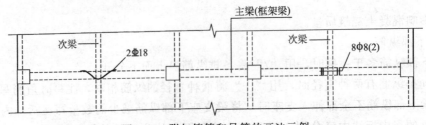

图 2-46　附加箍筋和吊筋的画法示例

施工时应注意：附加箍筋或吊筋的几何尺寸应按照标准构造详图，结合其所在位置的主梁和次梁的截面尺寸而定。

（5）框架扁梁注写规则同框架梁，对于上部纵筋和下部纵筋，尚需注明未穿过柱截面的纵向受力钢筋根数（图 2-47）。

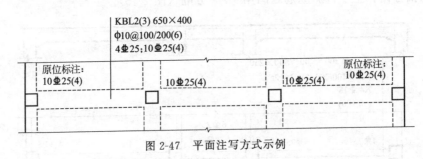

图 2-47　平面注写方式示例

（6）框架扁梁节点核心区代号为 KBH，包括柱内核心区和柱外核心区两部分。框架扁梁节点核心区钢筋注写包括柱外核心区竖向拉筋及节点核心区附加纵向钢筋，端支座节点核心区尚需注写附加 U 形箍筋。

柱内核心区箍筋见框架柱箍筋。

柱外核心区竖向拉筋，注写其钢筋级别与直径；端支座柱外核心区尚需注写附加 U 形箍筋的钢筋级别、直径及根数。

框架扁梁节点核心区附加纵向钢筋以大写字母 F 打头，注写其设置方向（X 向或 Y 向）、层数、每层的钢筋根数、钢筋级别、直径及未穿过柱截面的纵向受力钢筋根数。

设计、施工时应注意以下事项。

① 柱外核心区竖向拉筋在梁纵向钢筋两向交叉位置均布置，当布置方式与图集要求不一致时，设计应另行绘制详图。

② 框架扁梁端支座节点，柱外核心区设置 U 形箍筋及竖向拉筋时，在 U 形箍筋与位于柱外的梁纵向钢筋交叉位置均布置竖向拉筋。当布置方式与图集要求不一致时，设计应另行绘制详图。

③ 附加纵向钢筋应与竖向拉筋相互绑扎。

（7）井字梁通常由非框架梁构成，并以框架梁为支座（特殊情况下以专门设置的非框架大梁为支座）。在此情况下，为明确区分井字梁与作为井字梁支座的梁，井字梁用单粗虚线表示（当井字梁顶面高出板面时可用单粗实线表示），作为井字梁支座的梁用双细虚线表示（当梁顶面高出板面时可用双细实线表示）。

井字梁系指在同一矩形平面内相互正交所组成的结构构件，井字梁所分布范围称为"矩形平面网格区域"（简称"网格区域"）。当在结构平面布置中仅有由四根框架梁框起的一片网格区域时，所有在该区域相互正交的井字梁均为单跨；当有多片网格区域相连时，贯通多片网格区域的井字梁为多跨，且相邻两片网格区域分界处即为该井字梁的中间支座。对某根井字梁编号时，其跨数为其总支座数减 1；在该梁的任意两个支座之间，无论有几根同类梁与其相交，均不作为支座（图 2-48）。

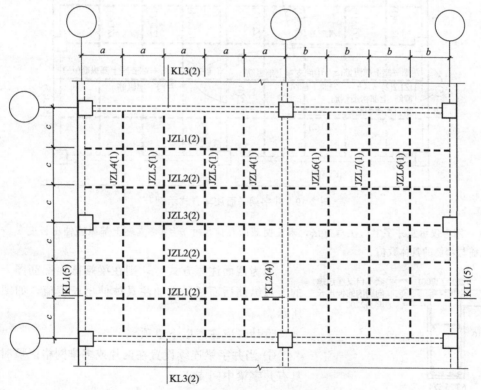

图 2-48 井字梁矩形平面网格区域示意

a、*b*、*c*—不同跨井字梁的间距

井字梁的注写规则符合前述规定。除此之外，设计者应注明纵横两个方向梁相交处同一层面钢筋的上下交错关系（指梁上部或下部的同层面交错钢筋何梁在上何梁在下），以及在该相交处两方向梁箍筋的布置要求。

（8）井字梁的端部支座和中间支座上部纵筋的伸出长度值 a_0，应由设计者在原位加注具体数值予以注明。

当采用平面注写方式时，则在原位标注的支座上部纵筋后面括号内加注具体伸出长度值，如图 2-49 所示。

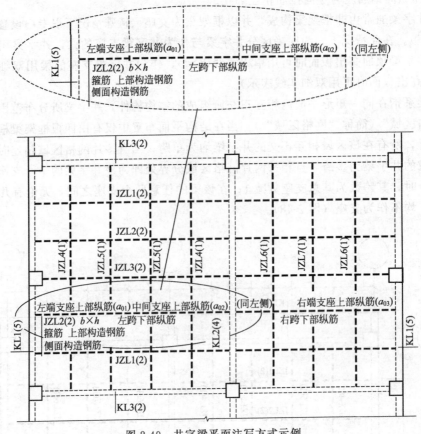

图 2-49　井字梁平面注写方式示例

注：图中仅示意井字梁的注写方法，未注明截面几何尺寸 $b \times h$，支座上部纵筋伸出长度 $a_{01} \sim a_{03}$，以及纵筋与箍筋的具体数值。

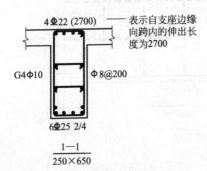

图 2-50　井字梁截面注写方式示例

当为截面注写方式时，则在梁端截面配筋图上注写的上部纵筋后面括号内加注具体伸出长度值，如图 2-50 所示。

设计时应注意以下事项。

① 当井字梁连续设置在两片或多排网格区域时，才具有井字梁中间支座。

② 当某根井字梁端支座与其所在网格区域之外的非框架梁相连时，该位置上部钢筋的连续布置方式需由设计者注明。

（9）在梁平法施工图中，当局部梁的布置过密时，可将过密区用虚线框出，适当放大比例后再用平面注写方式表示。

（10）采用平面注写方式表达的梁平法施工图示例，如图 2-51 所示。

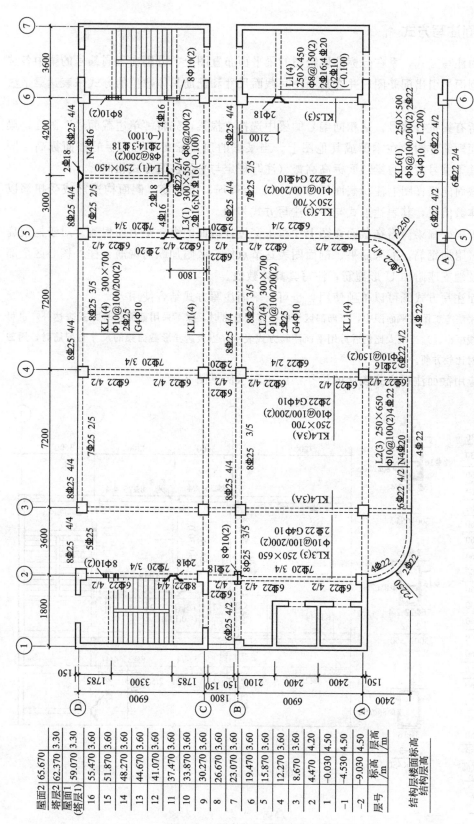

图 2-51 梁平法施工图平面注写方式示例

2.6.2 截面注写方式

（1）截面注写方式，系在分标准层绘制的梁平面布置图上，分别在不同编号的梁中各选择一根梁用剖面号引出配筋图，并在其上注写截面尺寸和配筋具体数值的方式来表达梁平法施工图。

（2）对所有梁进行编号，从相同编号的梁中选择一根梁，先将"单边截面号"画在该梁上，再将截面配筋详图画在本图或其他图上。当某梁的顶面标高与结构层的楼面标高不同时，尚应继其梁编号后注写梁顶面标高高差（注写规定与平面注写方式相同）。

（3）在截面配筋详图上注写截面尺寸 $b \times h$、上部筋、下部筋、侧面构造筋或受扭筋以及箍筋的具体数值时，其表达形式与平面注写方式相同。

（4）对于框架扁梁尚需在截面详图上注写未穿过柱截面的纵向受力筋根数。对于框架扁梁节点核心区附加钢筋，需采用平、剖面图表达节点核心区附加纵向钢筋、柱外核心区全部竖向拉筋以及端支座附加 U 形箍筋，注写其具体数值。

（5）截面注写方式既可以单独使用，也可与平面注写方式结合使用。

注：在梁平法施工图的平面图中，当局部区域的梁布置过密时，除了采用截面注写方式表达外，也可将加密区用虚线框出，适当放大比例后再用平面注写方式表示。当表达异形截面梁的尺寸与配筋时，用截面注写方式相对比较方便。

（6）采应用截面注写方式表达的梁平法施工图示例见图 2-52。

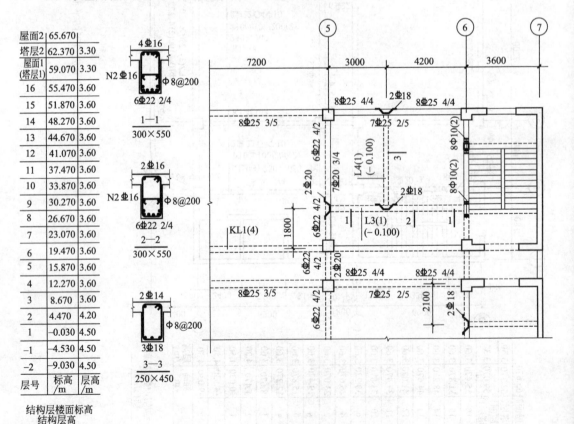

图 2-52 梁平法施工图截面注写方式示例

2.7　板构件施工图制图规则

2.7.1　有梁楼盖平法施工图识读

2.7.1.1　有梁楼盖平法施工图的表示方法

（1）有梁楼盖板平法施工图，是在楼面板和屋面板布置图上，采用平面注写的表达方式。板平面注写主要包括板块集中标注和板支座原位标注。

（2）为方便设计表达和施工识图，规定结构平面的坐标方向如下。

① 当两向轴网正交布置时，图面从左至右为 X 向，从下至上为 Y 向。

② 当轴网转折时，局部坐标方向顺轴网转折角度做相应转折。

③ 当轴网向心布置时，切向为 X 向，径向为 Y 向。

此外，对于平面布置比较复杂的区域，例如轴网转折交界区域、向心布置的核心区域等，其平面坐标方向应由设计者另行规定并且在图上明确表示。

2.7.1.2　板块集中标注

（1）板块集中标注的内容包括：板块编号、板厚、上部贯通纵筋、下部纵筋以及当板面标高不同时的标高高差。

对于普通楼面，两向均以一跨为一板块；对于密肋楼盖，两向主梁（框架梁）均以一跨为一板块（非主梁密肋不计）。所有板块应逐一编号，相同编号的板块可择其一做集中标注，其他仅注写置于圆圈内的板编号，以及当板面标高不同时的标高高差。

板块编号应符合表 2-13 的规定。

表 2-13　板块编号

板类型	代号	序号
楼面板	LB	××
屋面板	WB	××
悬挑板	XB	××

板厚注写为 $h=×××$（h 为垂直于板面的厚度）；当悬挑板的端部改变截面厚度时，用斜线分隔根部与端部的高度值，注写为 $h=×××/×××$；当设计已在图注中统一注明板厚时，此项可不注。

纵筋按板块的下部纵筋和上部贯通纵筋分别注写（当板块上部不设贯通纵筋时则不注），并以 B 代表下部纵筋，以 T 代表上部贯通纵筋，B&T 代表下部与上部，X 向纵筋以 X 打头，Y 向纵筋以 Y 打头，两向纵筋配置相同时则以 X&Y 打头。

当为单向板时，分布筋可不必注写，而在图中统一注明。

当在某些板内（例如在悬挑板 XB 的下部）配置有构造钢筋时，则 X 向以 Xc，Y 向以 Yc 打头注写。

当 Y 向采用放射配筋时（切向为 X 向，径向为 Y 向），设计者应注明配筋间距的定位尺寸。

当纵筋采用两种规格钢筋"隔一布一"方式时，表达为 φxx/yy@×××，表示直径为 xx 的钢筋和直径为 yy 的钢筋两者之间间距为 ×××，直径 xx 的钢筋的间距为 ××× 的 2

倍，直径 yy 的钢筋的间距为×××的 2 倍。

板面标高高差是指相对于结构层楼面标高的高差，应将其注写在括号内，并且有高差则注，无高差不注。

（2）同一编号板块的类型、板厚和纵筋均应相同，但是板面标高、跨度、平面形状以及板支座上部非贯通纵筋可以不同，同一编号板块的平面形状可为矩形、多边形及其他形状等。施工预算时，应根据其实际平面形状，分别计算各块板的混凝土与钢材用量。

设计与施工应注意：单向或双向连续板的中间支座上部同向贯通纵筋，不应在支座位置连接或分别锚固。当相邻两跨的板上部贯通纵筋配置相同，且跨中部位有足够空间连接时，可在两跨任意一跨的跨中连接部位连接；当相邻两跨的上部贯通纵筋配置不同时，应将配置较大者越过其标注的跨数终点或起点伸至相邻跨的跨中连接区域连接。

设计时应注意板中间支座两侧上部纵筋的协调配置，施工及预算应按具体设计和相应标准构造要求实施。等跨与不等跨板上部纵筋的连接有特殊要求时，其连接部位及方式应由设计者注明。对于梁板式转换层楼板，板下部纵筋在支座内的锚固长度不应小于 l_a。

当悬挑板需要考虑竖向地震作用时，下部纵筋伸入支座内长度不应小于 l_{aE}。

2.7.1.3 板支座原位标注

（1）板支座原位标注的内容包括：板支座上部非贯通纵筋和悬挑板上部受力钢筋。

板支座原位标注的钢筋，应在配置相同跨的第一跨表达（当在梁悬挑部位单独配置时则在原位表达）。在配置相同跨的第一跨（或梁悬挑部位），垂直于板支座（梁或墙）绘制一段适宜长度的中粗实线（当该筋通长设置在悬挑板或短跨板上部时，实线段应画至对边或贯通短跨），以该线段代表支座上部非贯通纵筋，并在线段上方注写钢筋编号（例如①、②等）、配筋值、横向连续布置的跨数（注写在括号内，并且当为一跨时可不注），以及是否横向布置到梁的悬挑端。

板支座上部非贯通筋自支座中线向跨内的伸出长度，注写在线段的下方位置。

当中间支座上部非贯通纵筋向支座两侧对称伸出时，可仅在支座一侧线段下方标注伸出长度，另一侧不注，如图 2-53 所示。

当向支座两侧非对称伸出时，应分别在支座两侧线段下方注写伸出长度，如图 2-54 所示。

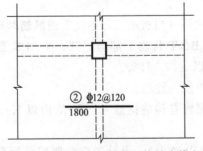

图 2-53 板支座上部非贯通筋对称伸出

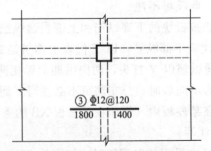

图 2-54 板支座上部非贯通筋非对称伸出

对线段画至对边贯通全跨或贯通全悬挑长度的上部通长纵筋，贯通全跨或伸出至全悬挑一侧的长度值不注，只注明非贯通筋另一侧的伸出长度值，如图 2-55 所示。

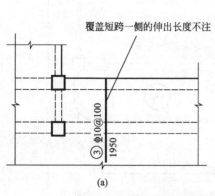

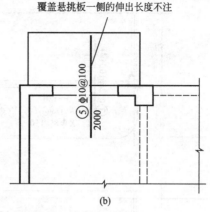

图 2-55 板支座上部非贯通筋贯通全跨或伸至悬挑端（单位：mm）

(a) 板支座上部非贯通筋贯通全跨；(b) 板支座上部非贯通筋伸至悬挑端

当板支座为弧形，支座上部非贯通纵筋呈放射状分布时，设计者应注明配筋间距的度量位置并加注"放射分布"四字，必要时应补绘平面配筋图，如图 2-56 所示。

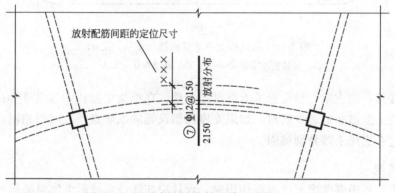

图 2-56 弧形支座处放射配筋（单位：mm）

关于悬挑板的注写方式如图 2-57 所示。当悬挑板端部厚度不小于 150mm 时，设计者应指定板端部封边构造方式，当采用 U 形钢筋封边时，尚应指定 U 形钢筋的规格、直径。

在板平面布置图中，不同部位板支座上部非贯通纵筋及悬挑板上部受力钢筋，可仅在一个部位注写，对其他相同者则仅需在代表钢筋的线段上注写编号及按本条规则注写横向连续布置的跨数即可。

此外，与板支座上部非贯通纵筋垂直且绑扎在一起的构造钢筋或分布钢筋，应由设计者在图中注明。

（2）当板的上部已配置有贯通纵筋，但需增配板支座上部非贯通纵筋时，应结合已配置的同向贯通纵筋的直径与间距采取"隔一布一"方式配置。

"隔一布一"方式，为非贯通纵筋的标注间距与贯通纵筋相同，两者组合后的实际间距为各自标注间距的 1/2。当设定贯通纵筋为纵筋总截面面积的 50% 时，两种钢筋应取相同直径；当设定贯通纵筋大于或小于总截面面积的 50% 时，两种钢筋则取不同直径。

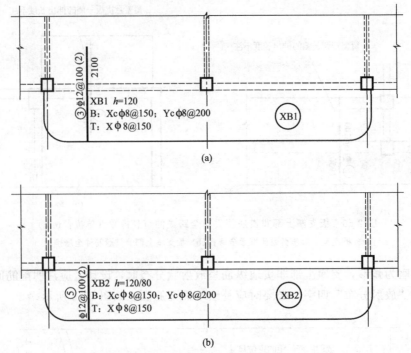

图 2-57 悬挑板支座非贯通筋（单位：mm）

(a) 悬挑板注写方式（一）；(b) 悬挑板注写方式（二）

施工应注意：当支座一侧设置了上部贯通纵筋（在板集中标注中以 T 打头），而在支座另一侧仅设置了上部非贯通纵筋时，如果支座两侧设置的纵筋直径、间距相同，应将两者连通，避免各自在支座上部分别锚固。

2.7.1.4 其他

（1）当悬挑板需要考虑竖向地震作用时，设计应注明该悬挑板纵向钢筋抗震锚固长度按何种抗震等级设置。

（2）板上部纵向钢筋在端支座（梁、剪力墙顶）锚固要求：当设计按铰接时，平直段伸至端支座对边后弯折，且平直段长度$\geqslant 0.35 l_{ab}$，弯折段投影长度 15d（d 为纵向钢筋直径）；当充分利用钢筋的抗拉强度时，平直段伸至端支座对边后弯折，且平直段长度$\geqslant 0.6 l_{ab}$，弯折段投影长度 15d。设计者应在平法施工图中注明采用何种构造，当多数采用同种构造时可在图注中写明，并将少数不同之处在图中注明。

（3）板支承在剪力墙顶的端节点，当设计考虑墙外侧竖向钢筋与板上部纵向受力钢筋搭接传力时，应满足搭接长度要求，设计者应在平法施工图中注明。

（4）板纵向钢筋的连接可采用绑扎搭接、机械连接或焊接。当板纵向钢筋采用非接触方式的搭接连接时，其搭接部位的钢筋净距不宜小于 30mm，且钢筋中心距不应大于 $0.2 l_l$ 及 150mm 的较小者。

注：非接触搭接使混凝土能够与搭接范围内所有钢筋的全表面充分粘接，可以提高搭接钢筋之间通过混凝土传力的可靠度。

（5）采用平面注写方式表达的楼面板平法施工图示例，如图 2-58 所示。

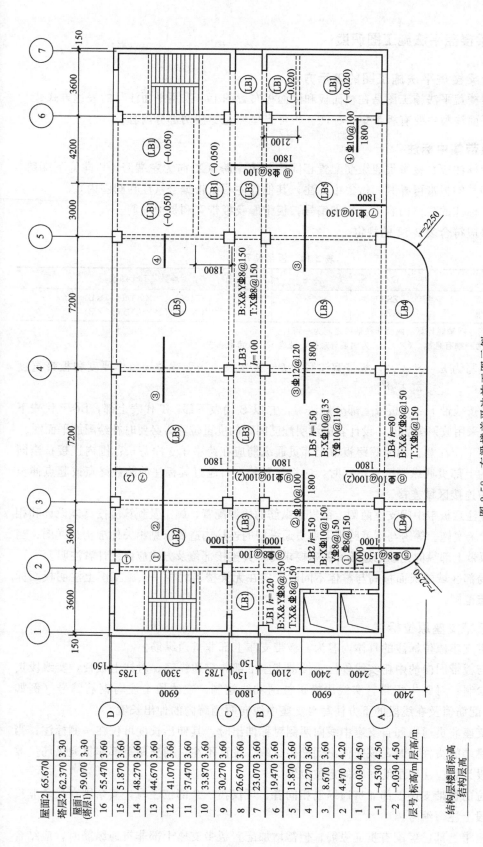

图 2-58　有梁楼盖平法施工图示例

注：可在结构层楼面标高、结构层高表中加设混凝土强度等级等栏目。

2.7.2 无梁楼盖平法施工图识读

2.7.2.1 无梁楼盖平法施工图的表示方法

（1）无梁楼盖平法施工图是在楼面板和屋面板布置图上，采用平面注写的表达方式。

（2）板平面注写主要有板带集中标注、板带支座原位标注两部分内容。

2.7.2.2 板带集中标注

（1）集中标注应在板带贯通纵筋配置相同跨的第一跨（X 向为左端跨，Y 向为下端跨）注写。相同编号的板带可择其一做集中标注，其他仅注写板带编号（注在圆圈内）。

板带集中标注的具体内容为：板带编号，板带厚及板带宽和贯通纵筋。

板带编号应符合表 2-14 的规定。

表 2-14　板带编号

板带类型	代号	序号	跨数及有无悬挑
柱上板带	ZSB	××	(××)、(××A)或(××B)
跨中板带	KZB	××	(××)、(××A)或(××B)

注：1.跨数按柱网轴线计算（两相邻柱轴线之间为一跨）。

2.(××A) 为一端有悬挑，(××B) 为两端有悬挑，悬挑不计入跨数。

板带厚注写为 $h=×××$，板带宽注写为 $b=×××$。当无梁楼盖整体厚度和板带宽度已在图中注明时，此项可不注。

贯通纵筋按板带下部和板带上部分别注写，并以 B 代表下部，T 代表上部，B&T 代表下部和上部。当采用放射配筋时，设计者应注明配筋间距的度量位置，必要时补绘配筋平面图。

设计与施工应注意：相邻等跨板带上部贯通纵筋应在跨中 1/3 净跨长范围内连接；当同向连续板带的上部贯通纵筋配置不同时，应将配置较大者越过其标注的跨数终点或起点伸至相邻跨的跨中连接区域连接。

设计时应注意板带中间支座两侧上部贯通纵筋的协调配置，施工及预算应按具体设计和相应标准构造要求实施。等跨与不等跨板上部贯通纵筋的连接构造要求见相关标准构造详图；当具体工程对板带上部纵向钢筋的连接有特殊要求时，其连接部位及方式应由设计者注明。

（2）当局部区域的板面标高与整体不同时，应在无梁楼盖的板平法施工图上注明板面标高高差及分布范围。

2.7.2.3 板带支座原位标注

（1）板带支座原位标注的具体内容为：板带支座上部非贯通纵筋。

以一段与板带同向的中粗实线段代表板带支座上部非贯通纵筋；对柱上板带，实线段贯穿柱上区域绘制；对跨中板带，实线段横贯柱网轴线绘制。在线段上注写钢筋编号（例如①、②等）、配筋值及在线段的下方注写自支座中线向两侧跨内的伸出长度。

当板带支座非贯通纵筋自支座中线向两侧对称伸出时，其伸出长度可仅在一侧标注；当配置在有悬挑端的边柱上时，该筋伸出到悬挑尽端，设计不注。当支座上部非贯通纵筋呈放射分布时，设计者应注明配筋间距的定位位置。

不同部位的板带支座上部非贯通纵筋相同者，可仅在一个部位注写，其余则在代表非贯通纵筋的线段上注写编号。

（2）当板带上部已经配有贯通纵筋，但需增加配置板带支座上部非贯通纵筋时，应结合已配同向贯通纵筋的直径与间距，采取"隔一布一"的方式配置。

2.7.2.4 暗梁的表示方法

（1）暗梁平面注写包括暗梁集中标注、暗梁支座原位标注两部分内容。施工图中在柱轴线处画中粗虚线表示暗梁。

（2）暗梁集中标注包括暗梁编号、暗梁截面尺寸（箍筋外皮宽度×板厚）、暗梁箍筋、暗梁上部通长筋或架立筋四部分内容。暗梁编号应符合表 2-15 的规定。

表 2-15 暗梁编号

构件类型	代号	序号	跨数及有无悬挑
暗梁	AL	××	(××)、(××A)或(××B)

注：1.跨数按柱网轴线计算（两相邻柱轴线之间为一跨）。
2.(××A)为一端有悬挑，(××B)为两端有悬挑，悬挑不计入跨数。

（3）暗梁支座原位标注包括梁支座上部纵筋、梁下部纵筋。当在暗梁上集中标注的内容不适用于某跨或某悬挑端时，则将其不同数值标注在该跨或该悬挑端，施工时按原位注写取值。

（4）当设置暗梁时，柱上板带及跨中板带标注方式与板带集中标注和板支座原位标注的内容一致。柱上板带标注的配筋仅设置在暗梁之外的柱上板带范围内。

（5）暗梁中纵向钢筋连接、锚固及支座上部纵筋伸出长度等要求同轴线处柱上板带中纵向钢筋。

2.7.2.5 其他

（1）当悬挑板需要考虑竖向地震作用时，设计应注明该悬挑板纵向钢筋抗震锚固长度按何种抗震等级设置。

（2）无梁楼盖板纵向钢筋的锚固和搭接需满足受拉钢筋的要求。

（3）无梁楼盖跨中板带上部纵向钢筋在梁端支座的锚固要求：当设计按铰接时，平直段伸至端支座对边后弯折，且平直段长度 $\geqslant 0.35l_{ab}$，弯折段投影长度 $15d$（d 为纵向钢筋直径）；当充分利用钢筋的抗拉强度时，直段伸至端支座对边后弯折，且平直段长度 $\geqslant 0.6l_{ab}$，弯折段投影长度 $15d$。设计者应在平法施工图中注明采用何种构造，当多数采用同种构造时可在图注中写明，并将少数不同之处在图中注明。

（4）无梁楼盖跨中板带支承在剪力墙顶的端节点，当板上部纵向钢筋充分利用钢筋的抗拉强度时（锚固在支座中），直段伸至端支座对边后弯折，且平直段长度 $\geqslant 0.6l_{ab}$，弯折段投影长度 $15d$；当设计考虑墙外侧竖向钢筋与板上部纵向受力钢筋搭接传力时，应满足搭接长度要求；设计者应在平法施工图中注明采用何种构造，当多数采用同种构造时可在图注中写明，并将少数不同之处在图中注明。

（5）板纵向钢筋的连接可采用绑扎搭接、机械连接或焊接。当板纵向钢筋采用非接触方式的绑扎搭接连接时，其搭接部位的钢筋净距不宜小于 30mm，且钢筋中心距不应大于 $0.2l_l$ 及 150mm 的较小者。

注：非接触搭接使混凝土能够与搭接范围内所有钢筋的全表面充分粘接，可以提高搭接钢筋之间通过混凝土传力的可靠度。

（6）上述关于无梁楼盖的板平法制图规则，同样适用于地下室内无梁楼盖的平法施工图设计。

（7）采用平面注写方式表达的无梁楼盖柱上板带、跨中板带及暗梁标注图示，如图 2-59 所示。

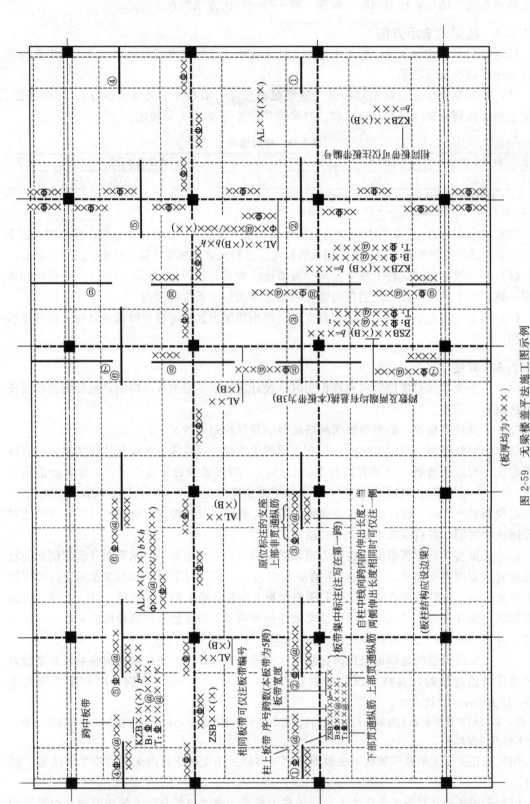

（板厚均为×××）

图 2-59　无梁楼盖平法施工图示例

注：本图示按 1：200 比例绘制。

2.8　板式楼梯施工图制图规则

2.8.1　平面注写方式

（1）平面注写方式，系采用在楼梯平面布置图上注写截面尺寸和配筋具体数值的方式来表达楼梯施工图。包括集中标注和外围标注。

（2）楼梯集中标注的内容有五项，具体规定如下。

① 梯板类型代号与序号，如 AT××。

② 梯板厚度。注写方式为 $h = × × ×$。当为带平板的梯板且梯段板厚度和平板厚度不同时，可在梯段板厚度后面括号内以字母 P 打头注写平板厚度。

③ 踏步段总高度和踏步级数，之间以"/"分隔。

④ 梯板支座上部纵筋，下部纵筋，之间以";"分隔。

⑤ 梯板分布筋，以 F 打头注写分布钢筋具体值，该项也可在图中统一说明。

⑥ 对于 ATc 型楼梯尚应注明梯板两侧边缘构件纵向钢筋及箍筋。

（3）楼梯外围标注的内容，包括楼梯间的平面尺寸、楼层结构标高、层间结构标高、楼梯的上下方向、梯板的平面几何尺寸、平台板配筋、梯梁及梯柱配筋等。

2.8.2　剖面注写方式

（1）剖面注写方式需在楼梯平法施工图中绘制楼梯平面布置图和楼梯剖面图，注写方式分平面注写、剖面注写两部分。

（2）楼梯平面布置图注写内容，包括楼梯间的平面尺寸、楼层结构标高、层间结构标高、楼梯的上下方向、梯板的平面几何尺寸、梯板类型及编号、平台板配筋、梯梁及梯柱配筋等。

（3）楼梯剖面图注写内容，包括梯板集中标注、梯梁梯柱编号、梯板水平及竖向尺寸、楼层结构标高、层间结构标高等。

（4）梯板集中标注的内容有四项，具体规定如下。

① 梯板类型及编号，如 AT××。

② 梯板厚度。注写方式为 $h = × × ×$。当梯板由踏步段和平板构成，且踏步段梯板厚度和平板厚度不同时，可在梯板厚度后面括号内以字母 P 打头注写平板厚度。

③ 梯板配筋。注明梯板上部纵筋和梯板下部纵筋，用";"将上部与下部纵筋的配筋值分隔开来。

④ 梯板分布筋。以 F 打头注写分布钢筋具体值，该项也可在图中统一说明。

⑤ 对于 ATc 型楼梯尚应注明梯板两侧边缘构件纵向钢筋及箍筋。

2.8.3　列表注写方式

（1）列表注写方式，系用列表方式注写梯板截面尺寸和配筋具体数值的方式来表达楼梯施工图。

（2）列表注写方式的具体要求同剖面注写方式，仅将剖面注写方式中的梯板集中标注中的梯板配筋注写项改为列表注写项即可。

梯板列表格式见表 2-16。

表 2-16　梯板几何尺寸和配筋

梯板编号	踏步段总高度/踏步级数	板厚 h	上部纵向钢筋	下部纵向钢筋	分布筋

注：对于 ATc 型楼梯尚应注明梯板两侧边缘构件纵向钢筋及箍筋。

第3章

平法钢筋计算方法

3.1 独立基础钢筋计算方法

3.1.1 独立基础底板配筋计算

独立基础底板配筋构造适用于普通独立基础、杯口独立基础，其配筋构造如图 3-1 所示。

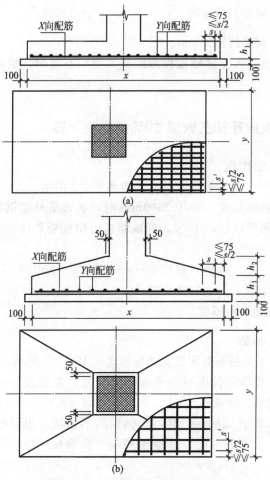

图 3-1 独立基础底板配筋构造（单位：mm）

（a）阶形；（b）坡形

s、s'—X、Y 向钢筋间距；x、y—基础两向边长；h_1、h_2—各级（阶）的高度

（1）X 向钢筋

$$长度 = x - 2c \tag{3-1}$$

$$根数 = \frac{y - 2 \times \min\left(75, \frac{s'}{2}\right)}{s'} + 1 \tag{3-2}$$

式中　　　　c——钢筋保护层的最小厚度，mm；

$\min\left(75, \dfrac{s'}{2}\right)$——X 向钢筋起步距离，mm；

s'——X 向钢筋间距，mm。

（2）Y 向钢筋

$$长度 = y - 2c \tag{3-3}$$

$$根数 = \frac{x - 2 \times \min\left(75, \frac{s}{2}\right)}{s} + 1 \tag{3-4}$$

式中　　　　c——钢筋保护层的最小厚度，mm；

$\min\left(75, \dfrac{s}{2}\right)$——Y 向钢筋起步距离，mm；

s——Y 向钢筋间距，mm。

除此之外，也可看出，独立基础底板双向交叉钢筋布置时，短向设置在上，长向设置在下。

3.1.2　独立基础底板配筋长度缩减 10% 的钢筋计算

3.1.2.1　对称独立基础构造

底板配筋长度缩减 10% 的对称独立基础构造如图 3-2 所示。

当对称独立基础底板的长度不小于 2500mm 时，各边最外侧钢筋不缩减；除了外侧钢筋外，两项其他底板配筋可以缩减 10%，即取相应方向底板长度的 0.9 倍。因此，可得出下列计算公式：

$$外侧钢筋长度 = x - 2c \text{ 或 } y - 2c \tag{3-5}$$

$$其他钢筋长度 = 0.9x \text{ 或 } 0.9y \tag{3-6}$$

式中　c——钢筋保护层的最小厚度，mm。

3.1.2.2　非对称独立基础

底板配筋长度缩减 10% 的非对称独立基础构造，如图 3-3 所示。

当非对称独立基础底板的长度不小于 2500mm 时，各边最外侧钢筋不缩减，对称方向（图中 y 向）中部钢筋长度缩减 10%。非对称方向（图中 x 向）：当基础某侧从柱中心至基础底板边缘的距离小于 1250mm 时，该侧钢筋不缩减；当基础某侧从柱中心至基础底板边缘的距离不小于 1250mm 时，该侧钢筋隔一根缩减一根。因此，可得出以下计算公式：

$$外侧钢筋(不缩减)长度 = x - 2c \text{ 或 } y - 2c \tag{3-7}$$

$$对称方向中部钢筋长度 = 0.9y \tag{3-8}$$

$$非对称方向 \qquad 中部钢筋长度 = x - 2c \tag{3-9}$$

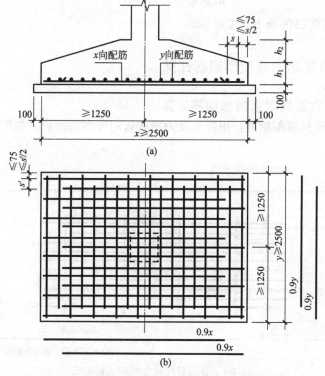

图 3-2 对称独立基础底板配筋长度缩减 10% 构造（单位：mm）

（a）剖面图；（b）平面图

s、s'—X、Y 向钢筋间距；x、y—基础两向边长；h_1、h_2—各级（阶）的高度

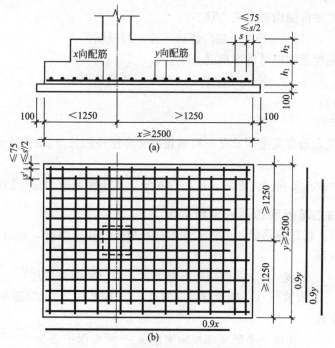

图 3-3 非对称独立基础底板配筋长度缩减 10% 构造（单位：mm）

（a）剖面图；（b）平面图

s、s'—X、Y 向钢筋间距；x、y—基础两向边长；h_1、h_2—各级（阶）的高度

在缩减时   中部钢筋长度$=0.9y$ (3-10)

式中　c——钢筋保护层的最小厚度，mm。

3.1.3　多柱独立基础底板顶部钢筋计算

3.1.3.1　双柱独立基础底板顶部钢筋计算

双柱独立基础底板顶部钢筋，由纵向受力筋和横向分布筋组成，如图 3-4 所示。

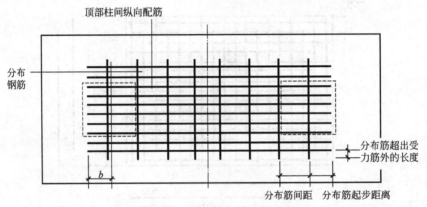

图 3-4　普通双柱独立基础顶部配筋

b—分步筋起步距离

（1）纵向受力筋

① 布置在柱宽度范围内纵向受力筋。

长度$=$柱内侧边起算$+$两端锚固 l_a (3-11)

② 布置在柱宽度范围以外的纵向受力筋。

长度$=$柱中心线起算$+$两端锚固 l_a (3-12)

根数由设计标注。

（2）横向分布筋

长度$=$纵向受力筋布置范围长度$+$两端超出受力筋外的长度（取构造长度 150mm）

(3-13)

横向分布筋根数在纵向受力筋的长度范围布置，起步距离取"分布筋间距/2"。

3.1.3.2　四柱独立基础底板顶部钢筋构造

四柱独立基础底板顶部钢筋，由纵向受力筋和横向分布筋组成，如图 3-5 所示。

（1）纵向受力筋

长度$=y_u$（基础顶部纵向宽度）$-2c$（两端保护层）   (3-14)

根数$=$（基础顶部横向宽度 x_u-起步距离）/间距$+1$ (3-15)

（2）横向分布筋

长度$=$基础顶部横向宽度 x_u-两端保护层 $2c$ (3-16)

根数在两根基础梁之间布置。

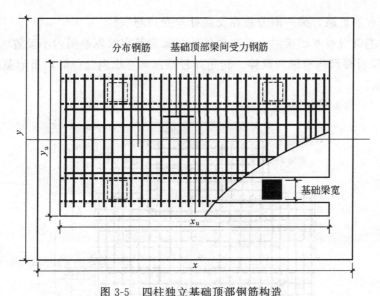

图 3-5 四柱独立基础顶部钢筋构造

x、y—基础两向边长；x_u—基础顶部横向宽度；y_u—基础顶部纵向宽度

3.2 条形基础钢筋计算方法

3.2.1 条形基础底板钢筋构造

3.2.1.1 条形基础底板配筋构造

（1）条形基础十字交接基础底板。条形基础十字交接基础底板构造如图 3-6 所示。

① 十字交接时，一向受力筋贯通布置，另一向受力筋在交接处伸入 $b/4$ 范围内布置。

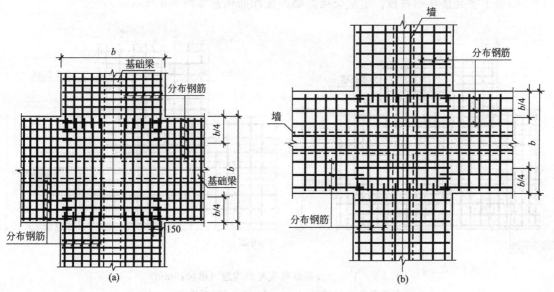

图 3-6 条形基础十字交接基础底板构造（单位：mm）

（a）十字交接基础底板（一）；（b）十字交接基础底板（二）

b—基础底板宽度

② 一向分布筋贯通，另一向分布在交接处与受力筋搭接。

③ 当条形基础设有基础梁时，基础底板的分布钢筋在梁宽范围内不设置。

（2）转角梁板端部均有纵向延伸。转角梁板端部均有纵向延伸时，条形基础底板配筋构造如图 3-7 所示。

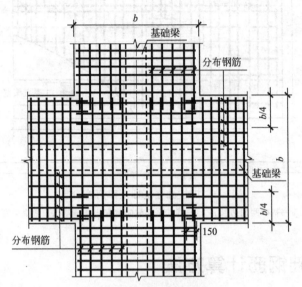

图 3-7 转角梁端部均有纵向延伸（单位：mm）

b—基础底板宽度

① 交接处，两向受力筋相互交叉形成钢筋网，分布筋则需要切断，与另一方向受力筋搭接。

② 当条形基础设有基础梁时，基础底板的分布钢筋在梁宽范围内不设置。

（3）丁字交接基础底板。丁字交接基础底板配筋构造如图 3-8 所示。

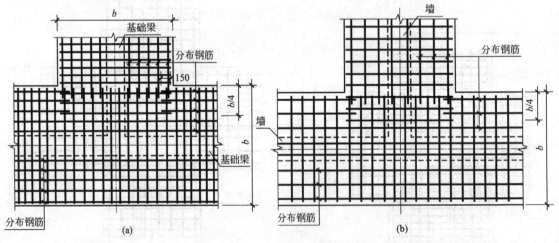

图 3-8 丁字交接基础底板配筋构造（单位：mm）

（a）丁字交接基础底板（一）；（b）丁字交接基础底板（二）

b—基础底板宽度

① 丁字交接时，丁字横向受力筋贯通布置，丁字竖向受力筋在交接处伸入 $b/4$ 范围内布置。

② 一向分布筋贯通，另一向分布在交接处与受力筋搭接。

③ 当条形基础设有基础梁时，基础底板的分布钢筋在梁宽范围内不设置。

（4）转角梁板端部无纵向延伸。转角梁板端部无纵向延伸时，条形基础底板配筋构造如图 3-9 所示。

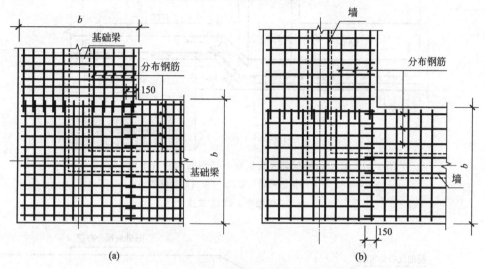

图 3-9 转角梁板端部无纵向延伸（单位：mm）

(a) 转角梁板端部无纵向延伸；(b) 转角处墙基础底板

b—基础底板宽度

① 交接处，两向受力筋相互交叉形成钢筋网，分布筋则需要切断，与另一方向受力筋搭接，搭接长度为 150mm。

② 当条形基础设有基础梁时，基础底板的分布钢筋在梁宽范围内不设置。

3.2.1.2 条形基础底板配筋长度减短 10% 构造

条形基础底板配筋长度减短 10% 构造，如图 3-10 所示。

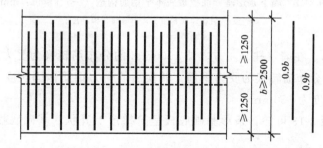

图 3-10 条形基础底板配筋长度减短 10% 构造（单位：mm）

b—基础底板宽度

底板交接区的受力钢筋和无交接底板时端部第一根钢筋不应减短。

3.2.1.3 条形基础底板不平构造

条形基础底板不平钢筋构造，如图 3-11～图 3-13 所示。

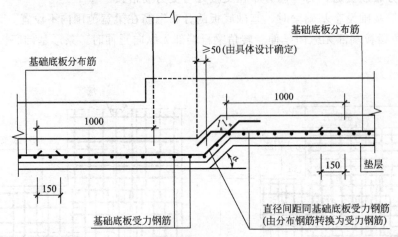

图 3-11 柱下条形基础底板板底不平钢筋构造（单位：mm）

l_a—受拉钢筋锚固长度；α—板底高差坡度

注：板底高差坡度 α 取 45°或按设计。

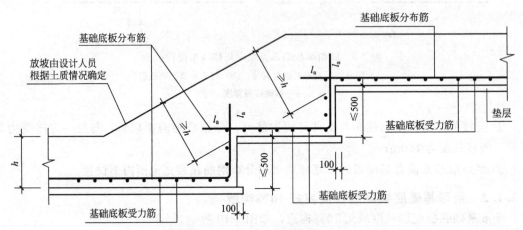

图 3-12 墙下条形基础底板板底不平钢筋构造（一）（单位：mm）

l_a—受拉钢筋锚固长度；h—基础底板高度；

由图 3-11 可知，在墙（柱）左方之外 1000mm 的分布筋转换为受力钢筋，在右侧上拐点以右 1000mm 的分布筋转换为受力钢筋。转换后的受力钢筋锚固长度为 l_a，与原来的分布筋搭接，搭接长度为 150mm。

由图 3-12 和图 3-13 可知，条形基础底板呈阶梯形上升状，基础底板分布筋垂直上弯，受力筋于内侧。

3.2.1.4 条形基础无交接底板端部构造

条形基础无交接底板端部构造如图 3-14 所示。

条形基础端部无交接底板，受力筋在端部 b 范围内相互交叉，分布筋与受力筋搭接，搭接长度为 150mm。

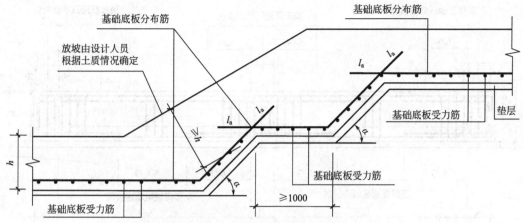

图 3-13　墙下条形基础底板板底不平钢筋构造（二）（单位：mm）

l_a—受拉钢筋锚固长度；h—基础底板高度；α—板底高差坡度

注：板底高差坡度 α 取 45°或按设计。

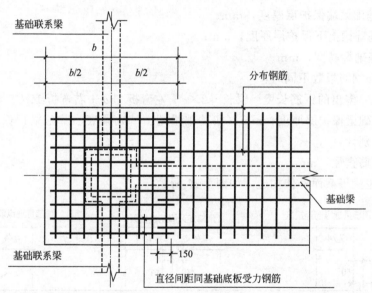

图 3-14　条形基础无交接底板端部构造（单位：mm）

b—基础底板宽度

3.2.2　基础梁钢筋计算

3.2.2.1　基础梁纵筋计算

（1）基础梁端部无外伸构造，如图 3-15 所示。

$$上部贯通筋长度＝梁长－2\times c_1+\frac{h_b-2c_2}{2} \tag{3-17}$$

$$下部贯通筋长度＝梁长－2\times c_1+\frac{h_b-2c_2}{2} \tag{3-18}$$

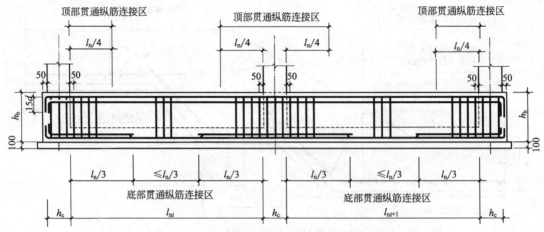

图 3-15　基础梁端部无外伸构造（单位：mm）

l_n—支座两边的净跨长度 l_{ni} 和 l_{ni+1} 的最大值；l_{ni}、l_{ni+1}—左、右跨的净跨长度；

h_b—基础梁高度；h_c—沿基础梁跨度方向的柱截面高度

式中　c_1——基础梁端保护层厚度，mm；

　　　c_2——基础梁上下保护层厚度，mm；

　　　h_b——基础梁高度，mm。

上部或下部钢筋根数不同时：

$$多出的钢筋长度＝梁长－2×c＋左弯折15d＋右弯折15d \tag{3-19}$$

式中　c——基础梁保护层厚度，mm（如基础梁端、基础梁底、基础梁顶保护层不同，应

　　　　分别计算）；

　　　d——钢筋直径，mm。

（2）基础主梁等截面外伸构造，如图 3-16 所示。

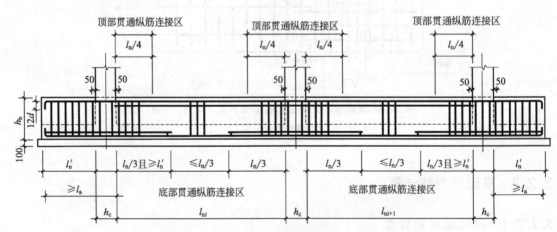

图 3-16　基础主梁等截面外伸构造（单位：mm）

l_n—支座两边的净跨长度 l_{ni} 和 l_{ni+1} 的最大值；l_{ni}、l_{ni+1}—左、右跨的净跨长度；

h_b—基础梁高度；h_c—沿基础梁跨度方向的柱截面高度；l_n'—柱外侧边缘至

梁外伸端的距离；l_a—受拉钢筋锚固长度；d—钢筋直径

$$上部贯通筋长度=梁长-2\times保护层+左弯折12d+右弯折12d$$

$$(3-20)$$

$$下部贯通筋长度=梁长-2\times保护层+左弯折12d+右弯折12d$$

$$(3-21)$$

3.2.2.2　基础主梁非贯通筋计算

（1）基础梁端部无外伸构造，如图3-15所示。

$$下部端支座非贯通钢筋长度=0.5h_c+\max\left(\frac{l_n}{3},1.2l_a+h_b+0.5h_c\right)+\frac{h_b-2c}{2}$$

$$(3-22)$$

$$下部多出的端支座非贯通钢筋长度=0.5h_c+\max\left(\frac{l_n}{3},\ 1.2l_a+h_b+0.5h_c\right)+15d \quad (3-23)$$

$$下部中间支座非贯通钢筋长度=\max\left(\frac{l_n}{3},\ 1.2l_a+h_b+0.5h_c\right)\times2 \quad (3-24)$$

式中　l_n——左跨与右跨之较大值，mm；

$\quad\quad h_b$——基础梁截面高度，mm；

$\quad\quad h_c$——沿基础梁跨度方向柱截面高度，mm；

$\quad\quad c$——基础梁保护层厚度，mm。

（2）基础主梁等截面外伸构造，如图3-16所示。

$$下部端支座非贯通钢筋长度=外伸长度l+\max\left(\frac{l_n}{3},l_n'\right)+12d \quad (3-25)$$

$$下部中间支座非贯通钢筋长度=\max\left(\frac{l_n}{3},l_n'\right)\times2 \quad (3-26)$$

3.2.2.3　基础梁架立筋计算

当梁下部贯通筋的根数小于箍筋的肢数时，在梁的跨中$\frac{1}{3}$跨度范围内必须设置架立筋用来固定箍筋，架立筋与支座负筋搭接150mm。

$$基础梁首跨架立筋长度=l_1-\max\left(\frac{l_1}{3},1.2l_a+h_b+0.5h_c\right)-$$

$$(3-27)$$

$$\max\left(\frac{l_1}{3},\frac{l_2}{3},1.2l_a+h_b+0.5h_c\right)+2\times150$$

式中　l_1——首跨轴线至轴线长度，mm；

$\quad\quad l_2$——第二跨轴线至轴线长度，mm。

3.2.2.4　基础梁拉筋计算

$$梁侧面拉筋根数=侧面筋道数\ n\times\left(\frac{l_n-50\times2}{非加密区间距的2倍}+1\right)$$

$$(3-28)$$

$$梁侧面拉筋长度=(梁宽b-保护层厚度c\times2)+4d+2\times11.9d$$

$$(3-29)$$

3.2.2.5 基础梁箍筋计算

基础梁 JL 配置两种箍筋构造如图 3-17 所示。

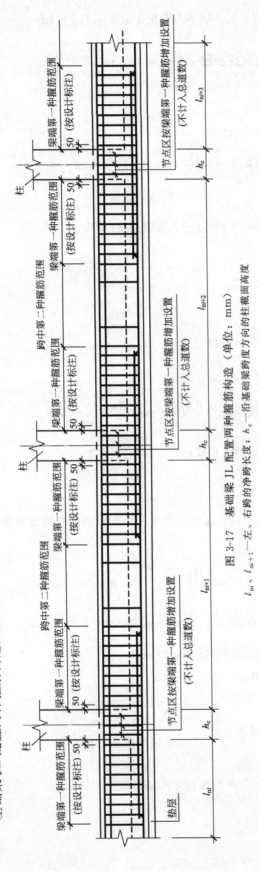

图 3-17 基础梁 JL 配置两种箍筋构造（单位：mm）

l_{ni}、l_{ni+1}——左、右跨的净跨长度；h_c——沿基础梁跨度方向的柱截面高度

$$根数 = 根数1 + 根数2 + \frac{梁净长 - 2\times50 - (根数1-1)\times间距1 - (根数2-1)\times间距2}{间距3} - 1 \tag{3-30}$$

当设计未标注加密箍范围时，箍筋加密区长度 $L_1 = \max(1.5h_b, 500)$

$$箍筋根数 = 2\times\left(\frac{L_1-50}{加密区间距}+1\right) + \sum\frac{梁宽-2\times50}{加密区间距}-1 + \frac{l_n-2L_1}{非加密区间距}-1 \tag{3-31}$$

为了便于计算，箍筋与拉筋钩平直段长度按 10d 计算。实际钢筋预算与下料时，应根据箍筋直径和构件是否抗震而定。

$$箍筋预算长度 = (b+h)\times2 - 8c + 2\times11.9d + 8d \tag{3-32}$$

$$箍筋下料长度 = (b+h)\times2 - 8c + 2\times11.9d + 8d - 3\times1.75d \tag{3-33}$$

$$内箍预算长度 = \left[\frac{b-2\times c-D}{n-1}\times j+D\right]\times2 + 2\times(h-c) + 2\times11.9d + 8d \tag{3-34}$$

$$内箍下料长度=\left[\left(\frac{b-2\times c-D}{n}-1\right)\times j+D\right]\times 2+2\times(h-c)+2\times 11.9d+8d-3\times 1.75d$$

$$(3\text{-}35)$$

式中 b——梁宽度，mm；

c——梁侧保护层厚度，mm；

D——梁纵筋直径，mm；

n——梁箍筋肢数；

j——梁内箍包含的主筋孔数；

d——梁箍筋直径，mm。

3.2.2.6 基础梁附加箍筋计算

附加箍筋构造如图 3-18 所示。

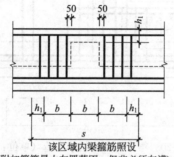

图 3-18 附加箍筋构造（单位：mm）

h_1—主次梁高差；b—次梁宽；s—附加箍筋的布置范围

附加箍筋间距为 $8d$（d 为箍筋直径）且不大于梁正常箍筋间距。

附加箍筋根数如果设计注明则按设计，如果设计只注明间距而没注写具体数量则按平法构造计算，计算如下：

$$附加箍筋根数=2\times\left(\frac{次梁宽度}{附加箍筋间距}+1\right) \qquad (3\text{-}36)$$

3.2.2.7 基础梁附加吊筋计算

附加（反扣）吊筋构造如图 3-19 所示。

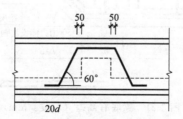

图 3-19 附加（反扣）吊筋构造（单位：mm）

d—钢筋直径

注：吊筋高度应根据基础梁高度推算，吊筋顶部平直段与基础梁顶部纵筋净跨应满足规范要求，当净跨不足时应置于下一排。

$$附加吊筋长度=次梁宽+2\times 50+\frac{2\times(主梁高-保护层厚度)}{\sin 45^\circ(60^\circ)}+2\times 20d \qquad (3\text{-}37)$$

3.2.2.8 变截面基础梁钢筋计算

梁变截面包括以下几种情况：梁顶有高差；梁底有高差；梁底、梁顶均有高差。

如基础梁下部有高差，低跨的基础梁必须做成 45°或者 60°梁底台阶或者斜坡。

如基础梁有高差，不能贯通的纵筋必须相互锚固。

（1）当梁顶有高差时，如图 3-20 所示，低跨的基础梁上部纵筋伸入高跨内一个 l_a。

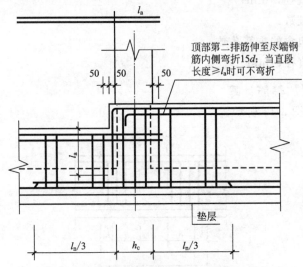

图 3-20 梁顶有高差钢筋构造（单位：mm）

l_a—受拉钢筋锚固长度；d—钢筋直径；l_n—相邻两跨跨度值的较大值；h_c—沿基础梁跨度方向的柱截面高度

$$高跨梁上部第一排纵筋弯折长度＝高差值＋l_a \tag{3-38}$$

（2）当梁底有高差时，如图 3-21 所示。

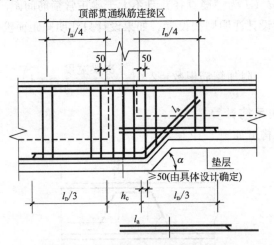

图 3-21 梁底有高差（单位：mm）

l_a—受拉钢筋锚固长度；l_n—相邻两跨跨度值的较大值；h_c—沿基础梁跨度方向的柱截面高度；α—板底高差坡度

$$高跨基础梁下部纵筋伸入低跨梁长度＝l_a \tag{3-39}$$

$$低跨梁下部第一排纵筋斜弯折长度＝\frac{高差值}{\sin45°（60°）}＋l_a \tag{3-40}$$

（3）当梁底、梁顶均有高差时，如图 3-22 所示，低跨的基础梁上部纵筋伸入高跨内一个 l_a。

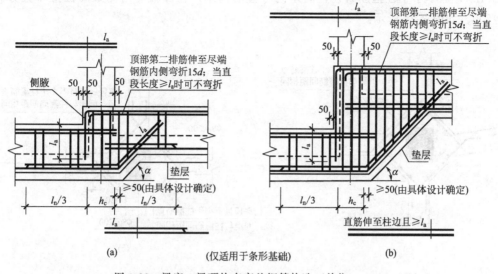

图 3-22　梁底、梁顶均有高差钢筋构造（单位：mm）

（a）梁底、梁顶均有高差钢筋构造（一）；（b）梁底、梁顶均有高差钢筋构造（二）

l_a—受拉钢筋锚固长度；d—钢筋直径；l_n—相邻两跨跨度值的较大值；

h_c—沿基础梁跨度方向的柱截面高度；α—板底高差坡度

$$高跨梁上部第一排纵筋弯折长度 = 高差值 + l_a \tag{3-41}$$

$$高跨基础梁下部纵筋伸入低跨内长度 = l_a \tag{3-42}$$

$$低跨梁下部第一排纵筋斜弯折长度 = \frac{高差值}{\sin 45°（60°）} + l_a \tag{3-43}$$

如支座两边基础梁宽不同或者梁不对齐，将不能拉通的纵筋伸入支座对边后弯折 15d，如图 3-23 所示。

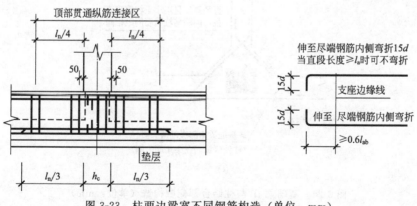

图 3-23　柱两边梁宽不同钢筋构造（单位：mm）

l_a—受拉钢筋锚固长度；d—钢筋直径；l_n—相邻两跨跨度值的较大值；

h_c—沿基础梁跨度方向的柱截面高度；l_{ab}—受拉钢筋基本锚固长度

如支座两边纵筋根数不同，可以将多出的纵筋伸入支座对边后弯折 15d。

3.2.2.9　基础梁侧腋钢筋计算

除了基础梁比柱宽且完全形成梁包柱的情形外，基础梁必须加腋，加腋的钢筋直径不小于 12mm 并且不小于柱箍筋直径，间距同柱箍筋间距。在加腋筋内侧梁高位置布置分布筋 φ8@200，如图 3-24 所示。

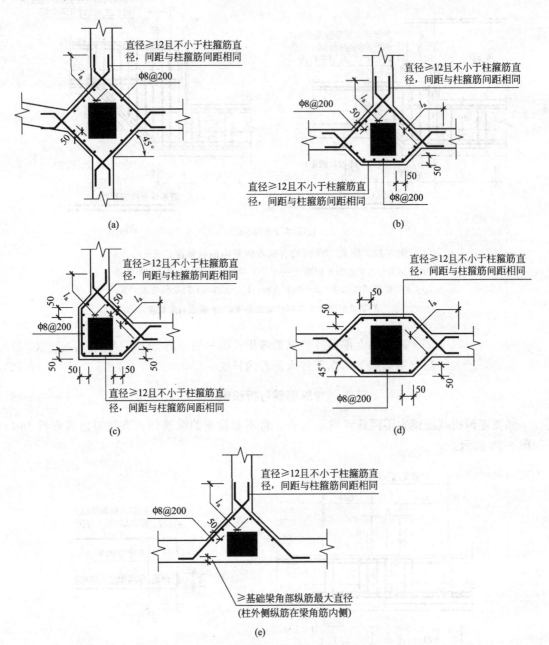

图 3-24　基础梁 JL 与柱结合部侧腋构造（单位：mm）

（a）十字交叉基础梁与柱结合部侧腋构造；（b）丁字交叉基础梁与柱结合部侧腋构造；

（c）无外伸基础梁与柱结合部侧腋构造；（d）基础梁中心穿柱侧腋构造；

（e）基础梁偏心穿柱与柱结合部侧腋构造

l_a—受拉钢筋锚固长度

$$加腋纵筋长度 = \sum 侧腋边净长 + 2l_a \tag{3-44}$$

3.2.2.10　基础梁竖向加腋钢筋计算

基础梁竖向加腋钢筋构造，如图 3-25 所示。

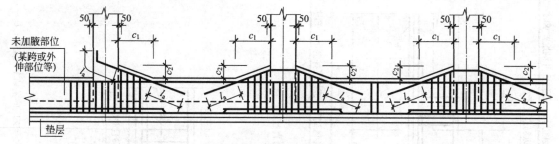

图 3-25　基础梁竖向加腋钢筋构造（单位：mm）

C_1—腋长；C_2—腋高；l_a—受拉钢筋锚固长度

加腋上部斜纵筋根数＝梁下部纵筋根数－1（且不少于两根，并插空放置）。其箍筋与梁端部箍筋相同。

$$箍筋根数 = 2 \times \frac{1.5h_b}{加密区间距} + \frac{l_n - 3h_b - 2c_1}{非加密区间距} - 1 \tag{3-45}$$

$$加腋区箍筋根数 = \frac{c_1 - 50}{箍筋加密区间距} + 1 \tag{3-46}$$

$$加腋区箍筋理论长度 = 2b + 2 \times (2h + c_2) - 8 \times c + 2 \times 11.9d + 8d \tag{3-47}$$

$$加腋区箍筋下料长度 = 2b + 2 \times (2h + c_2) - 8 \times c + 2 \times 11.9d + 8d - 3 \times 1.75d \tag{3-48}$$

$$加腋区箍筋最长预算长度 = 2 \times (b + h + c_2) - 8 \times c + 2 \times 11.9d + 8d \tag{3-49}$$

$$加腋区箍筋最长下料长度 = 2 \times (b + h + c_2) - 8 \times c + 2 \times 11.9d + 8d - 3 \times 1.75d \tag{3-50}$$

$$加腋区箍筋最短预算长度 = 2 \times (b + h) - 8 \times c + 2 \times 11.9d + 8d \tag{3-51}$$

$$加腋区箍筋最短下料长度 = 2 \times (b + h) - 8 \times c + 2 \times 11.9d + 8d - 3 \times 1.75d \tag{3-52}$$

$$加腋区箍筋总长缩尺量差 = \frac{加腋区箍筋中心线最长长度 - 加腋区箍筋中心线最短长度}{加腋区箍筋数量} - 1 \tag{3-53}$$

$$加腋区箍筋高度缩尺量差 = 0.5 \times \frac{加腋区箍筋中心线最长长度 - 加腋区箍筋中心线最短长度}{加腋区箍筋数量} - 1 \tag{3-54}$$

$$加腋纵筋长度 = \sqrt{c_1^2 + c_2^2} + 2l_a \tag{3-55}$$

3.3　筏形基础钢筋计算方法

3.3.1　基础次梁钢筋计算

3.3.1.1　基础次梁纵筋计算

基础次梁纵向钢筋与箍筋构造，见图 3-26。其端部外伸部位钢筋构造如图 3-27 所示。

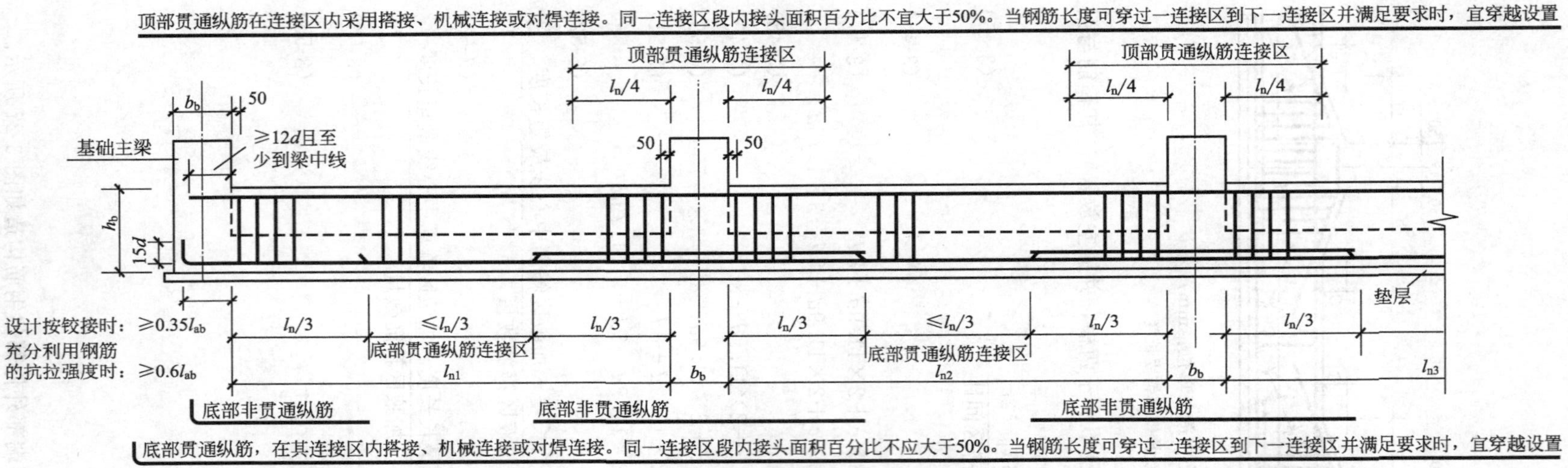

图 3-26　基础次梁纵向钢筋与箍筋构造（单位：mm）

l_n—相邻两跨跨度值的较大值；h_b—基础次梁截面高度；b_b—基础次梁支座的基础主梁宽度；d—钢筋直径；

l_{ab}—受拉钢筋基本锚固长度；l_{n1}、l_{n2}、l_{n3}—边跨的净跨长度

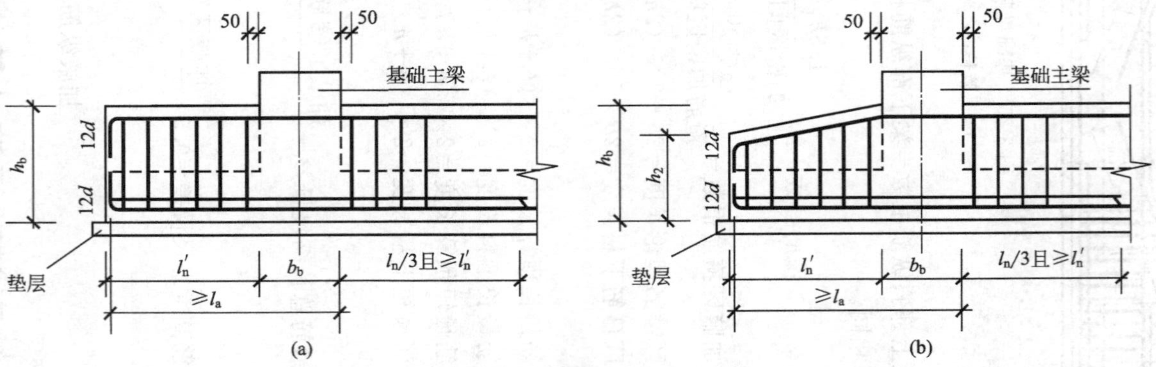

图 3-27　端部外伸部位钢筋构造（单位：mm）

（a）端部等截面外伸钢筋构造；（b）端部变截面外伸钢筋构造

l_a—受拉钢筋锚固长度；l_n—相邻两跨跨度值的较大值；l'_n—柱外侧边缘至梁外伸端的距离；d—钢筋直径；h_b—基础次梁截面高度；b_b—基础次梁支座的基础主梁宽度；h_2—尽端截面高度

（1）当基础次梁无外伸时。

$$上部贯通筋长度＝梁净跨长＋左\max(12d,0.5h_b)＋右\max(12d,0.5h_b) \tag{3-56}$$

$$下部贯通筋长度＝梁净跨长＋2×l_a \tag{3-57}$$

（2）当基础次梁外伸时。

$$上部贯通筋长度＝梁长＝2×保护层厚度＋左弯折12d＋右弯折12d \tag{3-58}$$

$$下部贯通筋长度＝梁长－2×保护层＋左弯折12d＋右弯折12d \tag{3-59}$$

3.3.1.2 基础次梁非贯通筋计算

（1）基础次梁无外伸时

$$下部端支座非贯通钢筋长度＝0.5b_b＋\max\left(\frac{l_n}{3},1.2l_a＋h_b＋0.5b_b\right)＋12d \tag{3-60}$$

$$下部中间支座非贯通钢筋长度＝\max\left(\frac{l_n}{3},\ 1.2l_a＋h_b＋0.5b_b\right)×2 \tag{3-61}$$

式中　l_n——左跨和右跨之较大值，mm；

　　　h_b——基础次梁截面高度，mm；

　　　b_b——基础主梁宽度，mm；

　　　c——基础梁保护层厚度，mm。

（2）基础次梁外伸时

$$下部端支座非贯通钢筋长度＝外伸长度l＋\max\left(\frac{l_n}{3},1.2l_a＋h_b＋0.5b_b\right)＋12d \tag{3-62}$$

$$下部端支座非贯通第二排钢筋长度＝外伸长度l＋\max\left(\frac{l_n}{3},\ 1.2l_a＋h_b＋0.5b_b\right) \tag{3-63}$$

$$下部中间支座非贯通钢筋长度＝\max\left(\frac{l_n}{3},\ 1.2l_a＋h_b＋0.5b_b\right)×2 \tag{3-64}$$

3.3.1.3 基础次梁侧面纵筋计算

$$梁侧面筋根数＝2×\left(\frac{梁高\ h－保护层厚度－筏板厚\ b}{梁侧面筋间距}－1\right) \tag{3-65}$$

$$梁侧面构造纵筋长度＝l_{n1}＋2×15d \tag{3-66}$$

3.3.1.4 基础次梁架立筋计算

由于梁下部贯通筋的根数少于箍筋的肢数时在梁的跨中$\frac{1}{3}$跨度范围内须设置架立筋用来固定箍筋，架立筋与支座负筋搭接15mm。

$$基础梁首跨架立筋长度＝l_1－\max\left(\frac{l_1}{3},1.2l_a＋h_b＋0.5b_b\right)－$$
$$\max\left(\frac{l_1}{3},\frac{l_2}{3},1.2l_a＋h_b＋0.5b_b\right)＋2×150 \tag{3-67}$$

$$基础梁中间跨架立筋长度＝l_{n2}－\max\left(\frac{l_1}{3},\frac{l_2}{3},1.2l_a＋h_b＋0.5b_b\right)－$$
$$\max\left(\frac{l_2}{3},\frac{l_3}{3},1.2l_a＋h_b＋0.5b_b\right)＋2×150 \tag{3-68}$$

式中　l_1——首跨轴线到轴线长度，mm；

　　　l_2——第二跨轴线到轴线长度，mm；

　　　l_3——第三跨轴线到轴线长度，mm；

　　　l_n——中间第 n 跨轴线到轴线长度，mm；

　　　l_{n2}——中间第 2 跨轴线到轴线长度，mm。

3.3.1.5　基础次梁拉筋计算

$$梁侧面拉筋根数＝侧面筋道数\ n×\left(\frac{l_n-50×2}{非加密区间距的\ 2\ 倍}+1\right) \tag{3-69}$$

$$梁侧面拉筋长度＝（梁宽\ b-保护层厚度\ c×2）+4d+2×11.9d \tag{3-70}$$

3.3.1.6　基础次梁箍筋计算

基础次梁 JCL 配置两种箍筋构造，见图 3-28。

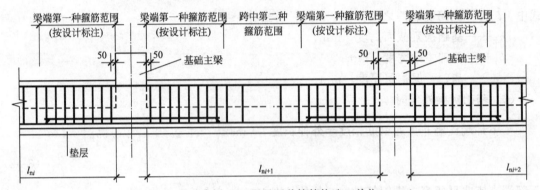

图 3-28　基础次梁 JCL 配置两种箍筋构造（单位：mm）

l_{ni}—基础次梁的本跨净跨值；l_{ni+1}、l_{ni+2}—基础次梁的本跨净跨值

$$箍筋根数＝\sum 根数\ 1+根数\ 2+$$
$$\frac{梁净长-2×50-（根数\ 1-1）×间距\ 1-（根数\ 2-1）×间距\ 2}{间距\ 3}-1 \tag{3-71}$$

当设计未注明加密箍筋范围时：

$$箍筋加密区长度\ L_1＝\max(1.5h_b,500) \tag{3-72}$$

$$箍筋根数＝2×\left(\frac{L_1-50}{加密区间距}+1\right)+\frac{l_n-2L_1}{非加密区间距}-1 \tag{3-73}$$

$$箍筋预算长度＝(b+h)×2-8×c+2×11.9d+8d \tag{3-74}$$

$$箍筋下料长度＝(b+h)×2-8×c+2×11.9d+8d-3×1.75d \tag{3-75}$$

$$内箍预算长度＝\left[\left(\frac{b-2×c-D}{n}-1\right)×j+d\right]×2+2×(h-c)+2×11.9d+8d \tag{3-76}$$

$$内箍下料长度＝\left[\left(\frac{b-2×c-D}{n}-1\right)×j+d\right]×2+2×(h-c)+2×11.9d+8d-3×1.75d \tag{3-77}$$

式中　b——梁宽度，mm；

　　　c——梁侧保护层厚度，mm；

D——梁纵筋直径，mm；

　　n——梁箍筋肢数；

　　j——内箍包含的主筋孔数；

　　d——梁箍筋直径，mm。

3.3.1.7　变截面基础次梁钢筋算法

梁变截面有几种情况：梁顶有高差；梁底有高差；梁底、梁顶均有高差。

当基础次梁下部有高差时，低跨的基础梁必须做成45°或60°梁底台阶或斜坡。

当基础次梁有高差时，不能贯通的纵筋必须相互锚固。

当基础次梁梁顶有高差时，如图 3-29 所示。

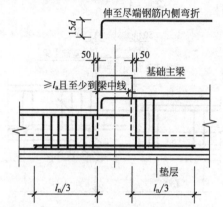

图 3-29　梁顶有高差钢筋构造（单位：mm）

d—钢筋直径；l_n—相邻两跨跨度值的较大值；l_a—受拉钢筋锚固长度

低跨梁上部纵筋伸入基础主梁内 $\max(12d，0.5h_b)$；

高跨梁上部纵筋伸入基础主梁内 $\max(12d，0.5h_b)$。

当基础次梁梁底有高差时，如图 3-30 所示。

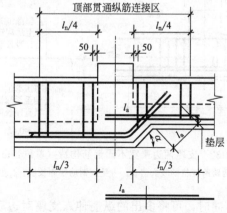

图 3-30　梁底有高差钢筋构造（单位：mm）

l_n—相邻两跨跨度值的较大值；l_a—受拉钢筋锚固长度；α—板底高差坡度

$$\text{高跨的基础梁下部纵筋伸入高跨内长度} = l_a \tag{3-78}$$

$$\text{低跨梁下部第一排纵筋斜弯折长度} = \frac{\text{高差值}}{\sin 45°(60°)} + l_a \tag{3-79}$$

当基础次梁上下均不平时，如图 3-31 所示。

低跨梁上部纵筋伸入基础主梁内 $\max(12d，0.5h_b)$；

高跨梁上部纵筋伸入基础主梁内 $\max(12d，0.5h_b)$。

$$高跨的基础梁下部纵筋伸入高跨内长度＝l_a \qquad (3-80)$$

$$低跨梁下部第一排纵筋斜弯折长度＝\frac{高差值}{\sin45°（60°）}＋l_a \qquad (3-81)$$

当支座两边基础梁宽不同或梁不对齐时，将不能拉通的纵筋伸入支座对边后弯折 $15d$，如图 3-32 所示。

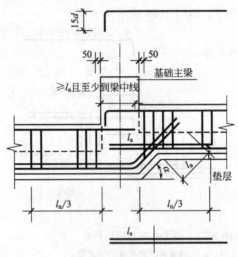

图 3-31　梁底、梁顶均有高差钢筋构造（单位：mm）

d—钢筋直径；l_n—相邻两跨跨度值的较大值；l_a—受拉钢筋锚固长度；α—板底高差坡度

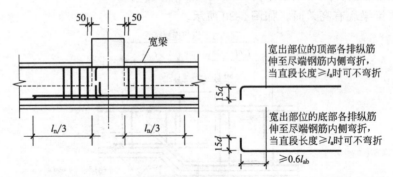

图 3-32　支座两边梁宽不同钢筋构造（单位：mm）

d—钢筋直径；l_n—相邻两跨跨度值的较大值；l_a—受拉钢筋锚固长度；l_{ab}—受拉钢筋基本锚固长度

当支座两边纵筋根数不同时，可将多出的纵筋伸入支座对边后弯折 $15d$。

3.3.2　梁板式筏形基础底板钢筋计算

3.3.2.1　端部无外伸构造

梁板式筏形基础端部无外伸构造如图 3-33 所示。

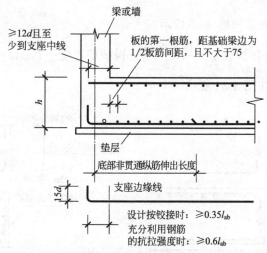

图 3-33　梁板式筏形基础端部无外伸构造（单位：mm）

h—基础平板截面高度；*d*—钢筋直径；l_{ab}—受拉钢筋基本锚固长度

$$底部贯通筋长度＝筏板长度－2×保护层厚度＋弯折长度2×15d \tag{3-82}$$

即使底部锚固区水平段长度满足不小于 $0.4l_a$ 时，底部纵筋也必须伸至基础梁箍筋内侧。

$$上部贯通筋长度＝筏板净跨长＋\max(12d,0.5h_c) \tag{3-83}$$

3.3.2.2　端部有外伸构造

端部外伸部位钢筋构造如图 3-34 所示。

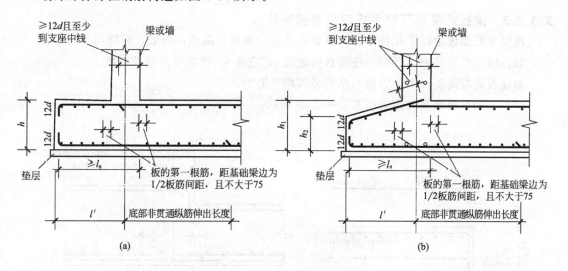

图 3-34　端部外伸部位钢筋构造（单位：mm）

（a）端部等截面外伸钢筋构造；（b）端部变截面外伸钢筋构造

d—钢筋直径；l_a—受拉钢筋锚固长度；l'—筏板底部非贯通纵筋伸出长度；

h—基础平板截面高度；h_1—根部截面高度；h_2—尽端截面高度

$$底部贯通筋长度＝筏板长度－2×保护层厚度＋弯折长度 \tag{3-84}$$

$$上部贯通筋长度＝筏板长度－2×保护层厚度＋弯折长度 \tag{3-85}$$

弯折长度算法如下。

（1）弯钩交错封边构造如图 3-35 所示。

$$弯折长度 = \frac{筏板高度}{2} - 保护层厚度 + 75mm \qquad (3-86)$$

（2）U 形封边构造如图 3-36 所示。

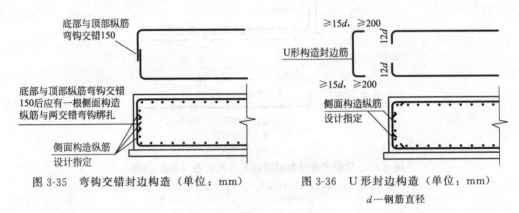

图 3-35　弯钩交错封边构造（单位：mm）　　　图 3-36　U 形封边构造（单位：mm）

d—钢筋直径

$$弯折长度 = 12d$$
$$U 形封边长度 = 筏板高度 - 2 \times 保护层厚度 + 2 \times 12d \qquad (3-87)$$

（3）无封边构造如图 3-37 所示。

$$弯折长度 = 12d$$
$$中层钢筋网片长度 = 筏板长度 - 2 \times 保护层厚度 + 2 \times 12d \qquad (3-88)$$

3.3.2.3　梁板式筏形基础平板变截面钢筋计算

筏板变截面包括以下几种情况：板底有高差；板顶有高差；板底、板顶均有高差。

如筏板下部有高差，低跨的筏板必须做成 45° 或者 60° 梁底台阶或者斜坡。

如筏板梁有高差，不能贯通的纵筋必须相互锚固。

（1）基础筏板板顶有高差构造如图 3-38 所示。

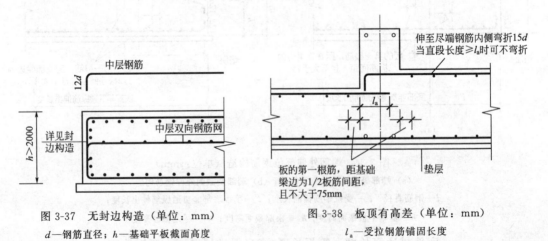

图 3-37　无封边构造（单位：mm）　　　　图 3-38　板顶有高差（单位：mm）

d—钢筋直径；h—基础平板截面高度　　　l_a—受拉钢筋锚固长度

$$低跨筏板上部纵筋伸入基础梁内长度 = \max(12d, 0.5h_b) \qquad (3-89)$$

$$高跨筏板上部纵筋伸入基础梁内长度 = \max(12d, 0.5h_b) \qquad (3-90)$$

式中　　h_b——梁的截面高度。

（2）板底有高差构造如图 3-39 所示。

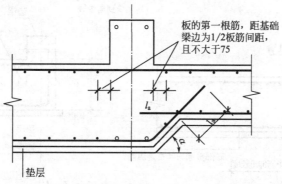

板的第一根筋，距基础梁边为1/2板筋间距，且不大于75

l_a

α

垫层

图 3-39　板底有高差（单位：mm）

l_a—受拉钢筋锚固长度；α—板底高差坡度

$$高跨基础筏板下部纵筋伸入高跨内长度 = l_a$$

$$低跨基础筏板下部纵筋斜弯折长度 = \frac{高差值}{\sin 45° (60°)} + l_a \qquad (3-91)$$

（3）板顶、板底均有高差构造如图 3-40 所示。

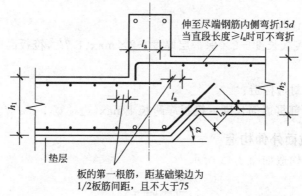

伸至尽端钢筋内侧弯折15d
当直段长度≥l_a时可不弯折

l_a

h_1　h_2

l_a

α　l_a

垫层

板的第一根筋，距基础梁边为
1/2板筋间距，且不大于75

图 3-40　板顶、板底均有高差（单位：mm）

l_a—受拉钢筋锚固长度；h_1—根部截面高度；h_2—尽端截面高度；α—板底高差坡度

低跨基础筏板上部纵筋伸入基础主梁内的长度 $= \max(12d, 0.5h_b)$。

高跨基础筏板上部纵筋伸入基础主梁内的长度 $= \max(12d, 0.5h_b)$。

高跨的基础筏板下部纵筋伸入高跨内长度 $= l_a$

$$低跨的基础筏板下部纵筋斜弯折长度 = \frac{高差值}{\sin 45° (60°)} + l_a \qquad (3-92)$$

3.3.3　平板式筏形基础底板钢筋计算

平板式筏形基础相当于无梁板，是无梁基础底板。

3.3.3.1 端部无外伸构造

端部无外伸构造如图 3-41 所示。

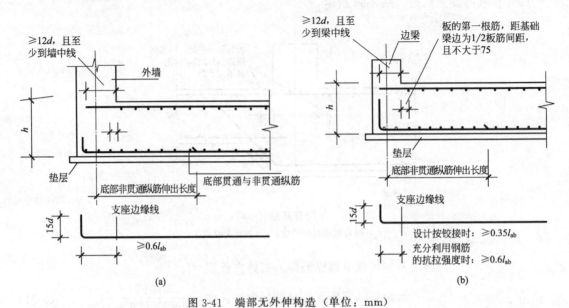

图 3-41 端部无外伸构造（单位：mm）

(a) 端部无外伸（一）；(b) 端部无外伸（二）

d—钢筋直径；h—沿基础梁跨度方向的柱截面高度；l_{ab}—受拉钢筋基本锚固长度

板边缘遇墙身或柱时：

$$底部贯通筋长度＝筏板长度－2×保护层厚度＋2×\max(1.7l_a，筏板高度\,h－保护层厚度)$$

$$(3-93)$$

其他部位按侧面封边构造：

$$上部贯通筋长度＝筏板净跨长＋\max(边柱宽＋15d，l_a)$$

$$(3-94)$$

3.3.3.2 端部等截面外伸构造

端部等截面外伸构造如图 3-42 所示。

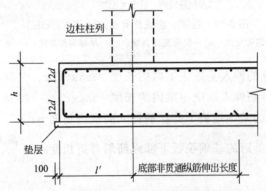

图 3-42 端部等截面外伸构造（单位：mm）

l'—筏板底部非贯通纵筋伸出长度；d—钢筋直径；h—沿基础梁跨度方向的柱截面高度

$$底部贯通筋长度＝筏板长度－2×保护层厚度＋弯折长度$$

$$(3-95)$$

$$上部贯通筋长度＝筏板长度－2×保护层厚度＋弯折长度 \qquad (3\text{-}96)$$

弯折长度算法：

第一种弯钩交错封边时：

$$弯折长度＝\frac{筏板高度}{2}－保护层厚度＋75\text{mm} \qquad (3\text{-}97)$$

第二种 U 形封边构造时：

$$弯折长度＝12d$$

$$U 形封边长度＝筏板高度－2×保护层厚度＋12d＋12d \qquad (3\text{-}98)$$

第三种无封边构造时：

$$弯折长度＝12d$$

$$中层钢筋网片长度＝筏板长度－2×保护层厚度＋2×12d \qquad (3\text{-}99)$$

3.3.3.3　平板式筏形基础变截面钢筋计算

平板式筏板变截面有几种情况：板顶有高差；板底有高差；板顶、板底均有高差。

当平板式筏形基础下部有高差时，低跨的基础梁必须做成 45°或 60°梁底台阶或斜坡。

当平板式筏形基础有高差时，不能贯通的纵筋必须相互锚固。

(1) 当筏板顶有高差时（图 3-43），低跨的筏板上部纵筋伸入高跨内一个 l_a。

$$高跨筏板上部第一排纵筋弯折长度＝高差值＋l_a \qquad (3\text{-}100)$$

(2) 当筏板底有高差时（图 3-44）：

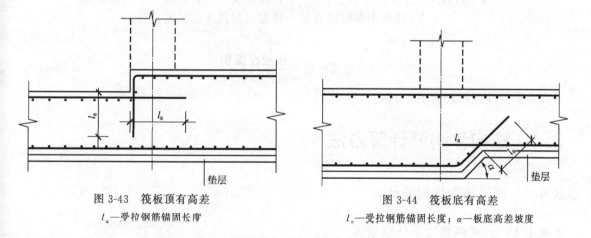

图 3-43　筏板顶有高差　　　　　　　　　图 3-44　筏板底有高差
l_a—受拉钢筋锚固长度　　　　　　　l_a—受拉钢筋锚固长度；α—板底高差坡度

$$高跨的筏板下部纵筋伸入高跨内长度＝l_a$$

$$低跨的筏板下部第一排纵筋斜弯折长度＝\frac{高差值}{\sin45°\,(60°)}＋l_a \qquad (3\text{-}101)$$

(3) 当基础筏板顶、板底均有高差时（图 3-45），低跨的筏板上部纵筋伸入高跨内一个 l_a。

$$高跨筏板上部第一排纵筋弯折长度＝高差值＋l_a \qquad (3\text{-}102)$$

$$高跨的筏板下部纵筋伸入高跨内长度＝l_a$$

$$低跨的筏板下部第一排纵筋斜弯折长度＝\frac{高差值}{\sin45°\,(60°)}＋l_a \qquad (3\text{-}103)$$

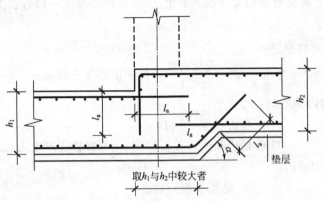

图 3-45 筏板顶、板底均有高差

l_a—受拉钢筋锚固长度；h_1—根部截面高度；h_2—尽端截面高度；α—板底高差坡度

3.3.3.4 筏形基础拉筋算法

$$拉筋长度＝筏板高度－上下保护层＋2\times 11.9d＋2d \tag{3-104}$$

$$拉筋根数＝\frac{筏板净面积}{拉筋\ X\ 方向间距\times 拉筋\ Y\ 方向间距} \tag{3-105}$$

3.3.3.5 筏形基础马凳筋算法

$$马凳筋长度＝上平直段长＋2\times 下平直段长度＋筏板高度－上下保护层－$$
$$\Sigma(筏板上部纵筋直径＋筏板底部最下层纵筋直径)$$

$$\tag{3-106}$$

$$马凳筋根数＝\frac{筏板净面积}{间距\times 间距} \tag{3-107}$$

马凳筋间距一般为 1000mm。

3.4 柱构件钢筋计算方法

3.4.1 柱纵筋变化钢筋计算

3.4.1.1 上柱钢筋比下柱钢筋多

上柱钢筋比下柱钢筋多见图 3-46。

多出的钢筋需要插筋，其他钢筋同是中间层。

$$短插筋长度＝\max(H_n/6,500,h_c)＋l_{lE}＋1.2l_{aE} \tag{3-108}$$

$$长插筋长度＝\max(H_n/6,\ 500,\ h_c)＋2.3l_{lE}＋1.2l_{aE} \tag{3-109}$$

3.4.1.2 下柱钢筋比上柱多

下柱钢筋比上柱多见图 3-47。

下柱多出的钢筋在上层锚固，其他钢筋同是中间层。

$$短插筋长度＝下层层高－\max(H_n/6,500,h_c)－梁高＋1.2l_{aE} \tag{3-110}$$

$$长插筋长度＝下层层高－\max(H_n/6,\ 500,\ h_c)－1.3l_{lE}－梁高＋1.2l_{aE}$$

$$\tag{3-111}$$

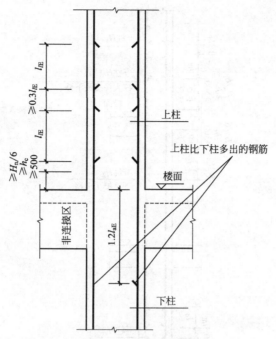

图 3-46　上柱钢筋比下柱钢筋多（绑扎搭接）（单位：mm）

H_n—所在楼层的柱净高；h_c—柱截面长边尺寸；l_{lE}—纵向受拉钢筋抗震搭接长度；l_{aE}—受拉钢筋抗震锚固长度

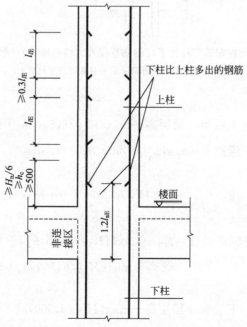

图 3-47　下柱钢筋比上柱钢筋多（绑扎搭接）（单位：mm）

H_n—所在楼层的柱净高；h_c—柱截面长边尺寸；l_{lE}—纵向受拉钢筋抗震搭接长度；l_{aE}—受拉钢筋抗震锚固长度

3.4.1.3　上柱钢筋直径比下柱钢筋直径大

上柱钢筋直径比下柱钢筋直径大见图 3-48。

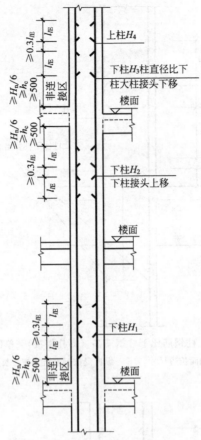

图 3-48　上柱钢筋直径比下柱钢筋直径大（绑扎搭接）（单位：mm）

H_1、H_2、H_3、H_4、H_n—下角数字所在楼层的柱净高；h_c—柱截面长边尺寸；l_{lE}—纵向受拉钢筋抗震搭接长度

（1）绑扎搭接

下柱纵筋长度＝下层第一层层高－$\max(H_{n^1}/6,500,h_c)$＋下柱第二层层高－

梁高－$\max(H_{n^2}/6,500,h_c)$－$1.3l_{lE}$

$$(3\text{-}112)$$

上柱纵筋插筋长度＝$2.3l_{lE}$＋$\max(H_{n^2}/6,500,h_c)$＋$\max(H_{n^3}/6,500,h_c)$＋l_{lE}

$$(3\text{-}113)$$

上层柱纵筋长度＝l_{lE}＋$\max(H_{n^4}/6,500,h_c)$＋本层层高＋

梁高＋$\max(H_{n^2}/6,500,h_c)$＋$2.3l_{lE}$

$$(3\text{-}114)$$

（2）机械连接

下柱纵筋长度＝下层第一层层高－$\max(H_{n^1}/6,500,h_c)$＋下柱第二层层高－

梁高－$\max(H_{n^2}/6,500,h_c)$

$$(3\text{-}115)$$

上柱纵筋插筋长度＝$\max(H_{n^2}/6,500,h_c)$＋$\max(H_{n^3}/6,500,h_c)$＋500

$$(3\text{-}116)$$

上柱纵筋长度＝$\max(H_{n^4}/6,500,h_c)$＋500＋本层层高＋梁高＋$\max(H_{n^2}/6,500,h_c)$

$$(3\text{-}117)$$

（3）焊接连接

$$下柱纵筋长度＝下层第一层层高－\max(H_{n1}/6,500,h_c)＋下柱第二层层高－$$

$$梁高－\max(H_{n2}/6,500,h_c)$$

$$（3\text{-}118）$$

$$上柱纵筋插筋长度＝\max(H_{n2}/6,500,h_c)＋\max(H_{n3}/6,500,h_c)＋\max(35d,500)$$

$$（3\text{-}119）$$

$$上柱纵筋长度＝\max(H_{n4}/6,500,h_c)＋\max(35d,500)＋本层层高＋梁高＋$$

$$\max(H_{n2}/6,500,h_c)$$

$$（3\text{-}120）$$

3.4.2　柱箍筋计算

柱箍筋计算包括柱箍筋长度计算及柱箍筋根数计算两大部分内容，框架柱箍筋布置要求主要应考虑以下几个方面。

（1）沿复合箍筋周边，箍筋局部重叠不宜多于两层，并且，尽量不在两层位置的中部设置纵筋。

（2）柱箍筋的弯钩角度为 $135°$，弯钩平直段长度为 $\max(10d，75mm)$。

（3）为使箍筋强度均衡，当拉筋设置在旁边时，可沿竖向将相邻两道箍筋按其各自平面位置交错放置。

（4）柱纵向钢筋布置尽量设置在箍筋的转角位置，两个转角位置中部最多只能设置一根纵筋。

箍筋常用的复合方式为 $m×n$ 肢箍形式，由外封闭箍筋、小封闭箍筋和单肢箍形式组成，箍筋长度计算即为复合箍筋总长度的计算，其各自的计算方法为如下所述。

3.4.2.1　单肢箍

$m×n$ 箍筋复合方式，当肢数为单数时由若干双肢箍和一根单肢箍形式组合而成，该单肢箍的构造要求为：同时勾住纵筋与外封闭箍筋。

单肢箍（拉筋）长度计算方法为：

$$长度＝截面尺寸 b 或 h－柱保护层厚度 c×2＋2d_{箍筋}＋2d_{拉筋}＋2l_w \quad（3\text{-}121）$$

3.4.2.2　双肢箍

外封闭箍筋（大双肢箍）长度计算方法为：

$$长度＝(b－2×柱保护层厚度 c)×2＋(h－2×柱保护层 c)×2＋2l_w \quad（3\text{-}122）$$

3.4.2.3　小封闭箍筋（小双肢箍）

纵筋根数决定了箍筋的肢数，纵筋在复合箍筋框内按均匀、对称原则布置，计算小箍筋长度时应考虑纵筋的排布关系进行计算：最多每隔一根纵筋应有一根箍筋或拉筋进行拉结；箍筋的重叠不应多于两层；按柱纵筋等间距分布排列设置箍筋，如图 3-49 所示。

小封闭箍筋（小双肢箍）长度计算方法为：

$$长度＝\left(\frac{b－2×柱保护层厚度 c－d_{纵筋}}{纵筋根数－1}×间距个数＋d_{纵筋}＋2d_{小箍筋}\right)× \quad（3\text{-}123）$$

$$2＋(h－2×柱保护层厚度 c)×2＋2l_w$$

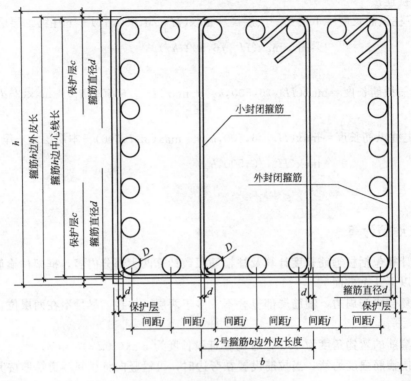

图 3-49 柱箍筋图计算示意

3.4.2.4 箍筋弯钩长度的取值

钢筋弯折后的具体长度与原始长度不等，原因是弯折过程有钢筋损耗。计算中，箍筋长度计算是按箍筋外皮计算，则箍筋弯折 90°位置的度量长度差值不计，箍筋弯折 135°弯钩的量度差值为 $1.9d$。因此，箍筋的弯钩长度统一取值为 $l_w = \max(11.9d, 75 + 1.9d)$。

3.4.2.5 柱箍筋根数计算

柱箍筋在楼层中，按加密与非加密区分布。其计算方法如下所述。

（1）基础插筋在基础中箍筋

$$根数 = \frac{插筋竖直锚固长度 - 基础保护层厚度}{500} + 1 \qquad (3-124)$$

由式（3-124）可知：

① 插筋竖直锚固长度取值。插筋竖直长度同柱插筋长度计算公式的分析相同，要考虑基础的高度，插筋的最小锚固长度等因素。

当基础高度<2000mm 时，插筋竖直长度 h_1＝基础高度－基础保护层厚度；

当基础高度≥2000mm 时，插筋竖直长度 h_1＝0.5×基础高度。

② 箍筋间距。基础插筋在基础内的箍筋设置要求为：间距≤500mm，且不少于两道外封闭箍筋。

③ 箍筋根数。按文中给的公式计算出的每部分数值应取不小于计算结果的整数且不小于 2。

（2）基础相邻层或一层箍筋

$$根数=\frac{\dfrac{H_n}{3}-50}{加密间距}+\frac{\max\left(\dfrac{H_n}{6},500,h_c\right)}{加密间距}+\frac{节点梁高}{加密间距}+$$

$$\left(\frac{非加密区长度}{非加密间距}\right)+\left[\frac{2.3l_{lE}}{\min(100,5d)}\right]+1 \tag{3-125}$$

式中，H_n 为所在楼层的柱净高；h_c 为柱截面长边尺寸；l_{lE} 为纵向受拉钢筋抗震搭接长度；d 为钢筋直径。

由式(3-125) 可知：

① 箍筋加密区范围。箍筋加密区范围有基础相邻层或首层部位 $H_n/3$ 范围，楼板下 $\max(H_n/6,500mm,h_c)$ 范围，梁高范围。

② 箍筋非加密区长度＝层高－加密区总长度。

③ 搭接长度。若钢筋的连接方式为绑扎连接，搭接接头百分率为 50% 时，则搭接连接范围 $2.3l_{lE}$ 内，箍筋需加密，加密间距为 $\min(5d,100mm)$。

④ 框架柱需全高加密情况。以下情况应进行框架柱全高范围内箍筋加密：按非加密区长度计算公式所得结果小于 0 时，该楼层内框架柱全高加密，一、二级抗震等级框架角柱的全高范围及其他设计要求的全高加密的柱。

另外，当柱钢筋考虑搭接接头错开间距以及绑扎连接时绑扎连接范围内箍筋应按构造要求加密的因素后，若计算出的非加密区长度不大于 0 时，应为柱全高加密。

柱全高加密箍筋的根数计算方法如下。

机械连接：

$$根数=\frac{层高-50}{加密间距}+1 \tag{3-126}$$

绑扎连接：

$$根数=\frac{层高-2.3l_{lE}-50}{加密间距}+\frac{2.3l_{lE}}{\min(100,5d)}+1 \tag{3-127}$$

⑤ 箍筋根数值。按公式计算出的每部分数值应取不小于计算结果的整数，再求和。

⑥ 拉筋根数值。框架柱中的拉筋（单肢箍）通常与封闭箍筋共同组成复合箍筋形式，其根数与封闭箍筋根数相同。

⑦ 刚性地面箍筋根数。当框架柱底部存在刚性地面时，需计算刚性地面位置箍筋根数，计算方法为：

$$根数=\frac{刚性地面厚度+1000}{加密间距}+1 \tag{3-128}$$

⑧ 刚性地面与首层箍筋加密区相对位置关系。刚性地面设置位置一般在首层地面位置，而首层箍筋加密区间通常是从基础梁顶面（无地下室时）或地下室板顶（有地下室时）算起，因此，刚性地面和首层箍筋加密区间的相对位置有三种形式：

a.刚性地面在首层非连接区以外时，两部分箍筋根数分别计算即可；

b.当刚性地面与首层非连接区全部重合时，按非连接区箍筋加密计算（通常非连接区范围大于刚性地面范围）；

c.当刚性地面和首层非连接区部分重合时，根据两部分重合的数值，分别确定重合部分和非重合部分的箍筋根数。

（3）中间层及顶层箍筋

$$根数 = \frac{\max\left(\dfrac{H_n}{6}, 500, h_c\right) - 50}{\text{加密间距}} + \frac{\max\left(\dfrac{H_n}{6}, 500, h_c\right)}{\text{加密间距}} + \frac{\text{节点梁高} - c}{\text{加密间距}} + \qquad (3\text{-}129)$$

$$\left(\frac{\text{非加密区长度}}{\text{非加密间距}}\right) + \left[\frac{2.3 l_{lE}}{\min(100, 5d)}\right] + 1$$

3.4.3 梁上柱插筋计算

梁上柱插筋可分为三种构造形式：绑扎搭接、机械连接、焊接连接，如图 3-50 所示。

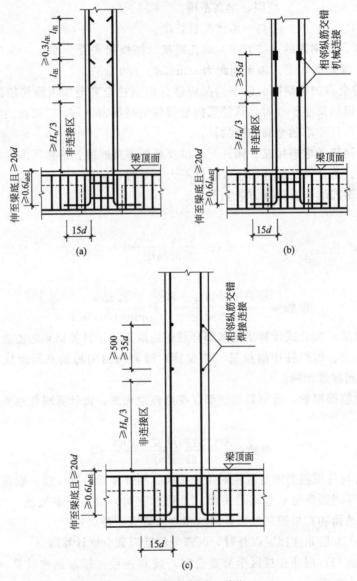

图 3-50 梁上柱插筋构造（单位：mm）

(a) 绑扎搭接；(b) 机械连接；(c) 焊接连接

H_n—所在楼层的柱净高；l_{abE}—抗震设计时受拉钢筋基本锚固长度；l_{lE}—纵向受拉钢筋抗震搭接长度；d—钢筋直径

（1）绑扎搭接

$$梁上柱长插筋长度＝梁高度－梁保护层厚度－\sum[梁底部钢筋直径＋\max(25,d)]＋$$
$$15d＋\max(H_n/6,500,h_c)＋2.3l_{lE}$$

$$(3-130)$$

$$梁上柱短插筋长度＝梁高度－梁保护层厚度－\sum[梁底部钢筋直径＋\max(25,d)]＋$$
$$15d＋\max(H_n/6,500,h_c)＋l_{lE}$$

$$(3-131)$$

（2）机械连接

$$梁上柱长插筋长度＝梁高度－梁保护层厚度－\sum[梁底部钢筋直径＋\max(25,d)]＋$$
$$15d＋\max(H_n/6,500,h_c)＋35d$$

$$(3-132)$$

$$梁上柱短插筋长度＝梁高度－梁保护层厚度－\sum[梁底部钢筋直径＋\max(25,d)]＋$$
$$15d＋\max(H_n/6,500,h_c)$$

$$(3-133)$$

（3）焊接连接。

$$梁上柱长插筋长度＝梁高度－梁保护层厚度－\sum[梁底部钢筋直径＋\max(25,d)]＋$$
$$15d＋\max(H_n/6,500,h_c)＋\max(35d,500)$$

$$(3-134)$$

$$梁上柱短插筋长度＝梁高度－梁保护层厚度－\sum[梁底部钢筋直径＋\max(25,d)]＋$$
$$15d＋\max(H_n/6,500,h_c)$$

$$(3-135)$$

3.4.4　墙上柱插筋计算

墙上柱插筋可分为三种构造形式：绑扎搭接、机械连接、焊接连接，如图 3-51 所示。

（1）绑扎搭接

$$墙上柱长插筋长度＝1.2l_{aE}＋\max(H_n/6,500,h_c)＋2.3l_{lE}＋$$
$$弯折(h_c/2－保护层厚度＋2.5d) \qquad (3-136)$$
$$墙上柱短插筋长度＝1.2l_{aE}＋\max(H_n/6,500,h_c)＋2.3l_{lE}＋$$
$$弯折(h_c/2－保护层厚度＋2.5d) \qquad (3-137)$$

（2）机械连接

$$墙上柱长插筋长度＝1.2l_{aE}＋\max(H_n/6,500,h_c)＋35d＋$$
$$弯折(h_c/2－保护层厚度＋2.5d) \qquad (3-138)$$
$$墙上柱短插筋长度＝1.2l_{aE}＋\max(H_n/6,500,h_c)＋弯折(h_c/2－保护层厚度＋2.5d)$$

$$(3-139)$$

（3）焊接连接

$$墙上柱长插筋长度＝1.2l_{aE}＋\max(H_n/6,500,h_c)＋\max(35d,500)＋$$
$$弯折(h_c/2－保护层厚度＋2.5d) \qquad (3-140)$$

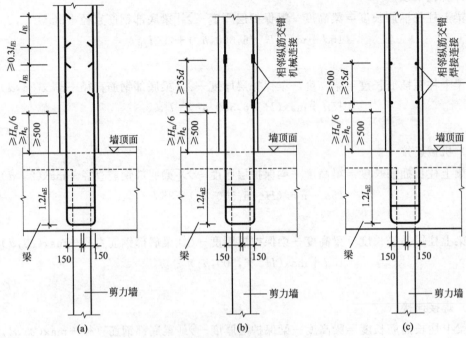

图 3-51 墙上柱插筋构造（单位：mm）

（a）绑扎搭接；（b）机械连接；（c）焊接连接

H_n—所在楼层的柱净高；h_c—柱截面长边尺寸；l_{lE}—纵向受拉钢筋抗震搭接长度；

d—钢筋直径；l_{aE}—受拉钢筋抗震锚固长度

$$墙上柱短插筋长度 = 1.2l_{aE} + \max(H_n/6, 500, h_c) + 弯折(h_c/2 - 保护层厚度 + 2.5d)$$

$$(3-141)$$

3.4.5 顶层中柱钢筋计算

3.4.5.1 顶层弯锚

（1）绑扎搭接（图 3-52）

$$顶层中柱长筋长度 = 顶层高度 - 保护层厚度 - \max(2H_n/6, 500, h_c) + 12d$$

$$(3-142)$$

$$顶层中柱短筋长度 = 顶层高度 - 保护层厚度 - \max(2H_n/6, 500, h_c) - 1.3l_{lE} + 12d$$

$$(3-143)$$

（2）机械连接（图 3-53）

$$顶层中柱长筋长度 = 顶层高度 - 保护层厚度 - \max(2H_n/6, 500, h_c) + 12d \quad (3-144)$$

$$顶层中柱短筋长度 = 顶层高度 - 保护层厚度 - \max(2H_n/6, 500, h_c) - 500 + 12d$$

$$(3-145)$$

（3）焊接连接（图 3-54）

$$顶层中柱长筋长度 = 顶层高度 - 保护层厚度 - \max(2H_n/6, 500, h_c) + 12d \quad (3-146)$$

$$顶层中柱短筋长度 = 顶层高度 - 保护层厚度 - \max(2H_n/6, 500, h_c) - \max(35d, 500) + 12d$$

$$(3-147)$$

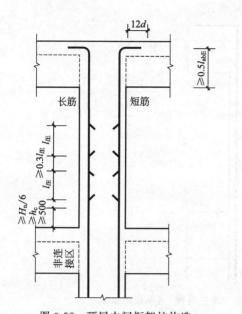

图 3-52 顶层中间框架柱构造

（绑扎搭接）（单位：mm）

H_n—所在楼层的柱净高；h_c—柱截面长边尺寸；

l_{lE}—纵向受拉钢筋抗震搭接长度；d—钢筋

直径；l_{abE}—抗震设计时受拉钢筋基本锚固长度

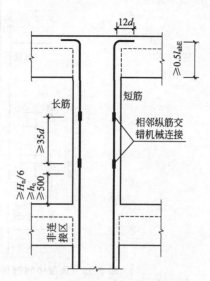

图 3-53 顶层中间框架柱构造

（机械连接）（单位：mm）

H_n—所在楼层的柱净高；h_c—柱截面长边尺寸；

d—钢筋直径；l_{abE}—抗震设计时受拉

钢筋基本锚固长度

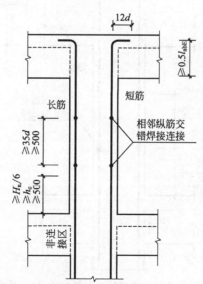

图 3-54 顶层中间框架柱构造（焊接连接）（单位：mm）

H_n—所在楼层的柱净高；h_c—柱截面长边尺寸；d—钢筋直径；l_{abE}—抗震设计时受拉钢筋基本锚固长度

3.4.5.2 顶层直锚

（1）绑扎搭接（图 3-55）

$$顶层中柱长筋长度＝顶层高度－保护层厚度－\max(2H_n/6,500,h_c) \qquad (3\text{-}148)$$

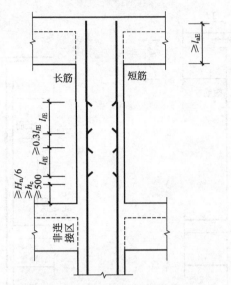

图 3-55　顶层中间框架柱构造（绑扎搭接）（单位：mm）

H_n—所在楼层的柱净高；h_c—柱截面长边尺寸；l_{lE}—纵向受拉钢筋抗震搭接长度；l_{aE}—受拉钢筋抗震锚固长度

$$顶层中柱短筋长度＝顶层高度－保护层厚度－\max(2H_n/6,500,h_c)－1.3l_{lE}$$

$$(3\text{-}149)$$

（2）机械连接（图 3-56）

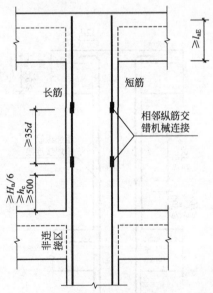

图 3-56　顶层中间框架柱构造（机械连接）（单位：mm）

H_n—所在楼层的柱净高；h_c—柱截面长边尺寸；d—钢筋直径；l_{aE}—受拉钢筋抗震锚固长度

$$顶层中柱长筋长度＝顶层高度－保护层厚度－\max(2H_n/6,500,h_c) \quad (3\text{-}150)$$

$$顶层中柱短筋长度＝顶层高度－保护层厚度－\max(2H_n/6,500,h_c)－500$$

$$(3\text{-}151)$$

（3）焊接连接（图 3-57）

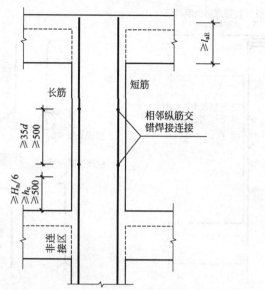

图 3-57　顶层中间框架柱构造（焊接连接）（单位：mm）

H_n—所在楼层的柱净高；h_c—柱截面长边尺寸；d—钢筋直径；l_{aE}—受拉钢筋抗震锚固长度

$$顶层中柱长筋长度＝顶层高度－保护层厚度－\max(2H_n/6,500,h_c) \qquad (3\text{-}152)$$
$$顶层中柱短筋长度＝顶层高度－保护层厚度－\max(2H_n/6,500,h_c)－\max(35d,500)$$
$$(3\text{-}153)$$

3.4.6　顶层边角柱纵筋计算

以顶层边角柱中节点 D 构造为例，讲解顶层边柱纵筋计算方法。

3.4.6.1　绑扎搭接

当采用绑扎搭接接头时，顶层边角柱节点 D 构造如图 3-58 所示。计算简图如图 3-59 所示。

（1）①号钢筋（柱内侧纵筋）——直锚长度 $< l_{aE}$

长筋长度：

$$l＝H_n－梁保护层厚度－\max(H_n/6,h_c,500)＋12d \qquad (3\text{-}154)$$

短筋长度：

$$l＝H_n－梁保护层厚度－\max(H_n/6,h_c,500)－1.3l_{lE}＋12d \qquad (3\text{-}155)$$

（2）②号钢筋（柱内侧纵筋）——直锚长度 $\geqslant l_{aE}$

长筋长度：

$$l＝H_n－梁保护层厚度－\max(H_n/6,h_c,500) \qquad (3\text{-}156)$$

短筋长度：

$$l＝H_n－梁保护层厚度－\max(H_n/6,h_c,500)－1.3l_{lE} \qquad (3\text{-}157)$$

（3）③号钢筋（柱顶第一层钢筋）

长筋长度：

$$l＝H_n－梁保护层厚度－\max(H_n/6,h_c,500)＋柱宽－2×柱保护层厚度＋8d$$
$$(3\text{-}158)$$

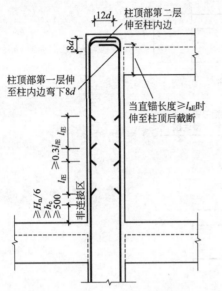

图 3-58 顶层边角柱节点 D 构造

（绑扎搭接）（单位：mm）

H_n—所在楼层的柱净高；h_{aE}—柱截面长边尺寸；

l_{lE}—纵向受拉钢筋抗震搭接长度；

d—钢筋直径；l_a—受拉钢筋锚固长度

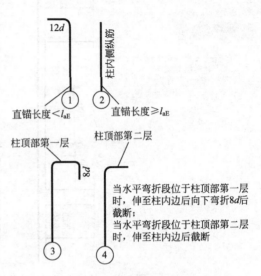

图 3-59 计算简图

l_{aE}—受拉钢筋抗震锚固长度；

d—钢筋直径

短筋长度：

$$l = H_n - 梁保护层厚度 - \max(H_n/6, h_c, 500) - 1.3 l_{lE} + 柱宽 - 2 \times 柱保护层厚度 + 8d$$

(3-159)

（4）④号钢筋（柱顶第二层钢筋）

长筋长度：

$$l = H_n - 梁保护层厚度 - \max(H_n/6, h_c, 500) + 柱宽 - 2 \times 柱保护层厚度 \qquad (3\text{-}160)$$

短筋长度：

$$l = H_n - 梁保护层厚度 - \max(H_n/6, h_c, 500) - 1.3 l_{lE} + 柱宽 - 2 \times 柱保护层厚度$$

(3-161)

3.4.6.2 焊接或机械连接

当采用焊接或机械连接接头时，顶层边角柱节点 D 构造如图 3-60 所示，计算简图如图 3-61 所示。

（1）①号钢筋（柱内侧纵筋）——直锚长度＜l_{aE}

长筋长度：

$$l = H_n - 梁保护层厚度 - \max(H_n/6, h_c, 500) + 12d \qquad (3\text{-}162)$$

短筋长度：

$$l = H_n - 梁保护层厚度 - \max(H_n/6, h_c, 500) - \max(35d, 500) + 12d \qquad (3\text{-}163)$$

（2）②号钢筋（柱内侧纵筋）——直锚长度≥l_{aE}

长筋长度：

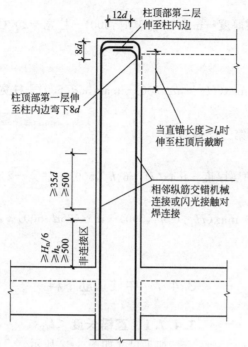

图 3-60 顶层边角柱节点 D 构造（焊接或机械连接）（单位：mm）

H_n—所在楼层的柱净高；h_c—柱截面长边尺寸；d—钢筋直径；l_{aE}—受拉钢筋锚固长度

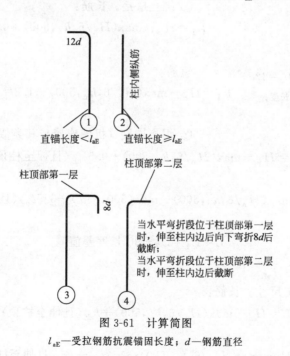

图 3-61 计算简图

l_{aE}—受拉钢筋抗震锚固长度；d—钢筋直径

$$l = H_n - 梁保护层厚度 - \max(H_n/6, h_c, 500) \tag{3-164}$$

短筋长度：

$$l = H_n - 梁保护层厚度 - \max(H_n/6, h_c, 500) - \max(35d, 500) \tag{3-165}$$

（3）③号钢筋（柱顶第一层钢筋）

长筋长度：

$$l = H_n - \text{梁保护层厚度} - \max(H_n/6, h_c, 500) + \text{柱宽} - 2 \times \text{柱保护层厚度} + 8d$$

(3-166)

短筋长度：

$$l = H_n - \text{梁保护层厚度} - \max(H_n/6, h_c, 500) - \max(35d, 500) + \text{柱宽} - 2 \times \text{柱保护层厚度} + 8d$$

(3-167)

（4）④号钢筋（柱顶第二层钢筋）

长筋长度：

$$l = H_n - \text{梁保护层厚度} - \max(H_n/6, h_c, 500) + \text{柱宽} - 2 \times \text{柱保护层厚度}$$ (3-168)

短筋长度：

$$l = H_n - \text{梁保护层厚度} - \max(H_n/6, h_c, 500) - \max(35d, 500) + \text{柱宽} - 2 \times \text{柱保护层厚度}$$

(3-169)

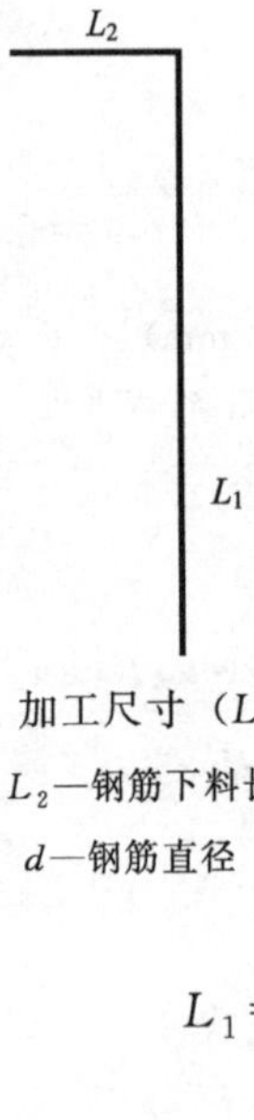

图 3-62　加工尺寸（$L_2 = 12d$）

L_1、L_2—钢筋下料长度；

d—钢筋直径

3.4.7　中柱顶筋下料

3.4.7.1　直锚长度 $< l_{aE}$

加工尺寸如图 3-62 所示。

（1）加工尺寸

① 绑扎搭接。长筋：

$$L_1 = H_n - \max(H_n/6, h_c, 500) + 0.5l_{aE}（且伸至柱顶）$$

(3-170)

短筋：

$$L_1 = H_n - \max(H_n/6, h_c, 500) - 1.3l_{lE} + 0.5l_{aE}（且伸至柱顶）$$

(3-171)

② 焊接连接（机械连接与其类似）。长筋：

$$L_1 = H_n - \max(H_n/6, h_c, 500) + 0.5l_{aE}（且伸至柱顶）$$ (3-172)

短筋：

$$L_1 = H_n - \max(H_n/6, h_c, 500) - \max(500, 35d) + 0.5l_{aE}（且伸至柱顶）$$ (3-173)

（2）下料长度

$$L = L_1 + L_2 - 90°量度差值$$ (3-174)

3.4.7.2　直锚长度 $\geqslant l_{aE}$

（1）绑扎搭接加工尺寸。长筋：

$$L = H_n - \max(H_n/6, h_c, 500) + l_{aE}（且伸至柱顶）$$ (3-175)

短筋：

$$L = H_n - \max(H_n/6, h_c, 500) - 1.3l_{lE} + l_{aE}（且伸至柱顶）$$ (3-176)

（2）焊接连接加工尺寸（机械连接与其类似）。长筋：

$$L = H_n - \max(H_n/6, h_c, 500) + l_{aE}（且伸至柱顶）$$ (3-177)

短筋：

$$L = H_n - \max(H_n/6, h_c, 500) - \max(500, 35d) + l_{aE}（且伸至柱顶）$$ (3-178)

3.4.8　边柱顶筋下料

3.4.8.1　边柱顶筋加工尺寸计算

边柱顶筋加工尺寸计算公式见表 3-1。

表 3-1　边柱顶筋尺寸计算公式

情况	图	计算方法
A 节点形式	柱外侧筋图 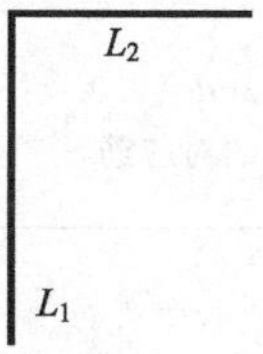 L_2 L_1	不少于柱外侧筋面积的 65％伸入梁内 ①绑扎搭接 长筋 $\quad L_1 = H_n - \max(H_n/6, h_c, 500) + 梁高\,h - 梁筋保护层厚$ 短筋 $\quad L_1 = H_n - \max(H_n/6, h_c, 500) - 1.3l_{lE} + 梁高\,h - 梁筋保护层厚$ ②焊接连接(机械连接与其类似) 长筋 $\quad L_1 = H_n - \max(H_n/6, h_c, 500) + 梁高\,h - 梁筋保护层厚$ 短筋 $\quad L_1 = H_n - \max(H_n/6, h_c, 500) - \max(500, 35d) +$ $\quad\quad 梁高\,h - 梁筋保护层厚$ 绑扎搭接与焊接连接的 L_2 相同,即 $\quad\quad L_2 = 1.5l_{aE} - 梁高\,h + 梁筋保护层厚$
	其余(＜35％)柱外侧纵筋伸至柱内侧弯下 柱外侧纵筋伸至柱内侧弯下图 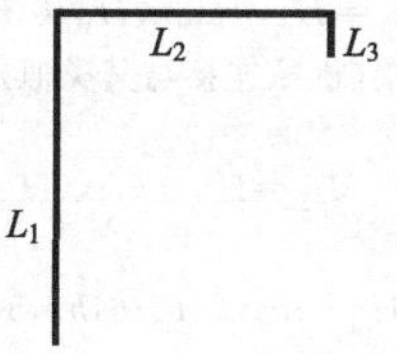 L_2　L_3 L_1	①绑扎搭接 长筋 $L_1 = H_n - \max(H_n/6, h_c, 500) + 梁高\,h -$ $\quad 梁筋保护层厚$ 短筋 $L_1 = H_n - \max(H_n/6, h_c, 500) - 1.3l_{lE} +$ $\quad 梁高\,h - 梁筋保护层厚$ ②焊接连接(机械连接与其类似) 长筋 $L_1 = H_n - \max(H_n/6, h_c, 500) + 梁高\,h -$ $\quad 梁筋保护层厚$ 短筋 $L_1 = H_n - \max(H_n/6, h_c, 500) - \max$ $(500, 35d) + 梁高\,h - 梁筋保护层厚$ 绑扎搭接与焊接连接的 L_2 相同,即 $\quad L_2 = H_c - 2 \times 柱保护层厚, L_3 = 8d$
	柱内侧筋图 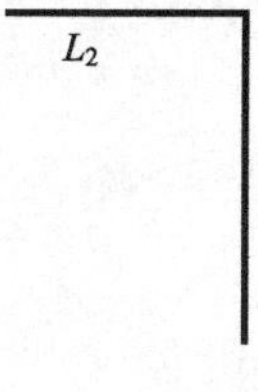 L_2 L_1	直锚长度＜l_{aE} ①绑扎搭接 长筋 $L_1 = H_n - \max(H_n/6, h_c, 500) + 梁高\,h - 梁筋保护层厚 - (30 + d)$ 短筋 $\quad L_1 = H_n - \max(H_n/6, h_c, 500) - 1.3l_{lE} + 梁高\,h -$ $\quad\quad 梁筋保护层厚 - (30 + d)$ ②焊接连接(机械连接与其类似) 长筋 $\quad L_1 = H_n - \max(H_n/6, h_c, 500) + 梁高\,h - 梁筋保护层厚 -$ $\quad\quad (30 + d)$ 短筋 $\quad L_1 = H_n - \max(H_n/6, h_c, 500) - \max(500, 35d) +$ $\quad\quad 梁高\,h - 梁筋保护层厚 - (30 + d)$ 绑扎搭接与焊接连接的 L_2 相同,即 $\quad\quad L_2 = 12d$

续表

情况	图	计算方法
A 节点形式	柱内侧筋图 L_2 L_1	直锚长度≥l_{aE} （此时的 $L_2=0$）	①绑扎搭接 长筋 $$L_1=H_n-\max(H_n/6,h_c,500)+l_{aE}$$ 短筋 $$L_1=H_n-\max(H_n/6,h_c,500)-1.3l_{lE}+l_{aE}$$ ②焊接连接（机械连接与其类似） 长筋 $$L_1=H_n-\max(H_n/6,h_c,500)+l_{aE}$$ 短筋 $$L_1=H_n-\max(H_n/6,h_c,500)-\max(500,35d)+l_{aE}$$
B 节点形式	—	当顶层为现浇板,其混凝土强度等级≥C20,板厚≥8mm 时采用该节点形式,其顶筋的加工尺寸计算公式与 A 节点形式对应钢筋的计算公式相同
C 节点形式	—	当柱外侧向钢筋配料率大于 1.2% 时,柱外侧纵筋分两次截断,那么柱外侧纵向钢筋长、短筋的 L_1 同 A 节点形式的柱外侧纵向钢筋长、短筋 L_1 计算。L_1 的计算方法如下 第一次截断 $$L_2=1.5l_{aE}-梁高\ h+梁筋保护层厚$$ 第二次截断 $$L_2=1.5l_{aE}-梁高\ h+梁筋保护层厚+20d$$ B、C 节点形式的其他柱内纵筋加工长度计算同 A 节点形式的对应筋
D、E 节点形式	柱外侧纵筋 加工长度 L_2 L_1	①绑扎搭接 长筋 $$L_1=H_n-\max(H_n/6,h_c,500)+梁高\ h-梁筋保护层厚$$ 短筋 $$L_1=H_n-\max(H_n/6,h_c,500)-1.3l_{lE}+梁高\ h-梁筋保护层厚$$ ②焊接连接（机械连接与其类似） 长筋 $$L_1=H_n-\max(H_n/6,h_c,500)+梁高\ h-梁筋保护层厚$$ 短筋 $$L_1=H_n-\max(H_n/6,h_c,500)-\max(500,35d)+梁高\ h-梁筋保护层厚$$ 绑扎搭接与焊接连接的 L_2 相同,即 $$L_2=12d$$ D、E 节点形式的其他柱内侧纵筋加工尺寸计算同 A 节点形式柱内侧对应筋计算

3.4.8.2　边柱顶筋下料长度计算公式

A 节点形式中小于 35% 柱外侧纵筋伸至柱内弯下的纵筋下料长度公式为：

$$L=L_1+L_2+L_3-2\times90°量度差值 \tag{3-179}$$

其他纵筋均为：

$$L=L_1+L_2-2\times90°量度差值 \tag{3-180}$$

式中　L、L_1、L_2、L_3——钢筋下料长度。

3.4.9　角柱顶筋下料

（1）角柱顶筋中的第一排筋。角柱顶筋中的第一排筋可以利用边柱柱外侧筋的公式来计算。

(2) 角柱顶筋中的第二排筋

① 绑扎搭接。长筋：

$$L_1 = H_n - \max(H_n/6, h_c, 500) + 梁高 h - 梁筋保护层厚 - (30+d) \tag{3-181}$$

短筋：

$$L_1 = H_n - \max(H_n/6, h_c, 500) - 1.3l_{lE} + 梁高 h - 梁筋保护层厚 - (30+d) \tag{3-182}$$

② 焊接连接（机械连接与其类似）。长筋：

$$L_1 = H_n - \max(H_n/6, h_c, 500) + 梁高 h - 梁筋保护层厚 - (30+d) \tag{3-183}$$

短筋：

$$L_1 = H_n - \max(H_n/6, h_c, 500) - \max(500, 35d) + 梁高 h - 梁筋保护层厚 - (30+d)$$
$$\tag{3-184}$$

③ 绑扎搭接与焊接连接的 L_2 相同，即：

$$L_2 = 1.5l_{aE} - 梁高 h + 梁筋保护层厚 + (30+d) \tag{3-185}$$

(3) 角柱顶筋中的第三排筋（直锚长度 $< l_{aE}$，即有水平筋）

① 绑扎搭接。长筋：

$$L_1 = H_n - \max(H_n/6, h_c, 500) + 梁高 h - 梁筋保护层厚 - 2 \times (30+d)$$
$$\tag{3-186}$$

短筋：

$$L_1 = H_n - \max(H_n/6, h_c, 500) - 1.3l_{lE} + 梁高 h - 梁筋保护层厚 - 2 \times (30+d)$$
$$\tag{3-187}$$

② 焊接连接（机械连接与其类似）。长筋：

$$L_1 = H_n - \max(H_n/6, h_c, 500) + 梁高 h - 梁筋保护层厚 - 2 \times (30+d) \tag{3-188}$$

短筋：

$$L_1 = H_n - \max(H_n/6, h_c, 500) - \max(500, 35d) + 梁高 h - 梁筋保护层厚 - 2 \times (30+d)$$
$$\tag{3-189}$$

③ 绑扎搭接与焊接连接的 L_2 相同，即：

$$L_2 = 12d \tag{3-190}$$

若此时直锚长度 $\geqslant l_{aE}$，即无水平筋，那么其筋计算与边柱柱内侧筋在直锚长度 $\geqslant l_{aE}$ 时的情况一样。

(4) 角柱顶筋中的第四排筋（直锚长度 $< l_{aE}$，即有水平筋）

① 绑扎搭接。长筋：

$$L_1 = H_n - \max(H_n/6, h_c, 500) + 梁高 h - 梁筋保护层厚 - 3 \times (30+d) \tag{3-191}$$

短筋：

$$L_1 = H_n - \max(H_n/6, h_c, 500) - 1.3l_{lE} + 梁高 h - 梁筋保护层厚 - 3 \times (30+d)$$
$$\tag{3-192}$$

② 焊接连接（机械连接与其类似）。长筋：

$$L_1 = H_n - \max(H_n/6, h_c, 500) + 梁高 h - 梁筋保护层厚 - 3 \times (30+d) \tag{3-193}$$

短筋：

$$L_1 = H_n - \max(H_n/6, h_c, 500) - \max(500, 35d) + 梁高 h - 梁筋保护层厚 - 3 \times (30+d)$$
$$\tag{3-194}$$

③ 绑扎搭接与焊接连接的 L_2 相同，即：

$$L_2 = 12d \tag{3-195}$$

若此时直锚长度 $\geq l_{aE}$，即无水平筋，那么其筋计算与边柱柱内侧筋在直锚长度 $\geq l_{aE}$ 时的情况一样。

3.5 剪力墙钢筋计算

3.5.1 剪力墙柱钢筋计算

3.5.1.1 基础层插筋计算

墙柱基础插筋如图 3-63、图 3-64 所示，计算方法如下。

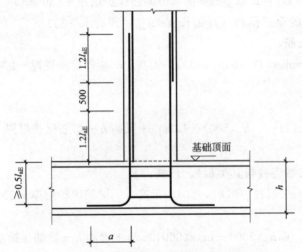

图 3-63 暗柱基础插筋绑扎连接构造（单位：mm）

l_{aE}—受拉钢筋抗震锚固长度；a—钢筋弯钩长度；h—梁高

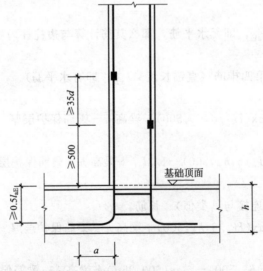

图 3-64 暗柱基础插筋机械连接构造（单位：mm）

l_{aE}—受拉钢筋抗震锚固长度；a—钢筋弯钩长度；h—梁高；d—钢筋直径

$$插筋长度＝插筋锚固长度＋基础外露长度 \tag{3-196}$$

3.5.1.2　中间层纵筋计算

中间层纵筋如图 3-65、图 3-66 所示，计算方法如下。

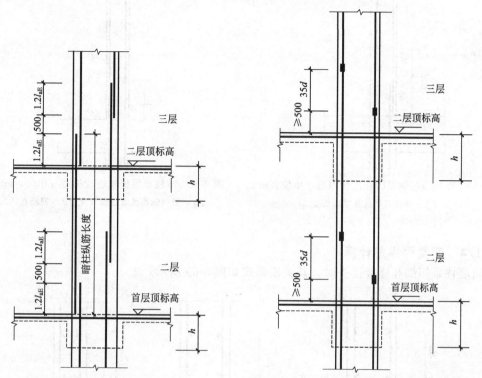

图 3-65　暗柱中间层钢筋绑扎连接构造（单位：mm）　图 3-66　暗柱中间层机械连接构造（单位：mm）

l_{aE}—受拉钢筋抗震锚固长度；h—梁高　　　　　　　　d—钢筋直径；h—梁高

绑扎连接时：

$$纵筋长度＝中间层层高＋1.2l_{aE} \tag{3-197}$$

机械连接时：

$$纵筋长度＝中间层层高 \tag{3-198}$$

3.5.1.3　顶层纵筋计算

顶层纵筋如图 3-67、图 3-68 所示，计算方法如下。

绑扎连接时：

$$与短筋连接的钢筋长度＝顶层层高－顶层板厚＋顶层锚固总长度\,l_{aE} \tag{3-199}$$

与长筋连接的钢筋长度＝顶层层高－顶层板厚－$(1.2l_{aE}＋500)$＋顶层锚固总长度 l_{aE}

$$\tag{3-200}$$

机械连接时：

$$与短筋连接的钢筋长度＝顶层层高－顶层板厚－500＋顶层锚固总长度\,l_{aE} \tag{3-201}$$

与长筋连接的钢筋长度＝顶层层高－顶层板厚－500－$35d$＋顶层锚固总长度 l_{aE}

$$\tag{3-202}$$

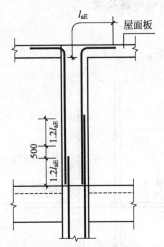 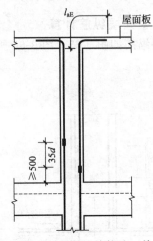

图 3-67　暗柱顶层钢筋绑扎连接构造（单位：mm）　　图 3-68　暗柱顶层机械连接构造（单位：mm）

l_{aE}—受拉钢筋抗震锚固长度　　　　　　　　　　l_{aE}—受拉钢筋抗震锚固长度；d—钢筋直径

3.5.1.4　变截面纵筋计算

当墙柱采用绑扎连接接头时，其锚固形式如图 3-69 所示。

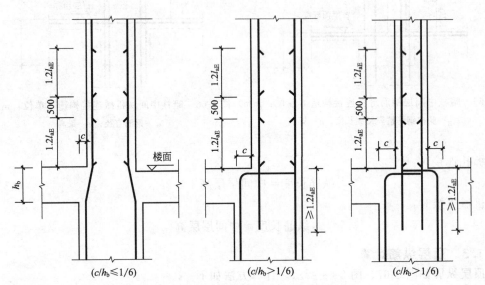

图 3-69　变截面钢筋绑扎连接（单位：mm）

l_{aE}—受拉钢筋抗震锚固长度；c—侧面错台的宽度；h_b—框架梁的截面高度

（1）一边截断

$$长纵筋长度＝层高－保护层厚度＋弯折（墙厚－2×保护层厚度） \tag{3-203}$$

$$短纵筋长度＝层高－保护层厚度－1.2l_{aE}－500＋弯折（墙厚－2×保护层厚度）$$

$$\tag{3-204}$$

仅墙柱的一侧插筋，数量为墙柱钢筋数量的一半。

$$长插筋长度＝1.2l_{aE}＋2.4l_{aE}＋500 \tag{3-205}$$

$$短插筋长度＝1.2l_{aE}＋1.2l_{aE} \tag{3-206}$$

（2）两边截断

$$长纵筋长度 = 层高 - 保护层厚度 + 弯折(墙厚 - c - 2 \times 保护层厚度) \qquad (3\text{-}207)$$

$$短纵筋长度 = 层高 - 保护层厚度 - 1.2l_{aE} - 500 + 弯折（墙厚 - c - 2 \times 保护层厚度）$$

$$(3\text{-}208)$$

上层墙柱全部插筋：

$$长插筋长度 = 1.2l_{aE} + 2.4l_{aE} + 500 \qquad (3\text{-}209)$$

$$短插筋长度 = 1.2l_{aE} + 1.2l_{aE} \qquad (3\text{-}210)$$

$$变截面层箍筋 = (2.4l_{aE} + 500)/\min(5d, 100) + 1 + (层高 - 2.4l_{aE} - 500)/箍筋间距$$

$$(3\text{-}211)$$

$$变截面层拉箍筋数量 = 变截面层箍筋数量 \times 拉筋水平排数 \qquad (3\text{-}212)$$

3.5.1.5　墙柱箍筋计算

（1）基础插筋箍筋根数

$$根数 = (基础高度 - 基础保护层厚度)/500 + 1 \qquad (3\text{-}213)$$

（2）底层、中间层、顶层箍筋根数

绑扎连接时：

$$根数 = (2.4l_{aE} + 500 - 50)/加密间距 + (层高 - 搭接范围)/间距 + 1 \qquad (3\text{-}214)$$

机械连接时：

$$根数 = (层高 - 50)/箍筋间距 + 1 \qquad (3\text{-}215)$$

3.5.1.6　拉筋计算

（1）基础拉筋根数

$$根数 = \left(\frac{基础高度 - 基础保护层厚度 c}{500} + 1 \right) \times 每排拉筋根数 \qquad (3\text{-}216)$$

（2）底层、中间层、顶层拉筋根数

$$根数 = \left(\frac{层高 - 50}{间距} + 1 \right) \times 每排拉筋根数 \qquad (3\text{-}217)$$

3.5.2　剪力墙身钢筋计算

3.5.2.1　基础剪力墙身钢筋计算

剪力墙墙身竖向分布钢筋在基础中共有三种构造，如图 3-70 所示。

（1）插筋计算

$$短剪力墙身插筋长度 = 锚固长度 + 搭接长度 1.2l_{aE} \qquad (3\text{-}218)$$

$$长剪力墙身插筋长度 = 锚固长度 + 搭接长度 1.2l_{aE} + 500 + 搭接长度 1.2l_{aE} \qquad (3\text{-}219)$$

$$插筋总根数 = \left(\frac{剪力墙身净长 - 2 \times 插筋间距}{插筋间距} + 1 \right) \times 排数 \qquad (3\text{-}220)$$

（2）基础层剪力墙身水平筋计算。剪力墙身水平钢筋包括水平分布筋、拉筋两种形式。

剪力墙水平分布筋有外侧钢筋和内侧钢筋两种形式，当剪力墙有两排以上钢筋网时，最外一层按外侧钢筋计算，其余则均按内侧钢筋计算。

① 水平分布筋计算

$$外侧水平筋长度 = 墙外侧长度 - 2 \times 保护层 + 15d \times n \qquad (3\text{-}221)$$

$$内侧水平筋长度＝墙外侧长度－2×保护层＋15d×2－外侧钢筋直径×2－25×2$$
$$(3\text{-}222)$$

$$基础层水平筋根数＝\left(\frac{基础高度－基础保护层厚度}{500}＋1\right)×排数 \quad (3\text{-}223)$$

② 拉筋计算

$$基础层拉筋根数＝\left(\frac{墙净长－竖向插筋间距×2}{拉筋间距}＋1\right)×基础水平筋排数 \quad (3\text{-}224)$$

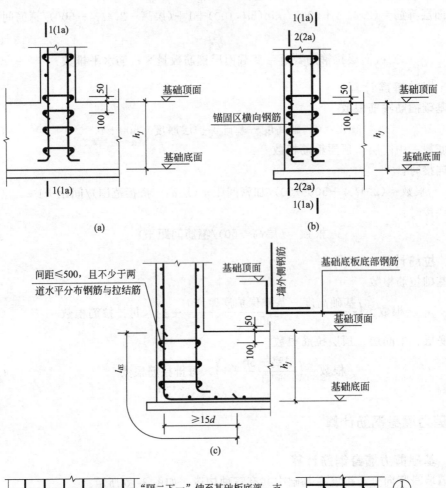

(a)   (b)

(c)

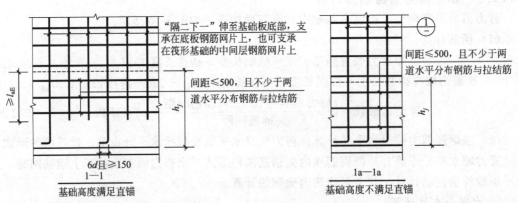

基础高度满足直锚

基础高度不满足直锚

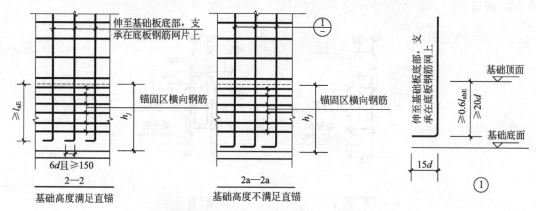

图 3-70　剪力墙墙身竖向分布钢筋在基础中构造（单位：mm）

(a) 保护层厚度>5d；(b) 保护层厚度≤5d；(c) 搭接连接

h_j—基础底面至基础顶面的高度，墙下有基础梁时，为梁底面至顶面的高度；d—钢筋直径；l_{aE}—受拉钢筋抗震锚固长度；
l_{abE}—抗震设计时受拉钢筋基本锚固长度

3.5.2.2　中间层剪力墙身钢筋计算

中间层剪力墙身钢筋有竖向分布筋与水平分布筋。

(1) 竖向分布筋计算

$$长度=中间层层高+1.2l_{aE} \tag{3-225}$$

$$根数=\left(\frac{剪力墙身长-2\times竖向分布筋间距}{竖向分布筋间距}+1\right)\times排数 \tag{3-226}$$

(2) 水平分布筋计算。水平分布筋计算，无洞口时计算方法与基础层相同；有洞口时水平分布筋计算方法为：

$$外侧水平筋长度=外侧墙长度(减洞口长度后)-2\times保护层+15d\times2+15d\times n \tag{3-227}$$

$$内侧水平筋长度=外侧墙长度(减洞口长度后)-2\times保护层+15d\times2+15d\times2 \tag{3-228}$$

$$水平筋根数=\left(\frac{布筋范围-50}{墙身水平筋间距}+1\right)\times排数 \tag{3-229}$$

3.5.2.3　顶层剪力墙钢筋计算

顶层剪力墙身钢筋有竖向分布筋与水平分布筋。

(1) 水平钢筋计算方法同中间层。

(2) 顶层剪力墙身竖向钢筋计算方法

$$长钢筋长度=顶层层高-顶层板厚+锚固长度\ l_{aE} \tag{3-230}$$

$$短钢筋长度=顶层层高-顶层板厚-1.2l_{aE}-500+锚固长度\ l_{aE} \tag{3-231}$$

$$根数=\left(\frac{剪力墙净长-竖向分布筋间距\times2}{竖向分布筋间距}+1\right)\times排数 \tag{3-232}$$

3.5.2.4　剪力墙身变截面处钢筋计算方法

剪力墙变截面处钢筋的锚固包括两种形式：倾斜锚固及当前锚固与插筋组合。根据剪力墙变截面钢筋的构造措施，可知剪力墙纵筋的计算方法。剪力墙变截面竖向钢筋构造如

图 3-71 所示。

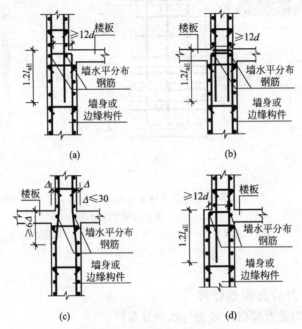

(a)   (b)

(c)   (d)

图 3-71 剪力墙变截面竖向钢筋构造（单位：mm）

(a) 边梁非贯通连接；(b) 中梁非贯通连接；(c) 中梁贯通连接；(d) 边梁非贯通连接

d—钢筋直径；l_{aE}—受拉钢筋抗震锚固长度

变截面处倾斜锚入上层的纵筋计算方法：

$$变截面倾斜纵筋长度＝层高＋斜度延伸值＋搭接长度 1.2l_{aE} \tag{3-233}$$

变截面处倾斜锚入上层的纵筋长度计算方法：

$$当前锚固纵筋长度＝层高－板保护层＋墙厚－2×墙保护层 \tag{3-234}$$

$$插筋长度＝锚固长度 1.5l_{aE}＋搭接长度 1.2l_{aE} \tag{3-235}$$

3.5.2.5 剪力墙拉筋计算

$$根数＝\frac{剪力墙总面积－洞口面积－边框梁面积}{横向间距×竖向间距} \tag{3-236}$$

3.5.3 剪力墙梁钢筋计算

剪力墙梁包括连梁、暗梁和边框梁，剪力墙梁中的钢筋类型有纵筋、箍筋、侧面钢筋、拉筋等。连梁纵筋长度需要考虑洞口宽度、纵筋的锚固长度等因素；箍筋需考虑连梁的截面尺寸、布置范围等因素。暗梁和边框梁纵筋长度需考虑其设置范围和锚固长度等因素。箍筋需考虑截面尺寸、布置范围等因素。暗梁和边框梁纵筋长度计算方法与剪力墙身水平分布钢筋基本相同，箍筋的计算方法和普通框架梁相同。因此，本节以连梁为例介绍其纵筋、箍筋的相关计算方法。

根据洞口的位置和洞间墙尺寸以及锚固要求，剪力墙连梁有单洞口和双洞口连梁，根据连梁的楼层与顶层的构造措施和锚固要求不同，连梁有中间层连梁与顶层连梁。根据以上分类，剪力墙连梁钢筋计算分以下几部分讨论。

3.5.3.1　剪力墙端部单洞口连梁钢筋计算

剪力墙端部单洞口连梁如图 3-72 所示。

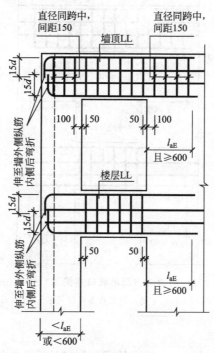

图 3-72　剪力墙端部单洞口连梁（单位：mm）

d—钢筋直径；l_{aE}—受拉钢筋抗震锚固长度

（1）中间层钢筋计算方法

连梁纵筋长度＝左锚固长度＋洞口长度＋右锚固长度

$$＝（支座宽度－保护层厚度＋15d）＋洞口长度＋\max(l_{aE},600) \tag{3-237}$$

$$箍筋根数＝\frac{洞口宽度－2×50}{间距}＋1 \tag{3-238}$$

（2）顶层钢筋计算方法

连梁纵筋长度＝左锚固长度＋洞口长度＋右锚固长度

$$＝\max(l_{aE},600)＋洞口长度＋\max(l_{aE},600) \tag{3-239}$$

箍筋根数＝左墙肢内箍筋根数＋洞口上箍筋根数＋右墙肢内箍筋根数

$$＝\frac{左侧锚固长度水平段－100}{150}＋1＋\frac{洞口宽度－2×50}{间距}＋1＋$$

$$\frac{右侧锚固长度水平段－100}{150}＋1$$

$$＝\frac{支座宽度－100}{150}＋1＋\frac{洞口宽度－2×50}{间距}＋1＋\frac{\max(l_{aE},600)－100}{150}＋1$$

$$\tag{3-240}$$

3.5.3.2　剪力墙中部单洞口连梁钢筋计算

剪力墙中部单洞口连梁如图 3-73 所示。

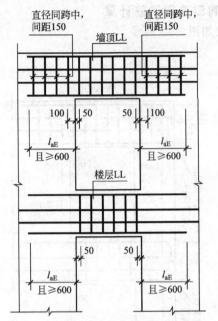

图 3-73　剪力墙中部单洞口连梁（单位：mm）

l_{aE}—受拉钢筋抗震锚固长度

（1）中间层钢筋计算方法

连梁纵筋长度＝左锚固长度＋洞口长度＋右锚固长度

$$=\max(l_{aE}, 600)+洞口长度+\max(l_{aE}, 600) \tag{3-241}$$

$$箍筋根数＝\frac{洞口宽度-2\times50}{间距}+1 \tag{3-242}$$

（2）顶层钢筋计算方法

连梁纵筋长度＝左锚固长度＋洞口长度＋右锚固长度

$$=\max(l_{aE}, 600)+洞口长度+\max(l_{aE}, 600) \tag{3-243}$$

箍筋根数＝左墙肢内箍筋根数＋洞口上箍筋根数＋右墙肢内箍筋根数

$$=\frac{左侧锚固长度水平段-100}{150}+1+\frac{洞口宽度-2\times50}{间距}+1+$$

$$\frac{右侧锚固长度水平段-100}{150}+1$$

$$=\frac{\max(l_{aE}, 600)-100}{150}+1+\frac{洞口宽度-2\times50}{间距}+1+\frac{\max(l_{aE}, 600)-100}{150}+1 \tag{3-244}$$

3.5.3.3　剪力墙双洞口连梁钢筋计算

剪力墙双洞口连梁如图 3-74 所示。

（1）中间层钢筋计算方法

连梁纵筋长度＝左锚固长度＋两洞口宽度＋洞口墙宽度＋右锚固长度

$$=\max(l_{aE}, 600)+两洞口宽度+洞口墙宽度+\max(l_{aE}, 600) \tag{3-245}$$

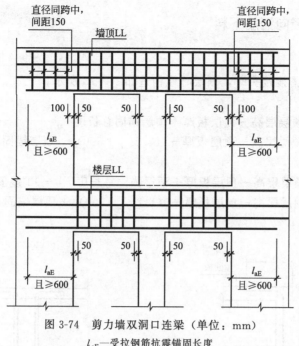

图 3-74 剪力墙双洞口连梁（单位：mm）

l_{aE}—受拉钢筋抗震锚固长度

$$\text{箍筋根数} = \frac{\text{洞口 1 宽度} - 2 \times 50}{\text{间距}} + 1 + \frac{\text{洞口 2 宽度} - 2 \times 50}{\text{间距}} + 1 \quad (3\text{-}246)$$

（2）顶层钢筋计算方法

连梁纵筋长度＝左锚固长度＋两洞口宽度＋洞间墙宽度＋右锚固长度

$$= \max(l_{aE}, 600) + \text{两洞口宽度} + \text{洞口墙宽度} + \max(l_{aE}, 600)$$

$$\quad (3\text{-}247)$$

$$\text{箍筋根数} = \frac{\text{左侧锚固长度} - 100}{150} + 1 + \frac{\text{两洞口宽度} + \text{洞间墙} - 2 \times 50}{\text{间距}} +$$

$$1 + \frac{\text{左侧锚固长度} - 100}{150} + 1$$

$$= \frac{\max(l_{aE}, 600) - 100}{150} + 1 + \frac{\text{两洞口宽度} + \text{洞间墙} - 2 \times 50}{\text{间距}} +$$

$$1 + \frac{\max(l_{aE}, 600) - 100}{150} + 1 \quad (3\text{-}248)$$

3.5.3.4 剪力墙连梁拉筋根数计算

剪力墙连梁拉筋根数计算方法为每排根数×排数，即：

$$\text{拉筋根数} = \left(\frac{\text{连梁净宽} - 2 \times 50}{\text{箍筋间距} \times 2} + 1 \right) \times \left(\frac{\text{连梁高度} - 2 \times \text{保护层厚度}}{\text{水平筋间距} \times 2} + 1 \right) \quad (3\text{-}249)$$

（1）剪力墙连梁拉筋的分布。竖向：连梁高度范围内，墙梁水平分布筋排数的一半，隔一拉一；横向：横向拉筋间距为连梁箍筋间距的 2 倍。

（2）剪力墙连梁拉筋直径的确定。梁宽≤350mm，拉筋直径为 6mm；梁宽＞350mm，拉筋直径为 8mm。

3.5.4 顶层暗柱竖向钢筋下料

3.5.4.1 绑扎搭接
当暗柱采用绑扎搭接接头时，顶层暗柱构造如图 3-75 所示。
（1）计算长度

长筋长度＝顶层层高－顶层板厚＋顶层锚固总长度 l_{aE} (3-250)

短筋长度＝顶层层高－顶层板厚－（$1.2l_{aE}$＋500）＋顶层锚固总长度 l_{aE} (3-251)

（2）下料长度。

长筋长度＝顶层层高－顶层板厚＋顶层锚固总长度 l_{aE}－90°差值   (3-252)

短筋长度＝顶层层高－顶层板厚－（$1.2l_{aE}$＋500）＋顶层锚固总长度 l_{aE}－90°差值

                                       (3-253)

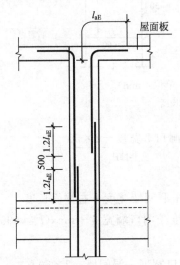 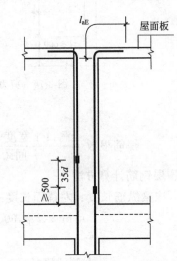

图 3-75　顶层暗柱（绑扎搭接）（单位：mm）　图 3-76　顶层暗柱（机械或焊接连接）（单位：mm）
l_{aE}—受拉钢筋抗震锚固长度　　　　　　　　d—钢筋直径，l_{aE}—受拉钢筋抗震锚固长度

3.5.4.2 机械或焊接连接
当暗柱采用机械或焊接连接接头时，顶层暗柱构造如图 3-76 所示。
（1）计算长度

长筋长度＝顶层层高－顶层板厚－500＋顶层锚固总长度 l_{aE} (3-254)

短筋长度＝顶层层高－顶层板厚－500－$35d$＋顶层锚固总长度 l_{aE} (3-255)

（2）下料长度

长筋长度＝顶层层高－顶层板厚－500＋顶层锚固总长度 l_{aE}－90°差值   (3-256)

短筋长度＝顶层层高－顶层板厚－500－$35d$＋顶层锚固总长度 l_{aE}－90°差值   (3-257)

3.5.5 剪力墙边墙墙身竖向钢筋下料

3.5.5.1 边墙墙身外侧和中墙顶层竖向筋
由于长、短筋交替放置，所以有长 L_1 和短 L_1 之分。边墙外侧筋和中墙筋的计算法相同，它们共同的计算公式，列在表 3-2 中。

表 3-2 剪力墙边墙（贴墙外侧）、中墙墙身顶层竖向分布筋   mm

抗震等级	连接方法	钢筋直径 d	钢筋级别	长 L_1	短 L_1	钩	L_2
一、二	搭接	$d \leqslant 28$	HRB335、HRB400	层高－保护层厚度	层高－1.3l_{lE}－保护层厚度	—	l_{aE}－顶板厚＋保护层厚度
			HPB300	层高－保护层厚度＋5d 直钩	层高－1.3l_{lE}－保护层厚度＋5d 直钩	5d	
三、四	搭接	$d \leqslant 28$	HRB335、HRB400	层高－保护层厚度	无短 L_1	—	
			HPB300	层高－保护层厚度＋5d 直钩		5d	
一、二、三、四	机械连接	$d > 28$	HPB300、HRB335、HRB400	层高－500－保护层厚度	层高－500－35d－保护层厚度	—	

注：搭接且为 HPB300 级钢筋的长 L_1、短 L_1，均有为直角的"钩"。

从表 3-2 中可以看出，长 L_1 和短 L_1 是随着抗震等级、连接方法、直径大小和钢筋级别的不同而不同的。但是，它们的 L_2 却都是相同的。

边墙外侧和中墙的顶层钢筋如图 3-77 所示。图 3-77 的左方是边墙的外侧顶层筋图，右方是中墙的顶层筋图。

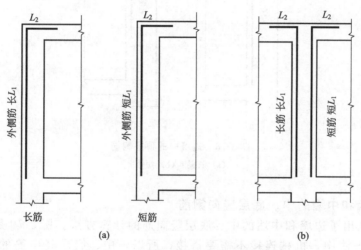

图 3-77 边墙外侧和中墙的顶层钢筋

(a) 边墙；(b) 中墙

L_1、L_2—钢筋下料长度

表 3-2 中有 l_{lE}，在表 1-19 中有它的使用数据。

图 3-78 是边墙中的顶层侧筋图，表 3-3 是它的计算公式。

表 3-3 剪力墙边墙墙身顶层（贴墙里侧）竖向分布筋   mm

抗震等级	连接方法	钢筋直径 d	钢筋级别	长 L_1	短 L_1	钩	L_2
一、二	搭接	$d \leqslant 28$	HRB335、HRB400	层高－保护层厚度－d－30	层高－1.3l_{lE}－d－30－保护层厚度	—	l_{aE}－顶板厚＋保护层厚度＋d＋30
			HPB300	层高－保护层厚度－d－30＋5d 直钩	层高－1.3l_{lE}－d－30＋5d 直钩－保护层厚度	5d	

续表

抗震等级	连接方法	钢筋直径 d	钢筋级别	长 L_1	短 L_1	钩	L_2
三、四	搭接	$d \leqslant 28$	HRB335、HRB400	层高－保护层厚度－d－30	无短 L_1	—	l_{aE}－顶板厚＋保护层厚度＋d＋30
			HPB300	层高－保护层厚度－d－30＋5d 直钩		5d	
一、二、三、四	机械连接	$d > 28$	HPB300、HRB335、HRB400	层高－500－保护层厚度－d－30	层高－500－35d－保护层厚度－d－30	—	

注：搭接且为 HPB300 级钢筋的长 L_1、短 L_1，均有为直角的"钩"。

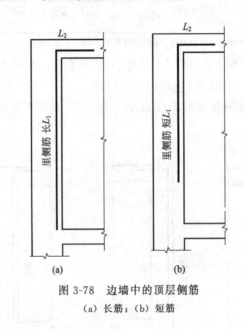

图 3-78　边墙中的顶层侧筋

（a）长筋；（b）短筋

3.5.5.2　边墙和中墙的中、底层竖向钢筋

表 3-4 中列出了边墙和中墙的中、底层竖向筋的计算方法。图 3-79 是表 3-2 的图解说明。在连接方法中，机械连接不需要搭接，所以，中、底层竖向筋的长度就等于层高。搭接就不一样，它需要有搭接长度 l_{lE}。但是，如果搭接的钢筋是 HPB300 级钢筋，它的端头需要加工成 90°弯钩，钩长 5d。注意，机械连接适用于钢筋直径大于 28mm 的情况。

mm

表 3-4　剪力墙边墙和中墙的中、底层竖向筋

抗震等级	连接方法	钢筋直径 d	钢筋级别	钩	L_2
一、二	搭接	$d \leqslant 28$	HRB335、HRB400	—	层高＋l_{lE}
			HPB300	5d（直钩）	层高＋l_{lE}
三、四	搭接	$d \leqslant 28$	HRB335、HRB400	—	层高＋l_{lE}
			HPB300	5d（直钩）	层高＋l_{lE}
一、二、三、四	机械连接	$d > 28$	HPB300、HRB335、HRB400	—	层高

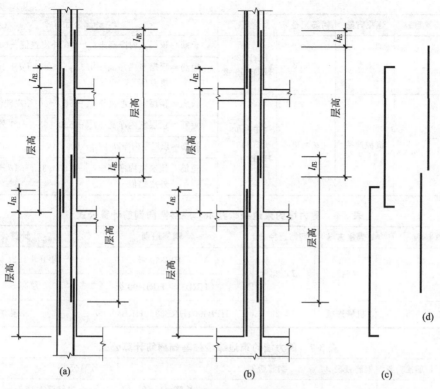

图 3-79　钢筋机械连接和搭接

（a）边墙钢筋搭接；（b）中墙钢筋搭接；（c）HPB300 级钢筋搭接连接；（d）钢筋机械连接

l_{lE}—纵向受拉钢筋抗震搭接长度

3.5.6　剪力墙暗柱竖向钢筋下料

3.5.6.1　约束边缘构件

为了方便计算，将各种形式下的约束边缘暗柱顶层竖向分布钢筋下料长度总结为公式，见表 3-5，剪力墙约束边缘暗柱中、底层竖向钢筋计算公式见表 3-6，剪力墙约束边缘暗柱基础插筋计算公式见表 3-7，供大家计算时查阅使用。

表 3-5　剪力墙约束边缘暗柱顶层外侧及内侧竖向分布钢筋计算公式　　　　　　mm

部位	抗震等级	连接方法	钢筋直径 d	钢筋级别	计算公式
外侧	一、二	搭接	$d \leqslant 28$	HPB300 级	长筋＝顶层室内净高＋l_{aE}＋6.25d－90°外皮差值
					短筋＝顶层室内净高－0.2l_{aE}＋6.25d－500－90°外皮差值
				HRB335、HRB400 级	长筋＝顶层室内净高＋l_{aE}－90°外皮差值
					短筋＝顶层室内净高－0.2l_{aE}－500－90°外皮差值
内侧	一、二	搭接	$d \leqslant 28$	HPB300 级	长筋＝顶层室内净高＋l_{aE}＋6.25d－（d＋30）－90°外皮差值
					短筋＝顶层室内净高－0.2l_{aE}＋6.25d－500－（d＋30）－90°外皮差值

续表

部位	抗震等级	连接方法	钢筋直径 d	钢筋级别	计算公式
内侧	一、二	搭接	$d \leqslant 28$	HRB335、HRB400 级	长筋＝顶层室内净高＋l_{aE}－90°外皮差值一－（d＋30）
					短筋＝顶层室内净高－0.2l_{aE}－500－（d＋30）－90°外皮差值
外侧	一、二、三、四	机械连接	$d > 28$	HPB300、HRB335、HRB400 级	长筋＝顶层室内净高＋l_{aE}－500－90°外皮差值
					短筋＝顶层室内净高＋l_{aE}－500－35d－90°外皮差值
内侧					长筋＝顶层室内净高＋l_{aE}－500－（d＋30）－90°外皮差值
					短筋＝顶层室内净高＋l_{aE}－500－35d－（d＋30）－90°外皮差值

表 3-6　剪力墙约束边缘暗柱中、底层竖向钢筋计算公式　　　　　　　mm

抗震等级	连接方法	钢筋直径 d	钢筋级别	计算公式
一、二	搭接	$d \leqslant 28$	HPB300 级	层高＋1.2l_{aE}＋6.25d
			HRB335、HRB400 级	层高＋1.2l_{aE}
一、二、三、四	机械连接	$d > 28$	HPB300、HRB335、HRB400 级	层高

表 3-7　剪力墙约束边缘暗柱基础插筋计算公式　　　　　　　mm

抗震等级	连接方法	钢筋直径 d	钢筋级别	计算公式
一、二	搭接	$d \leqslant 28$	HPB300 级	长筋＝2.4l_{aE}＋500＋基础构件厚＋12d＋6.25d－90°外皮差值
				短筋＝基础构件厚＋12d＋12.5d－1 个保护层厚度
			HRB335、HRB400 级	长筋＝1.2l_{aE}＋基础构件厚＋6.25d－90°外皮差值
				短筋＝1.2l_{aE}＋基础构件厚＋12d－90°外皮差值
一、二、三、四	机械连接	$d > 28$	HPB300、HRB335、HRB400 级	长筋＝35d＋500＋基础构件厚＋12d－90°外皮差值
				短筋＝500＋基础构件厚＋12d－90°外皮差值

3.5.6.2　构造边缘构件

　　为了方便计算，将各种形式下的构造边缘暗柱顶层竖向钢筋下料长度总结为公式，见表 3-8，剪力墙构造边缘暗柱中、底层竖向钢筋计算公式见表 3-9，剪力墙构造边缘暗柱基础插筋计算公式见表 3-10，供大家计算时查阅使用。

表 3-8　剪力墙构造边缘暗柱顶层外侧及内竖向分布钢筋计算公式　　　　　　　mm

部位	抗震等级	连接方法	钢筋直径 d	钢筋级别	计算公式
外侧	一、二	搭接	$d \leqslant 28$	HPB300 级	长筋＝顶层室内净高＋l_{aE}＋6.25d－90°外皮差值－（d＋30）
					短筋＝顶层室内净高－0.2l_{aE}＋6.25d－500－90°外皮差值
				HRB335、HRB400 级	长筋＝顶层室内净高＋l_{aE}－90°外皮差值
					短筋＝顶层室内净高－0.2l_{aE}－500－90°外皮差值

续表

部位	抗震等级	连接方法	钢筋直径 d	钢筋级别	计算公式
内侧	三、四	搭接	$d \leqslant 28$	HPB300 级	长筋＝顶层室内净高＋l_{aE}＋6.25d－(d＋30)－90°外皮差值
					短筋＝顶层室内净高－0.2l_{aE}＋6.25d－500－(d＋30)－90°外皮差值
				HRB335、HRB400 级	长筋＝顶层室内净高＋l_{aE}－90°外皮差值－(d＋30)
					短筋＝顶层室内净高－0.2l_{aE}－500－(d＋30)－90°外皮差值

表 3-9 剪力墙构造边缘暗柱中、底层竖向钢筋计算公式　　　　mm

抗震等级	连接方法	钢筋直径 d	钢筋级别	计算公式
一、二	搭接	$d \leqslant 28$	HPB300 级	层高＋1.2l_{aE}＋6.25d
			HRB335、HRB400 级	层高＋1.2l_{aE}

表 3-10 剪力墙构造边缘暗柱基础插筋计算公式　　　　mm

抗震等级	连接方法	钢筋直径 d	钢筋级别	计算公式
一、二	搭接	$d \leqslant 28$	HPB300 级	长筋＝2.4l_{aE}＋500＋基础构件厚＋12d＋6.25d
				短筋＝1.2l_{aE}＋基础构件厚＋12d＋6.25d
			HRB335、HRB400 级	长筋＝1.2l_{aE}＋基础构件厚＋12d－1 个保护层厚度－90°外皮差值
				短筋＝2.4l_{aE}＋500＋基础构件厚＋12d－90°外皮差值

3.5.7 剪力墙墙身水平钢筋下料

3.5.7.1 端部无暗柱时剪力墙水平分布筋下料

端部无暗柱时剪力墙水平筋锚固，如图 3-80 所示。

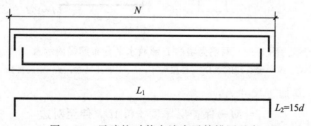

图 3-80 无暗柱时剪力墙水平筋锚固示意

N—墙长；L_1—外皮间尺寸；L_2—两端以外剩余的长度；d—钢筋直径

其加工尺寸为：

$$L_1 = 墙长 N - 2 \times 保护层厚度 \tag{3-258}$$

其下料长度为：

$$L = L_1 + L_2 - 90°量度差值 \tag{3-259}$$

3.5.7.2 端部有暗柱时剪力墙水平分布筋下料

端部有暗柱时剪力墙水平分布筋锚固，如图 3-81 所示。

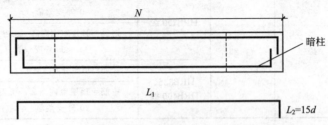

图 3-81　端部有暗柱时剪力墙水平分布筋锚固示意

N—墙长；L_1—外皮间尺寸；L_2—两端以外剩余的长度；d—钢筋直径

其加工尺寸为：

$$L_1 = 墙长\ N - 2 \times 保护层厚度 - 2d \tag{3-260}$$

式中　d——竖向纵筋直径，mm。

其下料长度为：

$$L = L_1 + L_2 - 90°量度差值 \tag{3-261}$$

3.5.7.3 两端为墙的 L 形墙水平分布筋下料

两端为墙的 L 形墙水平分布筋锚固，如图 3-82 所示。

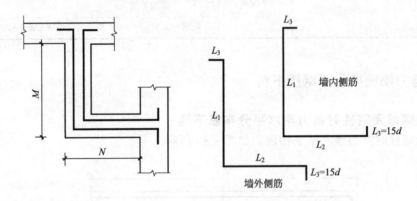

图 3-82　两端为墙的 L 形墙水平分布筋锚固示意

M、N—墙长；L_1、L_2—外皮尺寸；L_3—展开尺寸；d—钢筋直径

（1）墙外侧筋。其加工尺寸为：

$$L_1 = M - 保护层厚度 + 0.4l_{aE}\ 伸至对边 \tag{3-262}$$

$$L_2 = N - 保护层厚度 + 0.4l_{aE}\ 伸至对边 \tag{3-263}$$

其下料长度为：

$$L = L_1 + L_2 + 2L_3 - 3 \times 90°量度差值 \tag{3-264}$$

（2）墙内侧筋。其加工尺寸为：

$$L_1 = M - 墙厚 + 保护层厚度 + 0.4l_{aE}\ 伸至对边 \tag{3-265}$$

$$L_2 = N - 墙厚 + 保护层厚度 + 0.4l_{aE}\ 伸至对边 \tag{3-266}$$

其下料长度为：

$$L = L_1 + L_2 + 2L_3 - 3 \times 90°量度差值 \tag{3-267}$$

3.5.7.4　闭合墙水平分布筋计算

闭合墙水平分布筋锚固，如图 3-83 所示。

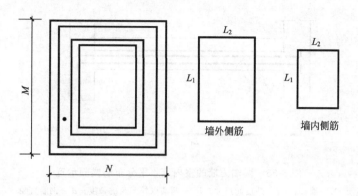

图 3-83　闭合墙水平分布筋锚固示意

M、N—墙长；L_1、L_2—外皮尺寸

（1）墙外侧筋。其加工尺寸为：

$$L_1 = M - 2 \times 保护层厚度 \tag{3-268}$$

$$L_2 = N - 2 \times 保护层厚度 \tag{3-269}$$

其下料长度为：

$$L = 2L_1 + 2L_2 - 4 \times 90°量度差值 \tag{3-270}$$

（2）墙内侧筋。其加工尺寸为：

$$L_1 = M - 墙厚 + 2 \times 保护层厚度 + 2d \tag{3-271}$$

$$L_2 = N - 墙厚 + 2 \times 保护层厚度 + 2d \tag{3-272}$$

其下料长度为：

$$L = 2L_1 + 2L_2 - 4 \times 90°量度差值 \tag{3-273}$$

3.5.7.5　两端为转角墙的外墙水平分布筋下料

两端为转角墙的外墙水平分布筋锚固，如图 3-84 所示。

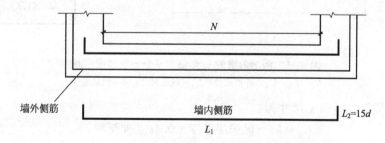

图 3-84　两端为转角墙的外墙水平分布筋锚固示意

N—墙长；L_1—外皮间尺寸；L_2—两端以外剩余的长度；d—钢筋直径

（1）墙内侧筋。其加工尺寸为：

$$L_1 = 墙长\ N + 2 \times 0.4 l_{aE}\ 伸至对边 \tag{3-274}$$

其下料长度为：

$$L = L_1 + 2L_2 - 2 \times 90°量度差值 \tag{3-275}$$

（2）墙外侧筋。墙外侧水平分布筋的计算方法同闭合墙水平分布筋外侧筋计算。

3.5.7.6 两端为墙的室内墙水平分布筋下料

两端为墙的室内墙水平分布筋锚固，如图 3-85 所示。

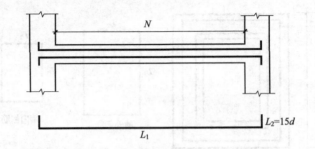

图 3-85 两端为墙的室内墙水平分布筋锚固示意

N—墙长；L_1—外皮间尺寸；L_2—两端以外剩余的长度；d—钢筋直径

其加工尺寸为：

$$L_1 = 墙长\ N + 2 \times 0.4 l_{aE}\ 伸至对边 \tag{3-276}$$

其下料长度为：

$$L = L_1 + 2L_2 - 2 \times 90° 量度差值 \tag{3-277}$$

3.5.7.7 两端为墙的 U 形墙水平分布筋下料

两端为墙的 U 形墙水平分布筋锚固，如图 3-86 所示。

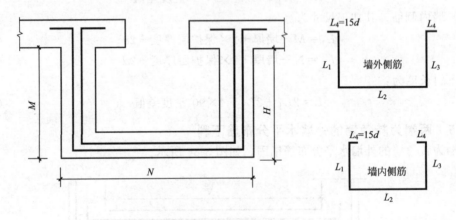

图 3-86 两端为墙的 U 形墙水平分布筋锚固示意

L_1、L_2、L_3—外皮尺寸；L_4—展开尺寸；d—钢筋直径

（1）墙外侧筋。其加工尺寸为：

$$L_1 = M - 保护层厚度 + 0.4 l_{aE}\ 伸至对边 \tag{3-278}$$

$$L_2 = 墙长\ N - 2 \times 保护层厚度 \tag{3-279}$$

$$L_3 = H - 保护层厚度 + 0.4 l_{aE}\ 伸至对边 \tag{3-280}$$

其下料长度为：

$$L = L_1 + L_2 + L_3 + 2L_4 - 4 \times 90° 量度差值 \tag{3-281}$$

（2）墙内侧筋。其加工尺寸为：

$$L_1 = M - 墙厚 + 保护层厚度 + 0.4 l_{aE}\ 伸至对边 \tag{3-282}$$

$$L_2 = 墙长\ N - 2 \times 墙厚 + 2 \times 保护层厚度 \tag{3-283}$$

$$L_3 = H - 墙厚 + 保护层厚度 + 0.4l_{aE} \text{ 伸至对边} \tag{3-284}$$

其下料长度为：

$$L = L_1 + L_2 + L_3 + 2L_4 - 4 \times 90° \text{量度差值} \tag{3-285}$$

3.5.7.8 两端为柱的 U 形外墙水平分布筋下料

两端为柱的 U 形外墙水平分布筋锚固，如图 3-87 所示。

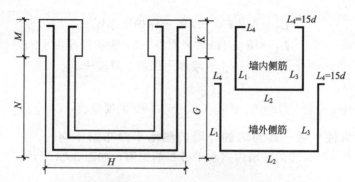

图 3-87 两端为柱的 U 形外墙水平分布筋锚固示意

M、N、G、K、H—墙长；L_1、L_2、L_3—外皮尺寸；L_4—展开尺寸；d—钢筋直径

（1）墙外侧水平分布筋下料

① 墙外侧水平分布筋在端柱中弯锚，如图 3-87 所示，M−保护层厚度$<l_{aE}$ 及 K−保护层厚度$<l_{aE}$ 时，外侧水平分布筋在端柱中弯锚。

其加工尺寸为：

$$L_1 = N + 0.4l_{aE} \text{ 伸至对边} - 保护层厚度 \tag{3-286}$$

$$L_2 = 墙长 \ H - 2 \times 保护层厚度 \tag{3-287}$$

$$L_3 = G + 0.4l_{aE} \text{ 伸至对边} - 保护层厚度 \tag{3-288}$$

其下料长度为：

$$L = L_1 + L_2 + L_3 + 2L_4 - 4 \times 90° \text{量度差值} \tag{3-289}$$

② 墙外侧水平分布筋在端柱中直锚，如图 3-87 所示，M−保护层厚度$>l_{aE}$ 及 K−保护层厚度$>l_{aE}$ 时，外侧水平分布筋在端柱中直锚，此处没有 L_4。

其加工尺寸为：

$$L_1 = N + l_{aE} - 保护层厚度 \tag{3-290}$$

$$L_2 = 墙长 \ H - 2 \times 保护层厚度 \tag{3-291}$$

$$L_3 = G + l_{aE} - 保护层厚度 \tag{3-292}$$

其下料长度为：

$$L = L_1 + L_2 + L_3 - 2 \times 90° \text{量度差值} \tag{3-293}$$

（2）墙内侧水平分布筋下料

① 墙内侧水平分布筋在端柱中弯锚，如图 3-87 所示，M−保护层厚度$<l_{aE}$ 及 K−保护层厚度$<l_{aE}$ 时，内侧水平分布筋在端柱中弯锚。

其加工尺寸为：

$$L_1 = N + 0.4l_{aE} \text{ 伸至对边} - 墙厚 + 保护层厚度 + d \tag{3-294}$$

$$L_2 = 墙长 \ H - 2 \times 墙厚 + 2 \times 保护层厚度 + 2d \tag{3-295}$$

$$L_3 = G + 0.4l_{aE} \text{ 伸至对边} - \text{墙厚} + \text{保护层厚度} + d \tag{3-296}$$

其下料长度为：

$$L = L_1 + L_2 + L_3 + 2L_4 - 4 \times 90° \text{量度差值} \tag{3-297}$$

② 墙内侧水平分布筋在端柱中直锚，如图 3-87 所示，$M - \text{保护层厚度} > l_{aE}$ 及 $K - \text{保护层厚度} > l_{aE}$ 时，外侧水平分布筋在端柱中直锚，此处没有 L_4。

其加工尺寸为：

$$L_1 = N + l_{aE} - \text{墙厚} + \text{保护层厚度} + d \tag{3-298}$$

$$L_2 = \text{墙长 } H - 2 \times \text{墙厚} + 2 \times \text{保护层厚度} + 2d \tag{3-299}$$

$$L_3 = G + l_{aE} - \text{墙厚} + \text{保护层厚度} + d \tag{3-300}$$

其下料长度为：

$$L = L_1 + L_2 + L_3 - 2 \times 90° \text{量度差值} \tag{3-301}$$

3.5.7.9 一端为柱、另一端为墙的外墙内侧水平分布筋下料

一端为柱、另一端为墙的外墙内侧水平分布筋锚固，如图 3-88 所示。

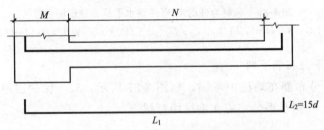

图 3-88 一端为柱、另一端为墙的外墙内侧水平分布筋锚固示意

M、N—墙长；L_1—外皮间尺寸；L_2—两端以外剩余的长度；d—钢筋直径

（1）内侧水平分布筋在端柱中弯锚，如图 3-88 所示，$M - \text{保护层厚} < l_{aE}$ 时，内侧水平分布筋在端柱中弯锚。

其加工尺寸为：

$$L_1 = \text{墙长 } N + 2 \times 0.4l_{aE} \text{ 伸至对边} \tag{3-302}$$

其下料长度为：

$$L = L_1 + 2L_2 - 2 \times 90° \text{量度差值} \tag{3-303}$$

（2）内侧水平分布筋在端柱中直锚，如图 3-88 所示，$M - \text{保护层厚} > l_{aE}$ 时，内侧水平分布筋在端柱中直锚，此时钢筋左侧没有 L_2。

其加工尺寸为：

$$L_1 = \text{墙长 } N + 0.4l_{aE} \text{ 伸至对边} + l_{aE} \tag{3-304}$$

其下料长度为：

$$L = L_1 + L_2 - 90° \text{量度差值} \tag{3-305}$$

3.5.7.10 一端为柱、另一端为墙的 L 形外墙水平分布筋下料

一端为柱、另一端为墙的 L 形外墙水平分布筋锚固，如图 3-89 所示。

（1）墙外侧水平分布筋下料

① 墙外侧水平分布筋在端柱中弯锚，如图 3-89 所示，$M - \text{保护层厚度} < l_{aE}$ 时，外侧水平分布筋在端柱中弯锚。

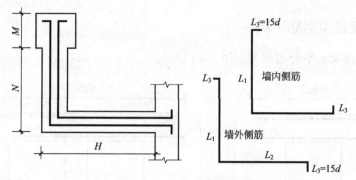

图 3-89　一端为柱、另一端为墙的 L 形外墙水平分布筋锚固示意
M、N、H—墙长；L_1、L_2—外皮尺寸；L_3—展开尺寸；d—钢筋直径

其加工尺寸为：

$$L_1 = N + 0.4 l_{aE} \text{ 伸至对边} - \text{保护层厚度} \tag{3-306}$$

$$L_2 = \text{墙长 } H + 0.4 l_{aE} \text{ 伸至对边} - \text{保护层厚度} \tag{3-307}$$

其下料长度为：

$$L = L_1 + L_2 + 2L_3 - 3 \times 90° \text{量度差值} \tag{3-308}$$

② 墙外侧水平分布筋在端柱中直锚，如图 3-89 所示，$M - \text{保护层厚度} > l_{aE}$ 时，外侧水平分布筋在端柱中直锚，此处无 L_3。

其加工尺寸为：

$$L_1 = N + l_{aE} - \text{保护层厚度} \tag{3-309}$$

$$L_2 = \text{墙长 } H + 0.4 l_{aE} \text{ 伸至对边} - \text{保护层厚度} \tag{3-310}$$

其下料长度为：

$$L = L_1 + L_2 - 2 \times 90° \text{量度差值} \tag{3-311}$$

（2）墙内侧水平分布筋下料

① 墙内侧水平分布筋在端柱中弯锚，如图 3-89 所示，$M - \text{保护层厚度} < l_{aE}$ 时，内侧水平分布筋在端柱中弯锚。

加工尺寸为：

$$L_1 = N + 0.4 l_{aE} \text{ 伸至对边} - \text{墙厚} + \text{保护层厚度} + d \tag{3-312}$$

$$L_2 = \text{墙长 } H + 0.4 l_{aE} \text{ 伸至对边} - \text{墙厚} + \text{保护层厚度} + d \tag{3-313}$$

下料长度为：

$$L = L_1 + L_2 + 2L_3 - 3 \times 90° \text{量度差值} \tag{3-314}$$

② 墙内侧水平分布筋在端柱中直锚，如图 3-89 所示，$M - \text{保护层厚度} > l_{aE}$ 时，外侧水平分布筋在端柱中直锚，此处无 L_3。

其加工尺寸为：

$$L_1 = N + l_{aE} - \text{墙厚} + \text{保护层厚度} + d \tag{3-315}$$

$$L_2 = \text{墙长 } H + 0.4 l_{aE} \text{ 伸至对边} - \text{墙厚} + \text{保护层厚度} + d \tag{3-316}$$

其下料长度为：

$$L = L_1 + L_2 - 2 \times 90° \text{量度差值} \tag{3-317}$$

3.5.8　剪力墙连梁钢筋下料

单、双洞口连梁水平分布钢筋如图 3-90 所示。

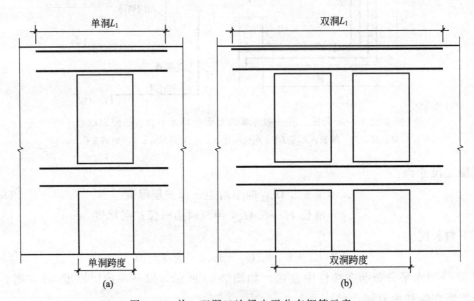

图 3-90　单、双洞口连梁水平分布钢筋示意
（a）单洞口连梁水平分布钢筋；（b）双洞口连梁水平分布钢筋
L_1—外皮间尺寸

单洞口连梁钢筋计算公式：

$$单洞 L_1 = 单洞跨度 + 2 \times \max(l_{aE}, 600) \tag{3-318}$$

双洞口连梁钢筋计算公式：

$$双洞 L_1 = 双洞跨度 + 2 \times \max(l_{aE}, 600) \tag{3-319}$$

需要注意的是，双洞跨度不是两个洞口加在一起的长度，而是连在一起不扣除两洞口之间的距离的总长度，且上、下钢筋长度均相等。

3.6　梁构件钢筋计算

3.6.1　楼层框架梁钢筋计算

3.6.1.1　楼层框架梁上下通长筋计算

（1）两端端支座均为直锚构造，如图 3-91 所示。

$$上、下部通长筋长度 = 通跨净长 l_n + 左 \max(l_{aE}, 0.5h_c + 5d) + 右 \max(l_{aE}, 0.5h_c + 5d) \tag{3-320}$$

（2）两端端支座均为弯锚构造，如图 3-92 所示。

$$上、下部通长筋长度 = 梁长 - 2 \times 保护层厚度 + 15d(左) + 15d(右) \tag{3-321}$$

（3）端支座一端直锚一端弯锚构造，如图 3-93 所示。

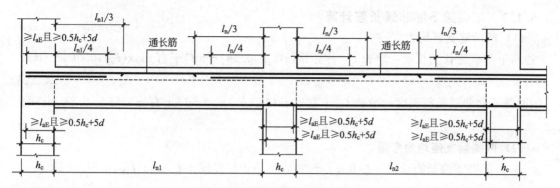

图 3-91　纵筋在端支座直锚构造

l_n—支座两边的净跨长度 l_{n1} 和 l_{n2} 的最大值；l_{n1}、l_{n2}—边跨的净跨长度；l_{aE}—受拉钢筋抗震锚固长度；

h_c—柱截面沿框架方向的高度；d—钢筋直径

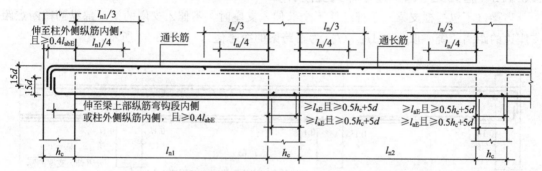

图 3-92　纵筋在端支座弯锚构造

l_n—支座两边的净跨长度 l_{n1} 和 l_{n2} 的最大值；l_{n1}、l_{n2}—边跨的净跨长度；l_{aE}—受拉钢筋抗震锚固长度；

h_c—柱截面沿框架方向的高度；d—钢筋直径；l_{abE}—抗震设计时受拉钢筋基本锚固长度

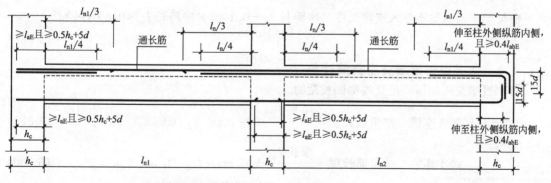

图 3-93　纵筋在端支座一端直锚一端弯锚构造

l_n—支座两边的净跨长度 l_{n1} 和 l_{n2} 的最大值；l_{n1}、l_{n2}—边跨的净跨长度；l_{aE}—受拉钢筋抗震锚固长度；

h_c—柱截面沿框架方向的高度；d—钢筋直径；l_{abE}—抗震设计时受拉钢筋基本锚固长度

上、下部通长筋长度＝通跨净长 l_n＋左 $\max(l_{aE}, 0.5h_c + 5d)$＋右 h_c－保护层厚度＋$15d$

$$(3\text{-}322)$$

3.6.1.2 框架梁下部非通长筋计算

（1）两端端支座均为直锚

边跨下部非通长筋长度＝净长 l_{n1}＋左 $\max(l_{aE}, 0.5h_c + 5d)$＋右 $\max(l_{aE}, 0.5h_c + 5d)$

$$(3\text{-}323)$$

中间跨下部非通长筋长度＝净长 l_{n2}＋左 $\max(l_{aE}, 0.5h_c + 5d)$＋右 $\max(l_{aE}, 0.5h_c + 5d)$

$$(3\text{-}324)$$

（2）两端端支座均为弯锚

边跨下部非通长筋长度＝净长 l_{n1}＋左 h_c－保护层厚度＋右 $\max(l_{aE}, 0.5h_c + 5d)$

$$(3\text{-}325)$$

中间跨下部非通长筋长度＝净长 l_{n2}＋左 $\max(l_{aE}, 0.5h_c + 5d)$＋右 $\max(l_{aE}, 0.5h_c + 5d)$

$$(3\text{-}326)$$

3.6.1.3 框架梁下部纵筋不伸入支座计算

当梁（不包括框支梁）下部纵筋不全部伸入支座时，不伸入支座的梁下部纵筋截断点距支座边的距离，统一取为 $0.1l_{ni}$（l_{ni} 为本跨梁的净跨值），如图 3-94 所示。

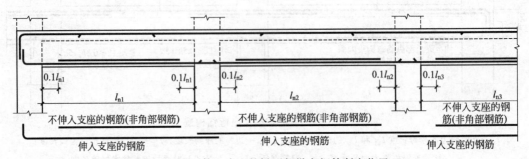

图 3-94 不伸入支座的梁下部纵向钢筋断点位置

l_{n1}、l_{n2}、l_{n3}—边跨的净跨长度

框架梁下部纵筋不伸入支座长度＝净跨长 l_n－0.1×2×净跨长 l_n＝0.8×净跨长 l_n

$$(3\text{-}327)$$

3.6.1.4 楼层框架梁端支座负筋计算

（1）当端支座截面满足直线锚固长度时

$$端支座第一排负筋长度 = \frac{净长\ l_{n1}}{3} + 左\ \max[l_{aE}, (0.5h_c + 5d)] \qquad (3\text{-}328)$$

$$端支座第二排负筋长度 = \frac{净长\ l_{n1}}{4} + 左\ \max[l_{aE}, (0.5h_c + 5d)] \qquad (3\text{-}329)$$

（2）当端支座截面不能满足直线锚固长度时

$$端支座第一排负筋长度 = \frac{净长\ l_{n1}}{3} + 左\ h_c - 保护层厚度 + 15d \qquad (3\text{-}330)$$

$$端支座第二排负筋长度 = \frac{净长\ l_{n1}}{4} + 左\ h_c - 保护层厚度 + 15d \qquad (3\text{-}331)$$

3.6.1.5 楼层框架梁中间支座负筋计算

$$中间支座第一排负筋长度 = 2 \times \max\left(\frac{l_{n1}}{3}, \frac{l_{n2}}{3}\right) + h_c \qquad (3\text{-}332)$$

$$中间支座第二排负筋长度 = 2 \times \max\left(\frac{l_{n1}}{4}, \frac{l_{n2}}{4}\right) + h_c \qquad (3\text{-}333)$$

3.6.1.6 楼层框架梁架立筋计算

连接框架梁第一排支座负筋的钢筋叫作架立筋。架立筋主要起固定梁中间箍筋的作用，如图 3-95、图 3-96 所示。

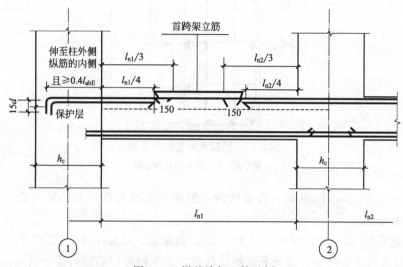

图 3-95 梁首跨架立筋示例

l_{n1}、l_{n2}—边跨的净跨长度；h_c—柱截面沿框架方向的高度；d—钢筋直径；l_{abE}—抗震设计时受拉钢筋基本锚固长度

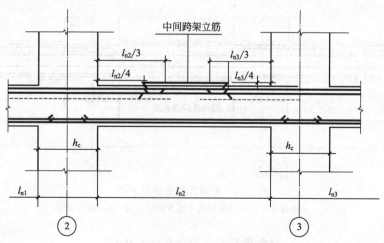

图 3-96 梁中间跨架立筋示例

l_{n1}、l_{n2}、l_{n3}—边跨的净跨长度；h_c—柱截面沿框架方向的高度

$$首尾跨架立筋长度 = l_{n1} - \frac{l_{n1}}{3} - \frac{\max(l_{n1}, l_{n2})}{3} + 150 \times 2 \qquad (3\text{-}334)$$

$$中间跨架立筋长度 = l_{n2} - \frac{\max(l_{n1}, l_{n2})}{3} - \frac{\max(l_{n2}, l_{n3})}{3} + 150 \times 2 \qquad (3\text{-}335)$$

3.6.1.7 框架梁侧面纵筋计算

梁侧面纵筋分构造纵筋和抗扭纵筋。

（1）框架梁侧面构造纵筋计算。梁侧面构造纵筋截面如图3-97所示。

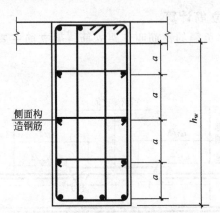

图 3-97　梁侧面构造纵筋截面

h_w—梁净高；a—纵向构造钢筋间距

① 当梁净高 $h_w \geqslant 450\text{mm}$ 时，在梁的两个侧面沿高度配置纵向构造钢筋，纵向构造钢筋间距 $a \leqslant 200\text{mm}$。

② 当梁宽 $\leqslant 350\text{mm}$ 时，拉筋直径为6mm；当梁宽 $> 350\text{mm}$ 时，拉筋直径为8mm。拉筋间距为非加密间距的两倍。当设有多排拉筋时，上下两排拉筋竖向错开设置。

梁侧面构造纵筋长度按图3-98进行计算。

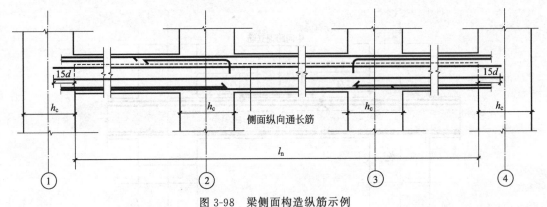

图 3-98　梁侧面构造纵筋示例

l_n—通跨净长；h_c—柱截面沿框架方向的高度；d—钢筋直径

$$梁侧面构造纵筋 = l_n + 15d \times 2 \qquad (3\text{-}336)$$

（2）框架梁侧面抗扭纵筋计算。梁侧面抗扭钢筋的计算方法分两种情况，即直锚情况和弯锚情况。

① 当端支座足够大时，梁侧面抗扭纵向钢筋直锚在端支座里，如图3-99所示。

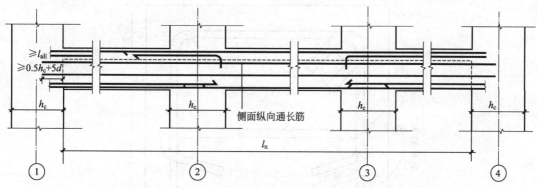

图 3-99　梁侧面抗扭纵筋示例（直锚情况）

l_n—通跨净长；h_c—柱截面沿框架方向的高度；d—钢筋直径；l_{aE}—受拉钢筋抗震锚固长度

梁侧面抗扭纵向钢筋长度＝通跨净长 l_n ＋左右锚入支座内长度 $\max(l_{aE}, 0.5h_c+5d)$

$$(3\text{-}337)$$

② 当支座不能满足直锚长度时，必须弯锚，如图 3-100 所示。

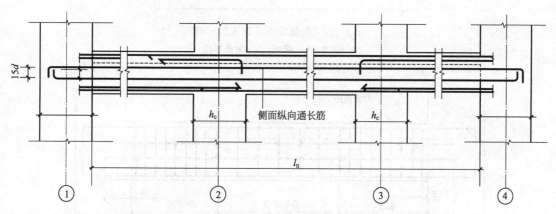

图 3-100　梁侧面抗扭纵筋示例（弯锚情况）

l_n—通跨净长；h_c—柱截面沿框架方向的高度；d—钢筋直径

梁侧面抗扭纵向钢筋长度—通跨净长 l_n ＋左右锚入支座内长度 $\max(0.4l_{aE}+15d,$ 支座宽—保护层厚度＋弯折 $15d)$

$$(3\text{-}338)$$

（3）侧面纵筋的拉筋计算。有侧面纵筋一定有拉筋，拉筋配置如图 3-101 所示。

① 当拉筋同时勾住主筋和箍筋时：

拉筋长度＝（梁宽 b－保护层厚度×2）＋2d＋1.9d×2＋$\max(10d, 75)$×2　(3-339)

② 当拉筋只勾住主筋时：

拉筋长度＝（梁宽 b－保护层厚度×2）＋1.9d×2＋$\max(10d, 75)$×2　(3-340)

（4）侧面纵筋的拉筋根数。拉筋根数配置如图 3-102 所示。

$$拉筋根数 = \frac{l_n - 50 \times 2}{非加密区间距的 2 倍} + 1 \qquad (3\text{-}341)$$

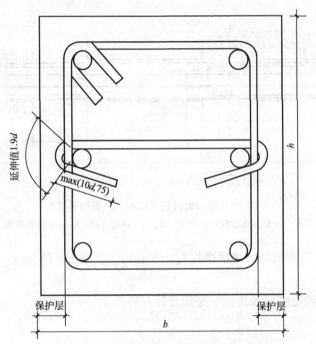

图 3-101 梁侧面纵筋的拉筋示例

b—梁宽；h—梁高；d—钢筋直径

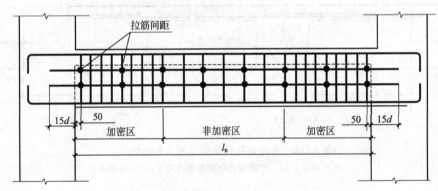

图 3-102 梁侧面纵筋的拉筋配置（单位：mm）

l_n—通跨净长；d—钢筋直径

注：拉筋间距为非加密区间距的 2 倍。

3.6.1.8 框架梁箍筋计算

框架梁（KL、WKL）箍筋构造要求，如图 3-103 所示。

一级抗震：

$$箍筋加密区长度\ l_1 = \max(2.0h_b, 500) \qquad (3\text{-}342)$$

$$箍筋根数 = 2 \times [(l_1 - 50)/加密区间距 + 1] + (l_n - l_1)/非加密区间距 - 1 \qquad (3\text{-}343)$$

二～四级抗震：

$$箍筋加密区长度\ l_2 = \max(1.5h_b, 500) \qquad (3\text{-}344)$$

$$箍筋根数 = 2 \times [(l_2 - 50)/加密区间距 + 1] + (l_n - l_2)/非加密区间距 - 1 \qquad (3\text{-}345)$$

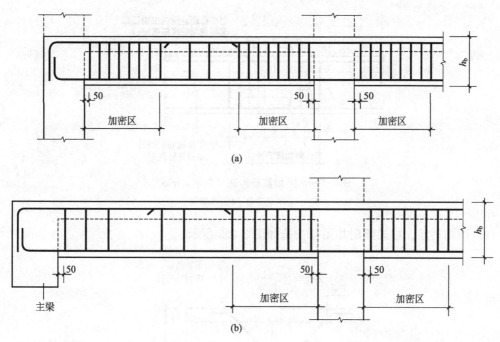

图 3-103 框架梁（KL、WKL）箍筋构造要求（单位：mm）

(a) 构造要求（一）；(b) 构造要求（二）

h_b—框架梁的截面高度

$$\text{箍筋预算长度} = (b+h) \times 2 - 8c + 2 \times 1.9d + \max(10d, 75) \times 2 + 8d \quad (3\text{-}346)$$

$$\text{箍筋下料长度} = (b+h) \times 2 - 8c + 2 \times 1.9d + \max(10d, 75) \times 2 + 8d - 3 \times 1.75d \quad (3\text{-}347)$$

$$\text{内箍预算长度} = \{[(b - 2 \times c - D)/n - 1] \times j + D\} \times 2 + 2 \times (h - c) + 2 \times 1.9d + \max(10d, 75) \times 2 + 8d \quad (3\text{-}348)$$

$$\text{内箍下料长度} = \{[(b - 2 \times c - D)/n - 1] \times j + D\} \times 2 + 2 \times (h - c) + 2 \times 1.9d + \max(10d, 75) \times 2 + 8d - 3 \times 1.75d \quad (3\text{-}349)$$

式中　b——梁宽度，mm；

　　　h——梁高度，mm；

　　　c——混凝土保护层厚度，mm；

　　　d——箍筋直径，mm；

　　　n——纵筋根数；

　　　D——纵筋直径，mm；

　　　j——梁内箍包含的主筋孔数，j＝内箍内梁纵筋数量－1。

3.6.1.9 框架梁附加箍筋、吊筋计算

（1）附加箍筋。框架梁附加箍筋构造，如图 3-104 所示。

附加箍筋间距 $8d$（为箍筋直径）且不大于梁正常箍筋间距。

附加箍筋根数如果设计注明则按设计，设计只注明间距而未注写具体数量则按平法构造。

$$\text{附加箍筋根数} = 2 \times [(\text{主梁高} - \text{次梁高} + \text{次梁宽} - 50)/\text{附加箍筋间距} + 1] \quad (3\text{-}350)$$

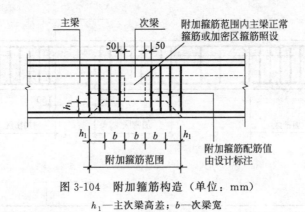

图 3-104　附加箍筋构造（单位：mm）

h_1—主次梁高差；b—次梁宽

（2）附加吊筋。框架梁附加吊筋构造如图 3-105 所示。

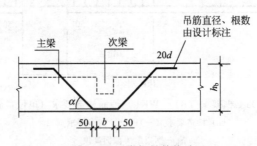

图 3-105　附加吊筋构造

b—次梁宽；h_b—框架梁的截面高度；α—板底高差坡度；d—吊筋直径

注：$h_b \leqslant 800\text{mm}$ 时，$\alpha = 45°$；$h_b > 800\text{mm}$ 时，$\alpha = 60°$。

$$附加吊筋长度 = 次梁宽 + 2 \times 50 + 2 \times (主梁高 - 保护层厚度)/\sin 45°(60°) + 2 \times 20d$$

（3-351）

3.6.2　屋面框架梁钢筋计算

屋面框架梁纵向钢筋构造，如图 3-106 所示。

屋面框架梁除上部通长筋和端支座负筋弯折长度伸至梁底，其他钢筋的算法和楼层框架梁相同。

（1）屋面框架梁上部贯通筋长度

$$屋面框架梁上部贯通筋长度 = 通跨净长 + (左端支座宽 - 保护层厚度) +$$
$$(右端支座宽 - 保护层厚度) + 弯折(梁高 - 保护层厚度) \times 2$$

（3-352）

（2）屋面框架梁上部第一排端支座负筋长度

$$屋面框架梁上部第一排端支座负筋长度 = \frac{净跨 \ l_{n1}}{3} +$$
$$(左端支座宽 - 保护层厚度) + 弯折(梁高 - 保护层厚度)$$

（3-353）

（3）屋面框架梁上部第二排端支座负筋长度

$$屋面框架梁上部第二排端支座负筋长度 = \frac{净跨 \ l_{n1}}{4} + (左端支座宽 - 保护层厚度) +$$
$$弯折(梁高 - 保护层厚度)$$

（3-354）

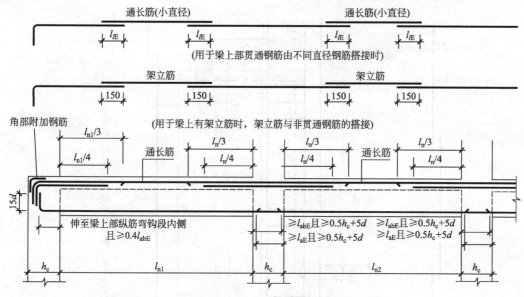

图 3-106　屋面框架梁纵向钢筋构造（单位：mm）

l_n—支座两边的净跨长度 l_{n1} 和 l_{n2} 的最大值；l_{n1}、l_{n2}—边跨的净跨长度；l_{aE}—受拉钢筋抗震锚固长度；

h_c—柱截面沿框架方向的高度；d—钢筋直径；l_{abE}—抗震设计时受拉钢筋基本锚固长度；

l_{lE}—纵向受拉钢筋抗震搭接长度

3.6.3　非框架梁钢筋计算

非框架梁配筋构造，如图 3-107 所示。

非框架梁上部纵筋长度＝通跨净长 l_n＋左支座宽＋右支座宽－2×保护层厚度＋2×15d

$$(3-355)$$

（1）非框架梁为弧形梁时。当非框架梁直锚时：

$$下部通长筋长度＝通跨净长 l_n＋2×l_a \qquad (3-356)$$

当非框架梁不为直锚时：

$$下部通长筋长度＝通跨净长 l_n＋左支座宽＋右支座宽－2×保护层厚度＋2×15d$$

$$(3\text{-}357)$$

非框架梁端支座负筋长度＝l_n/3＋支座宽－保护层厚度＋15d $\qquad (3-358)$

非框架梁中间支座负筋长度＝max(l_n/3,2l_n/3)＋支座宽 $\qquad (3-359)$

（2）非框架梁为直梁时

$$下部通长筋长度＝通跨净长 l_n＋2×12d \qquad (3-360)$$

当梁下部纵筋为光圆钢筋时：

$$下部通长筋长度＝通跨净长 l_n＋2×15d \qquad (3-361)$$

$$非框架梁端支座负筋长度＝l_n/5＋支座宽－保护层厚度＋15d \qquad (3-362)$$

当端支座为柱、剪力墙、框支梁或深梁时：

$$非框架梁端支座负筋长度＝l_n/3＋支座宽－保护层厚度＋15d \qquad (3-363)$$

$$非框架梁中间支座负筋长度＝max(l_n/3,2l_n/3)＋支座宽 \qquad (3-364)$$

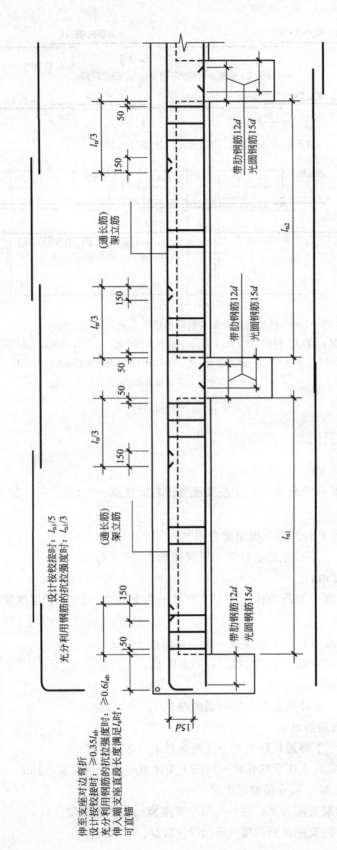

图 3-107　非框架梁梁配筋构造（单位：mm）

l_n—支座两边的净跨长度 l_{n1} 和 l_{n2} 的最大值；l_{n1}、l_{n2}—边跨的净跨长度；l_a—受拉钢筋锚固长度；l_{ab}—受拉钢筋基本锚固长度；d—钢筋直径

3.6.4 框支梁

框支梁的配筋构造，如图 3-108 所示。

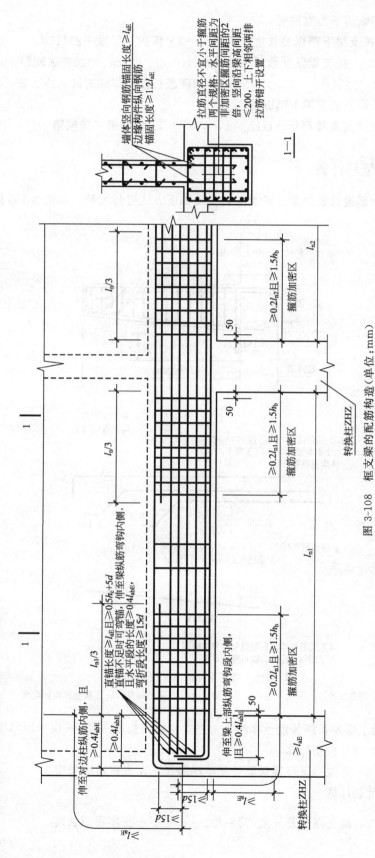

图 3-108　框支梁的配筋构造（单位：mm）

l_n—框架两跨的较大跨度值；l_{n1}，l_{n2}—边跨的净跨度值；l_{abE}—抗震设计时受拉钢筋的净跨长度；l_{aE}—受拉钢筋抗震锚固长度；d—钢筋直径；l_{ab}—受拉钢筋基本锚固长度；h_b—梁截面高度；h_c—柱截面沿框架方向的高度

框支梁上部纵筋长度＝梁总长＝梁跨净长 l_n − 2×保护层厚度＋2×梁高 h ＋2l_{aE}　　（3-365）

框支梁下部纵筋长度＝梁跨净长 l_n ＋左 $\max(l_{aE}, 0.5h_c+5d)$＋右 $\max(l_{aE}, 0.5h_c+5d)$　　（3-366）

当框支梁下部纵筋为直锚时：

当框支梁下部纵筋不为直锚时：

$$框支梁下部纵筋长度=梁总长-2\times保护层厚度+2\times15d \qquad (3\text{-}367)$$

$$框支梁箍筋数量=2\times[\max(0.2l_{n1},1.5h_b)/加密区间距+1]+$$

$$(l_n-加密区长度)/非加密区间距-1 \qquad (3\text{-}368)$$

框支梁侧面纵筋同框支梁下部纵筋。

$$框支梁支座负筋=\max(l_{n1}/3,l_{n2}/3)+支座宽（第二排同第一排） \qquad (3\text{-}369)$$

3.6.5 悬挑梁钢筋计算

（1）悬挑梁上部通长筋计算。悬挑梁通常按如下方式进行配筋，如图 3-109 所示。

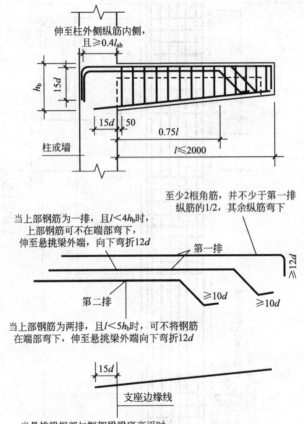

图 3-109 悬挑梁配筋（单位：mm）

d—钢筋直径；l_{ab}—受拉钢筋基本锚固长度；l—挑出长度；h_b—梁根部截面高度

$$悬挑梁上部通长筋长度=净跨长+左支座锚固长度+12d-保护层厚度 \qquad (3\text{-}370)$$

（2）悬挑梁下部通长筋计算

$$悬挑梁下部通长筋长度=净跨长+左支座锚固长度 \qquad (3\text{-}371)$$

（3）端支座负筋计算

$$端支座负筋长度（第一排）=\frac{净跨长}{3}+支座锚固长度 \qquad (3\text{-}372)$$

$$端支座负筋长度(第二排)=\frac{净跨长}{4}+支座锚固长度 \qquad (3-373)$$

（4）悬挑跨跨中钢筋计算

$$悬挑跨跨中钢筋长度=\frac{第一跨净跨长}{3}+支座宽+悬挑净跨长+12d-保护层厚度$$

$$\qquad (3-374)$$

3.6.6 贯通筋下料

贯通筋的加工尺寸，分为三段，如图 3-110 所示。

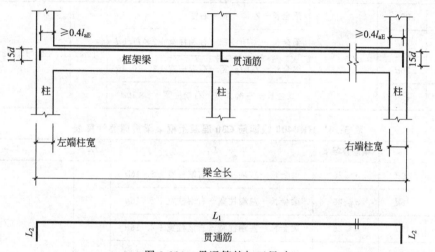

图 3-110 贯通筋的加工尺寸

L_1—外皮间尺寸；L_2—两端以外剩余的长度；d—钢筋直径；l_{aE}—受拉钢筋抗震锚固长度

图 3-111 中"$\geqslant 0.4l_{aE}$"，表示一、二、三、四级抗震等级钢筋进入柱中，水平方向的锚固长度值。"$15d$"表示在柱中竖向的锚固长度值。

在标注贯通筋加工尺寸时，不要忘记它标注的是外皮尺寸。这时，在求下料长度时，需要减去由于有两个直角钩而产生的外皮差值。

在框架结构的构件中，纵向受力钢筋的直角弯曲半径，单独有规定。常用的钢筋，有 HRB335 级和 HRB400 级钢筋，常用的混凝土，有 C30、C35 和大于 C40 的几种。另外，还要考虑结构的抗震等级等因素。

综合上述各种因素，为了计算方便，用表的形式，把计算公式列入其中，见表 3-11～表 3-16。

表 3-11　HRB335 级钢筋 C30 混凝土框架梁贯通筋计算表　　　　　mm

抗震等级	l_{aE}	钢筋直径 d	L_1	L_2	下料长度
一级抗震	$33d$		梁全长－左端柱宽－右端柱宽＋2×13.2d		
二级抗震	$33d$	$d\leqslant 25$	梁全长－左端柱宽－右端柱宽＋2×13.2d	$15d$	$L_1+2\times L_2-2\times$外皮差值
三级抗震	$30d$		梁全长－左端柱宽－右端柱宽＋2×12d		
四级抗震	$29d$		梁全长－左端柱宽－右端柱宽＋2×11.6d		

表 3-12　HRB335 级钢筋 C35 混凝土框架梁贯通筋计算表　　　　　　　　mm

抗震等级	l_{aE}	钢筋直径 d	L_1	L_2	下料长度
一级抗震	$31d$		梁全长－左端柱宽－右端柱宽＋$2×12.4d$		
二级抗震	$31d$	$d≤25$	梁全长－左端柱宽－右端柱宽＋$2×12.4d$	$15d$	$L_1＋2×L_2－2×$外皮差值
三级抗震	$28d$		梁全长－左端柱宽－右端柱宽＋$2×11.2d$		
四级抗震	$27d$		梁全长－左端柱宽－右端柱宽＋$2×10.8d$		

表 3-13　HRB335 级钢筋≥C40 混凝土框架梁贯通筋计算表　　　　　　　　mm

抗震等级	l_{aE}	钢筋直径 d	L_1	L_2	下料长度
一级抗震	$29d$		梁全长－左端柱宽－右端柱宽＋$2×11.6d$		
二级抗震	$29d$	$d≤25$	梁全长－左端柱宽－右端柱宽＋$2×11.6d$	$15d$	$L_1＋2×L_2－2×$外皮差值
三级抗震	$26d$		梁全长－左端柱宽－右端柱宽＋$2×10.4d$		
四级抗震	$25d$		梁全长－左端柱宽－右端柱宽＋$2×10d$		

表 3-14　HRB400 级钢筋 C30 混凝土框架梁贯通筋计算表　　　　　　　　mm

抗震等级	l_{aE}	钢筋直径 d	L_1	L_2	下料长度
一级抗震	$40d$	$d≤25$	梁全长－左端柱宽－右端柱宽＋$2×16d$		
	$45d$	$d>25$	梁全长－左端柱宽－右端柱宽＋$2×18d$		
二级抗震	$40d$	$d≤25$	梁全长－左端柱宽－右端柱宽＋$2×16d$		
	$45d$	$d>25$	梁全长－左端柱宽－右端柱宽＋$2×18d$	$15d$	$L_1＋2×L_2－2×$外皮差值
三级抗震	$37d$	$d≤25$	梁全长－左端柱宽－右端柱宽＋$2×14.8d$		
	$41d$	$d>25$	梁全长－左端柱宽－右端柱宽＋$2×16.4d$		
四级抗震	$35d$	$d≤25$	梁全长－左端柱宽－右端柱宽＋$2×14d$		
	$39d$	$d>25$	梁全长－左端柱宽－右端柱宽＋$2×15.6d$		

表 3-15　HRB400 级钢筋 C35 混凝土框架梁贯通筋计算表　　　　　　　　mm

抗震等级	l_{aE}	钢筋直径 d	L_1	L_2	下料长度
一级抗震	$37d$	$d≤25$	梁全长－左端柱宽－右端柱宽＋$2×14.8d$		
	$40d$	$d>25$	梁全长－左端柱宽－右端柱宽＋$2×16d$		
二级抗震	$37d$	$d≤25$	梁全长－左端柱宽－右端柱宽＋$2×14.8d$		
	$40d$	$d>25$	梁全长－左端柱宽－右端柱宽＋$2×16d$		
三级抗震	$34d$	$d≤25$	梁全长－左端柱宽－右端柱宽＋$2×13.6d$	$15d$	$L_1＋2×L_2－2×$外皮差值
	$37d$	$d>25$	梁全长－左端柱宽－右端柱宽＋$2×14.8d$		
四级抗震	$32d$	$d≤25$	梁全长－左端柱宽－右端柱宽＋$2×12.8d$		
	$35d$	$d>25$	梁全长－左端柱宽－右端柱宽＋$2×14d$		

表 3-16 HRB400 级钢筋≥C40 混凝土框架梁贯通筋计算表

mm

抗震等级	l_{aE}	钢筋直径 d	L_1	L_2	下料长度
一级抗震	$33d$	$d \leqslant 25$	梁全长−左端柱宽−右端柱宽+2×13.2d		
	$37d$	$d > 25$	梁全长−左端柱宽−右端柱宽+2×14.8d		
二级抗震	$33d$	$d \leqslant 25$	梁全长−左端柱宽−右端柱宽+2×13.2d		
	$37d$	$d > 25$	梁全长−左端柱宽−右端柱宽+2×14.8d	$15d$	$L_1 + 2L_2 − 2 \times$ 外皮差值
三级抗震	$30d$	$d \leqslant 25$	梁全长−左端柱宽−右端柱宽+2×12d		
	$34d$	$d > 25$	梁全长−左端柱宽−右端柱宽+2×13.6d		
四级抗震	$29d$	$d \leqslant 25$	梁全长−左端柱宽−右端柱宽+2×11.6d		
	$32d$	$d > 25$	梁全长−左端柱宽−右端柱宽+2×12.8d		

3.6.7 边跨上部直角筋下料

3.6.7.1 边跨上部一排直角筋的下料尺寸计算

结合图 3-111 及图 3-112 可知,这是梁与边柱交接处,放置在梁的上部,承受负弯矩的直角形钢筋。钢筋的 L_1 部分,是由两部分组成:即由三分之一边净跨长度,加上 $0.4l_{aE}$。参考表 3-17~表 3-22 进行计算。

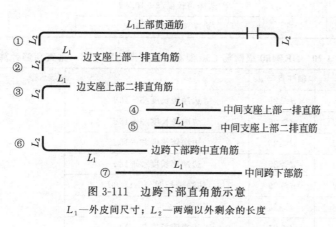

图 3-111 边跨下部直角筋示意

L_1—外皮间尺寸;L_2—两端以外剩余的长度

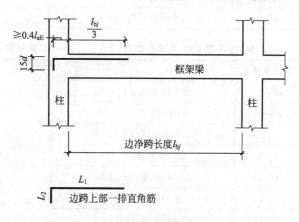

图 3-112 边跨上部直角筋示意

L_1—外皮间尺寸;L_2—两端以外剩余的长度;d—钢筋直径;l_{aE}—受拉钢筋抗震锚固长度;l_{bj}—边净跨长度

表 3-17　HRB335 级钢筋 C30 混凝土框架梁边跨上部一排直角筋计算表　　　　mm

抗震等级	l_{aE}	钢筋直径 d	L_1	L_2	下料长度
一级抗震	$33d$		边净跨长度/3+13.2d		
二级抗震	$33d$	$d \leq 25$	边净跨长度/3+13.2d	$15d$	L_1+L_2-外皮差值
三级抗震	$30d$		边净跨长度/3+12d		
四级抗震	$29d$		边净跨长度/3+11.6d		

表 3-18　HRB335 级钢筋 C35 混凝土框架梁边跨上部一排直角筋计算表　　　　mm

抗震等级	l_{aE}	钢筋直径 d	L_1	L_2	下料长度
一级抗震	$31d$		边净跨长度/3+12.4d		
二级抗震	$31d$	$d \leq 25$	边净跨长度/3+12.4d	$15d$	L_1+L_2-外皮差值
三级抗震	$28d$		边净跨长度/3+11.2d		
四级抗震	$27d$		边净跨长度/3+10.8d		

表 3-19　HRB335 级钢筋 ≥C40 混凝土框架梁边跨上部一排直角筋计算表　　　　mm

抗震等级	l_{aE}	钢筋直径 d	L_1	L_2	下料长度
一级抗震	$29d$		边净跨长度/3+11.6d		
二级抗震	$29d$	$d \leq 25$	边净跨长度/3+11.6d	$15d$	L_1+L_2-外皮差值
三级抗震	$26d$		边净跨长度/3+10.4d		
四级抗震	$25d$		边净跨长度/3+10d		

表 3-20　HRB400 级钢筋 C30 混凝土框架梁边跨上部一排直角筋计算表　　　　mm

抗震等级	l_{aE}	钢筋直径 d	L_1	L_2	下料长度
一级抗震	$40d$	$d \leq 25$	边净跨长度/3+16d		
	$45d$	$d > 25$	边净跨长度/3+18d		
二级抗震	$40d$	$d \leq 25$	边净跨长度/3+16d		
	$45d$	$d > 25$	边净跨长度/3+18d	$15d$	L_1+L_2-外皮差值
三级抗震	$37d$	$d \leq 25$	边净跨长度/3+14.8d		
	$41d$	$d > 25$	边净跨长度/3+16.4d		
四级抗震	$35d$	$d \leq 25$	边净跨长度/3+14d		
	$39d$	$d > 25$	边净跨长度/3+15.6d		

表 3-21　HRB400 级钢筋 C35 混凝土框架梁边跨上部一排直角筋计算表　　　　mm

抗震等级	l_{aE}	钢筋直径 d	L_1	L_2	下料长度
一级抗震	$37d$	$d \leq 25$	边净跨长度/3+14.8d		
	$40d$	$d > 25$	边净跨长度/3+16d		
二级抗震	$37d$	$d \leq 25$	边净跨长度/3+14.8d		
	$40d$	$d > 25$	边净跨长度/3+16d	$15d$	L_1+L_2-外皮差值
三级抗震	$34d$	$d \leq 25$	边净跨长度/3+13.6d		
	$37d$	$d > 25$	边净跨长度/3+14.8d		
四级抗震	$32d$	$d \leq 25$	边净跨长度/3+12.8d		
	$35d$	$d > 25$	边净跨长度/3+14d		

表 3-22 **HRB400 级钢筋≥C40 混凝土框架梁边跨上部一排直角筋计算表** mm

抗震等级	l_{aE}	钢筋直径 d	L_1	L_2	下料长度
一级抗震	33d	d≤25	边净跨长度/3+13.2d		
	37d	d>25	边净跨长度/3+14.8d		
二级抗震	33d	d≤25	边净跨长度/3+13.2d		
	37d	d>25	边净跨长度/3+14.8d	15d	L_1+L_2-外皮差值
三级抗震	30d	d≤25	边净跨长度/3+12d		
	34d	d>25	边净跨长度/3+13.6d		
四级抗震	29d	d≤25	边净跨长度/3+11.6d		
	32d	d>25	边净跨长度/3+12.8d		

3.6.7.2 边跨上部二排直角筋的下料尺寸计算

边跨上部二排直角筋的下料尺寸和边跨上部一排直角筋的下料尺寸的计算方法,基本相同。仅差在 L_1 中前者是四分之一边净跨度,而后者是三分之一边净跨度。边跨上部二排直角筋示意如图 3-113 所示。

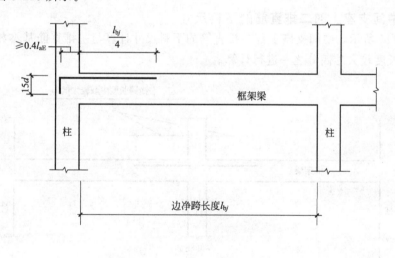

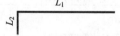

边跨上部二排直角筋

图 3-113 边跨上部二排直角筋示意

L_1—外皮间尺寸;L_2—两端以外剩余的长度;d—钢筋直径;l_{aE}—受拉钢筋抗震锚固长度;l_{bj}—边净跨长度

计算方法与前面的类似,这里省略计算步骤。

3.6.8 中间支座上部直筋下料

3.6.8.1 中间支座上部一排直筋的下料尺寸计算

图 3-114 所示为中间支座上部一排直筋的示意图,此类直筋的下料尺寸只需取其左、右两净跨长度大者的三分之一再乘以 2,而后加中间柱宽即可。

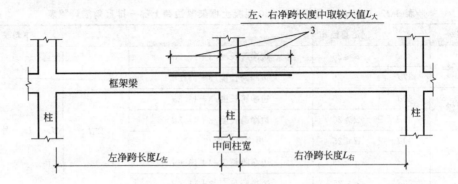

$$L_1$$
中间支座上部一排直筋

图 3-114 中间支座上部一排直筋示意

设：左净跨长度＝$L_左$，右净跨长度＝$L_右$，左、右净跨长度中取较大值＝$L_大$，则有

$$L_1 = 2L_大/3 + 中间柱宽 \tag{3-375}$$

3.6.8.2 中间支座上部二排直筋的下料尺寸

如图 3-115 所示，中间支座上部二排直筋的下料尺寸计算与一排直筋基本相同，只是取左、右两跨长度较大的四分之一进行计算。

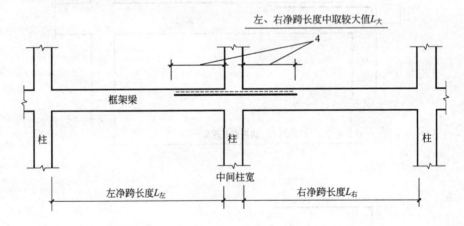

$$L_1$$
中间支座上部二排直筋

图 3-115 中间支座上部二排直筋示意

设：左净跨长度＝$L_左$，右净跨长度＝$L_右$，左、右净跨长度中取较大值＝$L_大$，则有

$$L_1 = 2L_大/4 + 中间柱宽 \tag{3-376}$$

3.6.9 边跨下部跨中直角筋下料

如图 3-116 所示，L_1 是由三部分组成，即锚入边柱部分、锚入中柱部分、边净跨度部分。

$$下料长度 = L_1 + L_2 - 外皮差值 \tag{3-377}$$

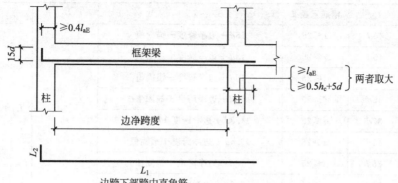

图 3-116　边跨下部跨中直角筋详图

L_1—外皮间尺寸；L_2—两端以外剩余的长度；d—钢筋直径；l_{aE}—受拉钢筋抗震锚固长度；

h_c—柱截面沿框架方向的高度

具体计算见表 3-23～表 3-28。在表 3-23～表 3-28 的附注中，提及的 h_c 系指框架方向柱宽。

表 3-23　HRB335 级钢筋 C30 混凝土框架梁边跨下部跨中直角筋计算表　　mm

抗震等级	l_{aE}	钢筋直径 d	L_1	L_2	下料长度
一级抗震	$33d$		$13.2d+$边净跨度+锚固值		
二级抗震	$33d$	$d{\leqslant}25$	$13.2d+$边净跨度+锚固值	$15d$	L_1+L_2-外皮差值
三级抗震	$30d$		$12d+$边净跨度+锚固值		
四级抗震	$29d$		$11.6d+$边净跨度+锚固值		

注：l_{aE} 与 $0.5h_c+d$，两者取大，令其等于"锚固值"；外皮差值查表 1-7。

表 3-24　HRB335 级钢筋 C35 混凝土框架梁边跨下部跨中直角筋计算表　　mm

抗震等级	l_{aE}	钢筋直径 d	L_1	L_2	下料长度
一级抗震	$31d$		$12.4d+$边净跨度+锚固值		
二级抗震	$31d$	$d{\leqslant}25$	$12.4d+$边净跨度+锚固值	$15d$	L_1+L_2-外皮差值
三级抗震	$28d$		$11.2d+$边净跨度+锚固值		
四级抗震	$27d$		$10.8d+$边净跨度+锚固值		

注：l_{aE} 与 $0.5h_c+d$，两者取大，令其等于"锚固值"；外皮差值查表 1-7。

表 3-25　HRB335 级钢筋 ≥C40 混凝土框架梁边跨下部跨中直角筋计算表　　mm

抗震等级	l_{aE}	钢筋直径 d	L_1	L_2	下料长度
一级抗震	$29d$		$11.6d+$边净跨度+锚固值		
二级抗震	$29d$	$d{\leqslant}25$	$11.6d+$边净跨度+锚固值	$15d$	L_1+L_2-外皮差值
三级抗震	$26d$		$10.4d+$边净跨度+锚固值		
四级抗震	$25d$		$10d+$边净跨度+锚固值		

注：l_{aE} 与 $0.5h_c+d$，两者取大，令其等于"锚固值"；外皮差值查表 1-7。

表 3-26   HRB400 级钢筋 C30 混凝土框架梁边跨下部跨中直角筋计算表   mm

抗震等级	l_{aE}	钢筋直径 d	L_1	L_2	下料长度
一级抗震	$40d$	$d \leqslant 25$	$16d$＋边净跨度＋锚固值		
	$45d$	$d > 25$	$18d$＋边净跨度＋锚固值		
二级抗震	$40d$	$d \leqslant 25$	$16d$＋边净跨度＋锚固值		
	$45d$	$d > 25$	$18d$＋边净跨度＋锚固值	$15d$	$L_1 + L_2 -$外皮差值
三级抗震	$37d$	$d \leqslant 25$	$14.8d$＋边净跨度＋锚固值		
	$41d$	$d > 25$	$16.4d$＋边净跨度＋锚固值		
四级抗震	$35d$	$d \leqslant 25$	$14d$＋边净跨度＋锚固值		
	$39d$	$d > 25$	$15.6d$＋边净跨度＋锚固值		

注：l_{aE} 与 $0.5h_c + 5d$，两者取大，令其等于"锚固值"；外皮差值查表 1-7。

表 3-27   HRB400 级钢筋 C35 混凝土框架梁边跨下部跨中直角筋计算表   mm

抗震等级	l_{aE}	钢筋直径 d	L_1	L_2	下料长度
一级抗震	$37d$	$d \leqslant 25$	$14.8d$＋边净跨度＋锚固值		
	$40d$	$d > 25$	$16d$＋边净跨度＋锚固值		
二级抗震	$37d$	$d \leqslant 25$	$14.8d$＋边净跨度＋锚固值		
	$40d$	$d > 25$	$16d$＋边净跨度＋锚固值	$15d$	$L_1 + L_2 -$外皮差值
三级抗震	$34d$	$d \leqslant 25$	$13.6d$＋边净跨度＋锚固值		
	$37d$	$d > 25$	$14.8d$＋边净跨度＋锚固值		
四级抗震	$32d$	$d \leqslant 25$	$12.8d$＋边净跨度＋锚固值		
	$35d$	$d > 25$	$14d$＋边净跨度＋锚固值		

注：l_{aE} 与 $0.5h_c + 5d$，两者取大，令其等于"锚固值"；外皮差值查表 1-7。

表 3-28   HRB400 级钢筋 ≥C40 混凝土框架梁边跨下部跨中直角筋计算表   mm

抗震等级	l_{aE}	钢筋直径 d	L_1	L_2	下料长度
一级抗震	$33d$	$d \leqslant 25$	$13.2d$＋边净跨度＋锚固值		
	$37d$	$d > 25$	$14.8d$＋边净跨度＋锚固值		
二级抗震	$33d$	$d \leqslant 25$	$13.2d$＋边净跨度＋锚固值		
	$37d$	$d > 25$	$14.8d$＋边净跨度＋锚固值	$15d$	$L_1 + L_2 -$外皮差值
三级抗震	$30d$	$d \leqslant 25$	$12d$＋边净跨度＋锚固值		
	$34d$	$d > 25$	$13.6d$＋边净跨度＋锚固值		
四级抗震	$29d$	$d \leqslant 25$	$11.6d$＋边净跨度＋锚固值		
	$32d$	$d > 25$	$12.8d$＋边净跨度＋锚固值		

注：l_{aE} 与 $0.5h_c + 5d$，两者取大，令其等于"锚固值"；外皮差值查表 1-7。

3.6.10 中间跨下部筋下料

由图 3-117 可知：L_1 是由三部分组成的，即锚入左柱部分、锚入右柱部分、中间净跨长度。

下料长度 L_1＝中间净跨长度＋锚入左柱部分＋锚入右柱部分   (3-378)

锚入左柱部分、锚入右柱部分经取较大值后，各称为"左锚固值""右锚固值"。请注意，当左、右两柱的宽度不一样时，两个"锚固值"是不相等的。具体计算见表 3-29～表 3-34。

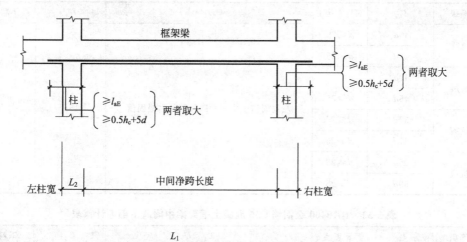

图 3-117 中间跨下部筋示意

L_1—中间跨下部筋长度；L_2—左柱宽；d—钢筋直径；l_{aE}—受拉钢筋抗震锚固长度；h_c—柱截面沿框架方向的高度

表 3-29　HRB335 级钢筋 C30 混凝土框架梁中间跨下部筋计算表 mm

抗震等级	l_{aE}	钢筋直径 d	L_1	L_2	下料长度
一级抗震	$33d$				
二级抗震	$33d$	$d\leqslant25$	左锚固值＋中间净跨长度＋右锚固值	$15d$	L_1
三级抗震	$30d$				
四级抗震	$29d$				

表 3-30　HRB335 级钢筋 C35 混凝土框架梁中间跨下部筋计算表 mm

抗震等级	l_{aE}	钢筋直径 d	L_1	L_2	下料长度
一级抗震	$31d$				
二级抗震	$31d$	$d\leqslant25$	左锚固值＋中间净跨长度＋右锚固值	$15d$	L_1
三级抗震	$28d$				
四级抗震	$27d$				

表 3-31　HRB335 级钢筋≥C40 混凝土框架梁中间跨下部筋计算表 mm

抗震等级	l_{aE}	钢筋直径 d	L_1	L_2	下料长度
一级抗震	$29d$				
二级抗震	$29d$	$d\leqslant25$	左锚固值＋中间净跨长度＋右锚固值	$15d$	L_1
三级抗震	$26d$				
四级抗震	$25d$				

表 3-32　HRB400 级钢筋 C30 混凝土框架梁中间跨下部筋计算表　　　　mm

抗震等级	l_{aE}	钢筋直径 d	L_1	L_2	下料长度
一级抗震	40d	$d \leqslant 25$	左锚固值＋中间净跨长度＋右锚固值	15d	L_1
	45d	$d > 25$			
二级抗震	40d	$d \leqslant 25$			
	45d	$d > 25$			
三级抗震	37d	$d \leqslant 25$			
	41d	$d > 25$			
四级抗震	35d	$d \leqslant 25$			
	39d	$d > 25$			

表 3-33　HRB400 级钢筋 C35 混凝土框架梁中间跨下部筋计算表　　　　mm

抗震等级	l_{aE}	钢筋直径 d	L_1	L_2	下料长度
一级抗震	37d	$d \leqslant 25$	左锚固值＋中间净跨长度＋右锚固值	15d	L_1
	40d	$d > 25$			
二级抗震	37d	$d \leqslant 25$			
	40d	$d > 25$			
三级抗震	34d	$d \leqslant 25$			
	37d	$d > 25$			
四级抗震	32d	$d \leqslant 25$			
	35d	$d > 25$			

表 3-34　HRB400 级钢筋 ≥C40 混凝土框架梁中间跨下部筋计算表　　　　mm

抗震等级	l_{aE}	钢筋直径 d	L_1	L_2	下料长度
一级抗震	33d	$d \leqslant 25$	左锚固值＋中间净跨长度＋右锚固值	15d	L_1
	37d	$d > 25$			
二级抗震	33d	$d \leqslant 25$			
	37d	$d > 25$			
三级抗震	30d	$d \leqslant 25$			
	34d	$d > 25$			
四级抗震	29d	$d \leqslant 25$			
	32d	$d > 25$			

3.6.11　边跨和中跨搭接架立筋下料

3.6.11.1　边跨搭接架立筋的下料尺寸计算

图 3-118 所示为架立筋与左右净跨长度、边净跨长度以及搭接长度的关系。

计算时，首先需要知道和哪个筋搭接。边跨搭接架立筋是要和两根筋搭接：一端是和边跨上部一排直角筋的水平端搭接；另一端是和中间支座上部一排直筋搭接。搭接长度规定：结构有贯通筋时为150mm；无贯通筋时为 l_{lE}。考虑此架立筋是构造需要，建议 l_{lE} 按 1.2l_{aE} 取值。

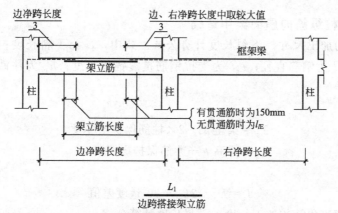

图 3-118 架立筋与边净跨长度、边右净跨长度以及搭接长度的关系

L_1—边跨搭接架立筋长度；l_{lE}—纵向受拉钢筋抗震搭接长度

计算方法如下：

边净跨长度－(边净跨长度/3)－(左、右净跨长度中取较大值)/3＋2×(搭接长度) (3-379)

3.6.11.2 中跨搭接架立筋的下料尺寸计算

图 3-119 所示为中跨搭接架立筋与左、右净跨长度及中间跨净跨长度的关系。

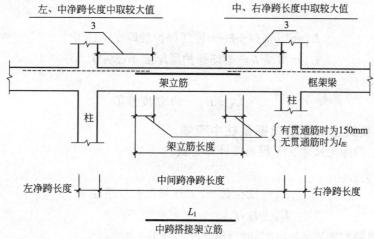

图 3-119 中跨搭接架立筋与左、右净跨长度及中间跨净跨长度的关系

L_1—中跨搭接架立筋长度；l_{lE}—纵向受拉钢筋抗震搭接长度

中跨搭接架立筋的下料尺寸计算与边跨搭接架立筋的下料尺寸计算基本相同，只是把边跨改成了中间跨而已。

3.6.12 角部附加筋及其余钢筋下料

3.6.12.1 角部附加筋的计算

角部附加筋是用在顶层屋面梁与边角柱的节点处，因此，它的加工弯曲半径 $R=6d$，如图 3-120 所示。

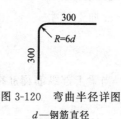

图 3-120 弯曲半径详图

d—钢筋直径

3.6.12.2 框架柱纵筋向屋面梁中弯锚

（1）通长筋的加工尺寸、下料长度计算公式。式中，L 为下料长度；L_1、L_2、$L_3\cdots$、L_n 为加工尺寸；d 为钢筋直径；l_{aE} 为受拉钢筋抗震锚固长度；h_c 为柱截面沿框架方向的高度；h 为梁高。

① 加工长度

$$L_1 = 梁全长 - 2 \times 柱筋保护层厚度 \tag{3-380}$$
$$L_2 = 梁高\ h - 梁筋保护层厚度 \tag{3-381}$$

② 下料长度

$$L = L_1 + 2L_2 - 90°量度差值 \tag{3-382}$$

（2）边跨上部直角筋的加工长度、下料长度计算公式：

① 第一排

a. 加工尺寸

$$L_1 = L_n 边/3 + h_c - 柱筋保护层厚度 \tag{3-383}$$
$$L_2 = 梁高\ h - 梁筋保护层厚度 \tag{3-384}$$

b. 下料长度

$$L = L_1 + L_2 - 90°量度差值 \tag{3-385}$$

② 第二排

a. 加工尺寸

$$L_1 = L_{n边}/4 + h_c - 柱筋保护层厚度 + (30d) \tag{3-386}$$
$$L_2 = 梁高\ h - 梁筋保护层厚度 + (30d) \tag{3-387}$$

b. 下料长度

$$L = L_1 + L_2 - 90°量度差值 \tag{3-388}$$

3.6.12.3 屋面梁上部纵筋向框架柱中弯锚

（1）通长筋的加工尺寸、下料长度计算公式

① 加工尺寸

$$L_1 = 梁全长 - 2 \times 柱筋保护层厚度 \tag{3-389}$$
$$L_2 = 1.7l_{aE} \tag{3-390}$$

当梁上部纵筋配筋率 $\rho > 1.2\%$ 时（第二批截断）：

$$L_2 = 1.7l_{aE} + 20d \tag{3-391}$$

② 下料长度

$$L = L_1 + 2L_2 - 90°量度差值 \tag{3-392}$$

（2）边跨上部直角筋的加工长度、下料长度计算公式

① 第一排

a. 加工尺寸

$$L_1 = L_n 边/3 + h_c - 柱筋保护层厚度 \tag{3-393}$$
$$L_2 = 1.7l_{aE} \tag{3-394}$$

当梁上部纵筋配筋率 $\rho > 1.2\%$ 时（第二批截断）：

$$L_2 = 1.7l_{aE} + 20d \tag{3-395}$$

b. 下料长度

$$L = L_1 + L_2 - 90°量度差值 \tag{3-396}$$

② 第二排

a. 加工尺寸

$$L_1 = L_{n边}/4 + h_c - 柱筋保护层厚度 \tag{3-397}$$

$$L_2 = 1.7 l_{aE} \tag{3-398}$$

b. 下料长度

$$L = L_1 + L_2 - 90°量度差值 \tag{3-399}$$

3.6.12.4　腰筋

加工尺寸、下料长度计算公式：

$$L_1(L) = L_n + 2 \times 15d \tag{3-400}$$

3.6.12.5　吊筋

（1）加工尺寸，见图 3-121。

$$L_1 = 20d \tag{3-401}$$

$$L_2 = (梁高 h - 2 \times 梁筋保护层厚度)/\sin\alpha \tag{3-402}$$

$$L_3 = 100 + b \tag{3-403}$$

（2）下料长度

$$L = L_1 + L_2 + L_3 - 4 \times 45°(60°)量度差值 \tag{3-404}$$

3.6.12.6　拉筋

在平法中拉筋的弯钩往往是弯成 135°，但在施工时，拉筋一端做成 135°的弯钩，而另一端先预制成 90°，绑扎后再将 90°弯成 135°，如图 3-122 所示。

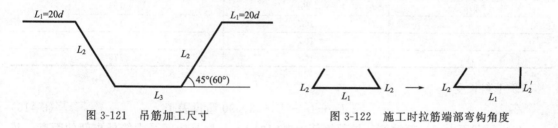

图 3-121　吊筋加工尺寸　　　　图 3-122　施工时拉筋端部弯钩角度

（1）加工尺寸

$$L_1 = 梁宽 b - 2 \times 柱筋保护层厚度 \tag{3-405}$$

L_2、L_2' 可由表 3-35 查得。

表 3-35　拉筋端钩由 135°预制成 90°时 L_2 改注成 L_2' 的数据　　　　mm

d	平直段长	L_2	L_2'
6	75	96	110
6.5	75	98	113
8	10d	109	127
10	10d	136	159
12	10d	163	190

注：L_2 为 135°弯钩增加值，$R = 2.5d$。

（2）下料长度

$$L = L_1 + 2L_2 \tag{3-406}$$

或 $$L = L_1 + L_2 + L_2' - 90°量度差值 \tag{3-407}$$

3.6.12.7 箍筋

平法中箍筋的弯钩均为 135°，平直段长 $10d$ 或 75mm，取其大值。

如图 3-123 所示，L_1、L_2、L_3、L_4 为加工尺寸且为内包尺寸。

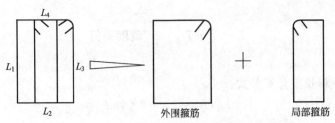

图 3-123 梁截面中间局部箍筋

（1）梁中外围箍筋

① 加工尺寸

$$L_1 = 梁高\ h - 2 \times 梁筋保护层厚度 \tag{3-408}$$
$$L_2 = 梁宽\ b - 2 \times 梁筋保护层厚度 \tag{3-409}$$

L_3 比 L_1 增加一个值，L_4 比 L_2 增加一个值，增加值是一样的，这个值可以从表 3-36 中查得。

表 3-36 当 $R = 2.5d$ 时，L_3 比 L_1 和 L_4 比 L_2 各自增加值   mm

d	平直段长	增加值
6	75	102
6.5	75	105
8	$10d$	117
10	$10d$	146
12	$10d$	175

② 下料长度

$$L = L_1 + L_2 + L_3 + L_4 - 3 \times 90°量度差值 \tag{3-410}$$

（2）梁截面中间局部箍筋。局部箍筋中对应的 L_2 长度是中间受力筋外皮间的距离，其他算法同外围箍筋，见图 3-123。

3.7 板构件钢筋计算

3.7.1 板上部贯通纵筋的计算

3.7.1.1 端支座为梁时板上部贯通纵筋计算方法

（1）计算板上部贯通纵筋的根数。按照 16G101-1 图集的规定，第一根贯通纵筋在距梁边为 1/2 板筋间距处开始设置。这样，板上部贯通纵筋的布筋范围就是净跨长度。在这个范围内除以钢筋的间距，所得到的"间隔个数"就是钢筋的根数。

（2）计算板上部贯通纵筋的长度。板上部贯通纵筋两端伸至梁外侧角筋的内侧，再弯直钩 $15d$；当平直段长度分别 $\geqslant l_a$、$\geqslant l_{aE}$ 时可不弯折。具体的计算方法是：

① 先计算直锚长度＝梁截面宽度－保护层厚度－梁角筋直径；

② 若平直段长度分别 $\geqslant l_a$、$\geqslant l_{aE}$ 时可不弯折，否则弯直钩 $15d$。

以单块板上部贯通纵筋的计算为例：

$$板上部贯通纵筋的直段长度＝净跨长度＋两端的直锚长度 \qquad (3-411)$$

3.7.1.2　端支座为剪力墙时板上部贯通纵筋计算方法

（1）计算板上部贯通纵筋的根数。按照 16G101-1 图集的规定，第一根贯通纵筋在距墙边为 1/2 板筋间距处开始设置。这样，板上部贯通纵筋的布筋范围＝净跨长度。在这个范围内除以钢筋的间距，所得到的"间隔个数"就是钢筋的根数。

（2）计算板上部贯通纵筋的长度。板上部贯通纵筋两端伸至剪力墙外侧水平分布筋的内侧，弯锚长度为 l_{aE}。具体的计算方法是：

① 先计算直锚长度＝墙厚度－保护层厚度－墙身水平分布筋直径；

② 再计算弯钩长度＝l_{aE}－直锚长度。

以单块板上部贯通纵筋的计算为例：

$$板上部贯通纵筋的直段长度＝净跨长度＋两端的直锚长度 \qquad (3-412)$$

3.7.2　板下部贯通纵筋的计算

3.7.2.1　端支座为梁时板下部贯通纵筋计算方法

（1）计算板下部贯通纵筋的根数。计算方法和前面介绍的板上部贯通纵筋根数算法是一致的。即：

按照 16G101-1 图集的规定，第一根贯通纵筋在距梁边为 1/2 板筋间距处开始设置。这样，板上部贯通纵筋的布筋范围＝净跨长度。

在这个范围内除以钢筋的间距，所得到的"间隔个数"就是钢筋的根数。

（2）计算板下部贯通纵筋的长度。具体的计算方法一般为：

① 先选定直锚长度＝梁宽/2；

② 再验算一下此时选定的直锚长度是否 $\geqslant 5d$——如果满足"直锚长度$\geqslant 5d$"，则没有问题；如果不满足"直锚长度$\geqslant 5d$"，则取定 $5d$ 为直锚长度（实际工程中，1/2 梁厚一般都能够满足"直锚长度$\geqslant 5d$"的要求）。

以单块板下部贯通纵筋的计算为例：

$$板下部贯通纵筋的直段长度＝净跨长度＋两端的直锚长度 \qquad (3-413)$$

3.7.2.2　端支座为剪力墙时板下部贯通纵筋计算方法

（1）计算板下部贯通纵筋的根数。计算方法和前面介绍的板上部贯通纵筋根数算法是一致的。

（2）计算板下部贯通纵筋的长度。具体的计算方法如下。

① 先选定直锚长度＝墙厚/2。

② 再验算一下此时选定的直锚长度是否$\geqslant 5d$——如果满足"直锚长度$\geqslant 5d$"，则没有问题；如果不满足"直锚长度$\geqslant 5d$"，则取定 $5d$ 为直锚长度（实际工程中，1/2 墙厚一般都能够满足"直锚长度$\geqslant 5d$"的要求）。

以单块板下部贯通纵筋的计算为例：

$$板下部贯通纵筋的直段长度＝净跨长度＋两端的直锚长度 \qquad (3-414)$$

3.7.3 柱顶与板带钢筋计算

3.7.3.1 柱上板带

柱上板带纵向钢筋构造如图 3-124 所示。

柱上板带带底筋计算简图如图 3-125 所示。

底筋长度＝板跨净长＋2×l_a＋2×弯钩（底筋为 HPB300 级钢筋）

(3-415)

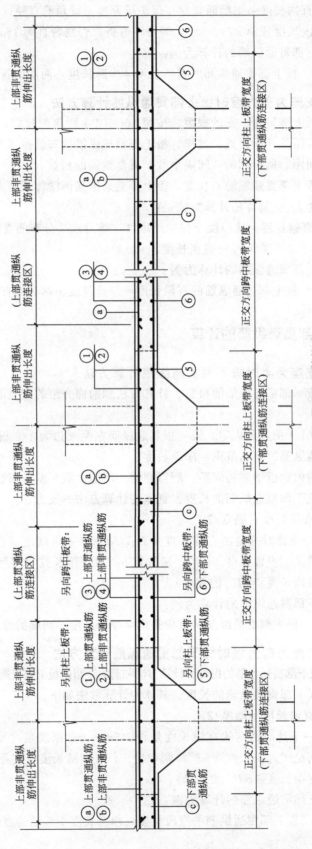

图 3-124　柱上板带纵向钢筋构造

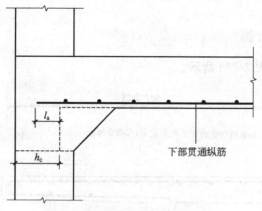

图 3-125　柱上板带底筋计算简图

h_c—梁宽；l_a—受拉钢筋锚固长度

3.7.3.2　跨中板带

跨中板带纵向钢筋构造如图 3-126 所示，跨中板带底筋计算简图如图 3-127 所示。

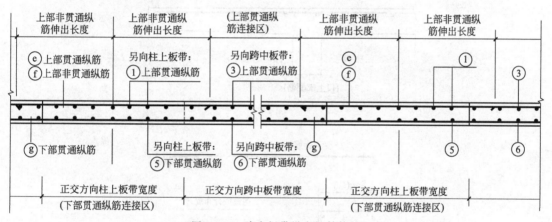

图 3-126　跨中板带纵向钢筋构造

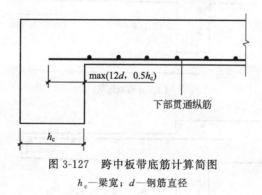

图 3-127　跨中板带底筋计算简图

h_c—梁宽；d—钢筋直径

$$底筋长度＝板跨净长＋2\times\max(12d,0.5h_c)＋2\times弯钩（底筋为 HPB300 级钢筋）$$

$$(3-416)$$

3.7.4 悬挑板钢筋计算

悬挑板钢筋构造如图 3-128 所示。

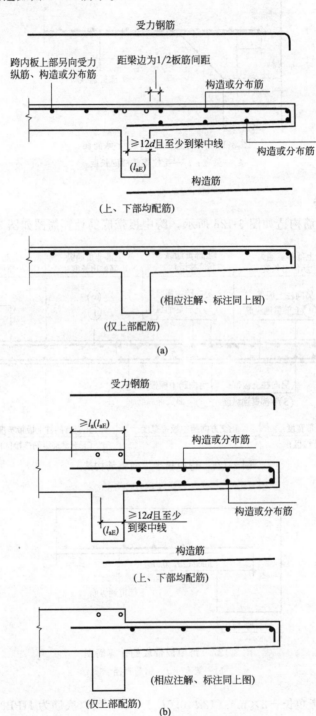

(上、下部均配筋)

(相应注解、标注同上图)

(仅上部配筋)

(a)

(上、下部均配筋)

(相应注解、标注同上图)

(仅上部配筋)

(b)

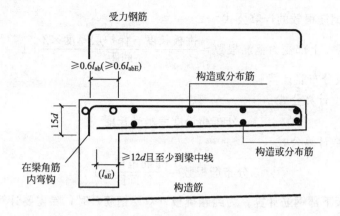

（上、下部均配筋）

（相应注解、标注同上图）

（仅上部配筋）

（c）

图 3-128 悬挑板钢筋构造

（a）跨内外板面同高的延伸悬挑板；（b）跨内外板面不同高的延伸悬挑板；（c）纯悬挑板

l_a—受拉钢筋锚固长度；l_{aE}—受拉钢筋抗震锚固长度；d—钢筋直径；l_{ab}—受拉钢筋基本锚固长度；

l_{abE}—抗震设计时受拉钢筋基本锚固长度

注：括号中数值用于需考虑竖向地震作用时（由设计明确）。

（1）纯悬挑板上部受力钢筋计算。纯悬挑板上部受力钢筋如图 3-129 所示。

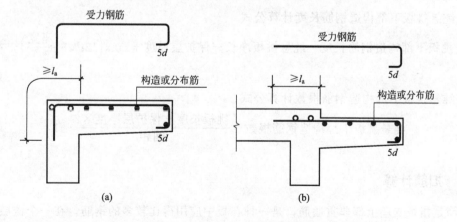

（a）

（b）

图 3-129 纯悬挑板上部受力钢筋

l_a—受拉钢筋锚固长度；d—钢筋直径

注：当为一级钢筋时需要增加一个 180°弯钩长度。

① 上部受力钢筋的计算公式

上部受力钢筋长度＝锚固长度＋水平段长度＋（板厚度－保护层厚度×2＋5d）

(3-417)

② 上部受力钢筋根数的计算公式

$$上部受力钢筋根数=\frac{挑板长度-保护层厚度\times2}{间距}+1 \qquad (3\text{-}418)$$

（2）纯悬挑板分布筋计算

① 分布筋长度计算公式

$$分布筋长度=水平长度 \qquad (3\text{-}419)$$

② 分布筋根数计算公式

$$分布筋根数=\frac{布筋范围}{布筋间距}+1 \qquad (3\text{-}420)$$

（3）纯悬挑板下部钢筋计算。为纯悬挑板（双层钢筋）时，除需要计算上部受力钢筋的长度和根数、分布筋的长度和根数以外，还需要计算下部构造钢筋长度和根数及分布筋的长度和根数，如图 3-130 所示。

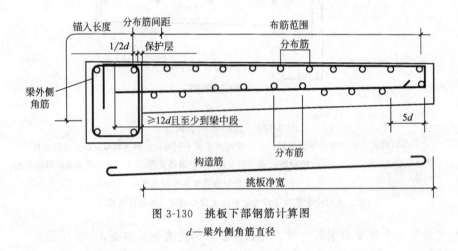

图 3-130　挑板下部钢筋计算图

d—梁外侧角筋直径

① 纯悬挑板下部构造钢筋长度计算公式

$$纯悬挑板下部构造钢筋长度=纯悬挑板净长-保护层厚度+\max\left(12d,\frac{支座宽}{2}\right)+弯钩$$

$$(3\text{-}421)$$

② 纯悬挑板下部构造钢筋根数计算公式

$$纯悬挑板下部构造钢筋根数=\frac{挑板长度-保护层厚度\times2}{间距}+1 \qquad (3\text{-}422)$$

3.7.5　扣筋计算

扣筋是指板支座上部非贯通筋，是一种在板中应用得比较多的钢筋。在一个楼层中，扣筋的种类是最多的，因此在板钢筋计算中，扣筋的计算占了相当大的比重。

（1）扣筋计算的基本原理。扣筋的形状为"⌐——⌐"形，包括两条腿和一个水平段。

① 扣筋腿的长度与所在楼板的厚度有关。

a. 单侧扣筋

$$扣筋腿的长度=板厚度-15（可把扣筋的两条腿采用同样的长度） \qquad (3\text{-}423)$$

b.双侧扣筋（横跨两块板）

$$扣筋腿 1 的长度＝板 1 的厚度－15 \tag{3-424}$$
$$扣筋腿 2 的长度＝板 2 的厚度－15 \tag{3-425}$$

② 扣筋的水平段长度可根据扣筋延伸长度的标注值来计算。如果只根据延伸长度标注值还无法计算的话，则还需依据平面图板的相关尺寸进行计算。

（2）横跨在两块板中的"双侧扣筋"的扣筋计算。横跨在两块板中的"双侧扣筋"的扣筋计算如下：

① 双侧扣筋（两侧都标注延伸长度）

$$扣筋水平段长度＝左侧延伸长度＋右侧延伸长度 \tag{3-426}$$

② 双侧扣筋（单侧标注延伸长度）表明该扣筋向支座两侧对称延伸，其计算公式为：

$$扣筋水平段长度＝单侧延伸长度×2 \tag{3-427}$$

（3）需要计算端支座部分宽度的扣筋计算。单侧扣筋，一端支承在梁（墙）上，另一端伸到板中，其计算公式为：

$$扣筋水平段长度＝单侧延伸长度＋端部梁中线至外侧部分长度 \tag{3-428}$$

（4）横跨两道梁的扣筋计算

① 在两道梁之外都有伸长度

$$扣筋水平段长度＝左侧延伸长度＋两梁的中心间距＋右侧延伸长度 \tag{3-429}$$

② 仅在一道梁之外有延伸长度

$$扣筋水平段长度＝单侧延伸长度＋两梁的中心间距＋端部梁中线至外侧部分长度 \tag{3-430}$$

其中：

$$端部梁中线至外侧部分的扣筋长度＝梁宽度/2－保护层厚度－梁纵筋直径 \tag{3-431}$$

（5）贯通全悬挑长度的扣筋计算。贯通全悬挑长度的扣筋的水平段长度计算公式如下：

$$扣筋水平段长度＝跨内延伸长度＋梁宽/2＋悬挑板的挑出长度－保护层厚度 \tag{3-432}$$

（6）扣筋分布筋的计算

① 扣筋分布筋根数的计算原则

a.扣筋拐角处必须布置一根分布筋。

b.在扣筋的直段范围内按分布筋间距进行布筋。板分布筋的直径和间距在结构施工图的说明中有明确的规定。

c.当扣筋横跨梁（墙）支座时，在梁（墙）宽度范围内不布置分布筋，此时应当分别对扣筋的两个延伸净长度计算分布筋的根数。

② 扣筋分布筋的长度。扣筋分布筋的长度无需按照全长计算。由于在楼板角部矩形区域，横竖两个方向的扣筋相互交叉，互为分布筋，因此这个角部矩形区域不应再设置扣筋的分布筋；否则，四层钢筋交叉重叠在一块，混凝土无法覆盖住钢筋。

（7）一根完整的扣筋的计算过程

① 计算扣筋的腿长。如果横跨两块板的厚度不同，则扣筋的两腿长度要分别进行计算。

② 计算扣筋的水平段长度。

③ 计算扣筋的根数。如果扣筋的分布范围为多跨，还需按跨计算根数，相邻两跨之间的梁（墙）上不布置扣筋。

④ 计算扣筋的分布筋。

3.7.6 折板钢筋计算

折板配筋构造如图 3-131 所示。

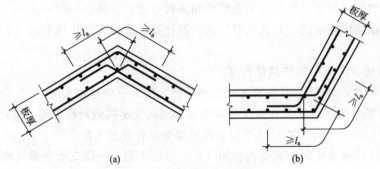

图 3-131　折板配筋构造

l_a—受拉钢筋锚固长度

外折角纵筋连续通过。当角度 $\alpha \geqslant 160°$ 时，内折角纵筋连续通过。当角度 $\alpha < 160°$ 时，阳角折板下部纵筋和阴角上部纵筋在内折角处交叉锚固。如果纵向受力钢筋在内折角处连续通过，纵向受力钢筋的合力会使内折角处板的混凝土保护层向外崩出，从而使钢筋失去黏结锚固力（钢筋和混凝土之间的黏结锚固力是钢筋和混凝土能够共同工作的基础），最终可能导致折断而破坏。

$$底筋长度 = 板跨净长 + 2l_a \tag{3-433}$$

3.8 板式楼梯计算方法

3.8.1 AT 型楼梯板钢筋计算

（1）AT 楼梯板的基本尺寸数据

① 楼梯板净跨度 l_n。

② 梯板净宽度 b_n。

③ 梯板厚度 h。

④ 踏步宽度 b_s。

⑤ 踏步总高度 H_s。

⑥ 踏步高度 h_s。

（2）计算步骤

① 斜坡系数 $k = \sqrt{h_s^2 + b_s^2}$

② 梯板下部纵筋以及分布筋。

梯板下部纵筋的长度 $l = l_n k + 2a$，其中 $a = \max(5d, b/2)$。

分布筋的长度 $= b_n - 2c$，其中 c 为保护层厚度。

梯板下部纵筋的根数 $= (b_n - 2c)/$间距 $+ 1$。

分布筋的根数 $= (l_n k - 50 \times 2)/$间距 $+ 1$。

③ 梯板低端扣筋

a. 分析。梯板低端扣筋位于踏步段斜板的低端，扣筋的一端扣在踏步段斜板上，直钩长度为 h_1。扣筋的另一端锚入低端梯梁对边再向下弯折 $15d$，弯锚水平段长度 $\geqslant 0.35l_{ab}$ $(0.6l_{ab})$。扣筋的延伸长度投影长度为 $l_n/4$ $(0.35l_{ab})$ 用于设计按铰接的情况，$0.6l_{ab}$ 用于设计考虑充分发挥钢筋抗拉强度的情况。

b. 计算过程：

$l_1 = [l_n/4 + (b-c)] \times k$；

$l_2 = 15d$；

$h_1 = h-c$；

分布筋 $= b_n - 2c$；

梯板低端扣筋的根数 $= (b_n - 2c)/$间距$+1$；

分布筋的根数 $= (l_n/4 \times k)/$间距$+1$。

④ 梯板高端扣筋。梯板高端扣筋位于踏步段斜板的高端，扣筋的一端扣在踏步段斜板上，直钩长度为 h_1，扣筋的另一端锚入高端梯梁内，锚入直段长度不小于 $0.35l_{ab}$ $(0.6l_{ab})$，直钩长度 l_2 为 $15d$。扣筋的延伸长度水平投影长度为 $l_n/4$。由上所述，梯板高端扣筋的计算过程为：

$h_1 = h-$保护层厚度；

$l_1 = [l_n/4 + (b-c)] \times k$；

$l_2 = 15d$；

分布筋 $= b_n - 2c$；

梯板高端扣筋的根数 $= (b_n - 2c)/$间距$+1$；

分布筋的根数 $= (l_n/4 \times k)/$间距$+1$。

3.8.2 ATc 型楼梯配筋计算

ATc 型楼梯梯板厚度应按计算确定，且不宜小于 140mm，梯板采用双层配筋。

(1) 踏步段纵向钢筋（双层配筋）

① 踏步段下端。下部纵筋及上部纵筋均弯锚入低端梯梁，锚固平直段 $\geqslant l_{aE}$，弯折段 $15d$。上部纵筋需伸至支座对边再向下弯折。

② 踏步段上端。下部纵筋及上部纵筋均伸进平台板，锚入梁（板）l_{ab}。

(2) 分布筋。分布筋两端均弯直钩，长度 $=h-2\times$保护层厚度。

下层分布筋设在下部纵筋的下面；上层分布筋设在上部纵筋的上面。

(3) 拉结筋。在上部纵筋和下部纵筋之间设置拉结筋$\phi 6$，拉结筋间距为 600mm。

(4) 边缘构件（暗梁）。设置在踏步段的两侧，宽度为"$1.5h$"。

暗梁纵筋：直径为 12mm 且不小于梯板纵向受力钢筋的直径；一、二级抗震等级时不少于 6 根；三、四级抗震等级时不少于 4 根。

暗梁箍筋：$\phi 6@200$。

第4章

平法钢筋计算实例

4.1 独立基础钢筋计算实例

【实例 4-1】 某普通矩形独立基础钢筋量的计算

DJ$_p$1 平法施工图，如图 4-1 所示，其剖面图如图 4-2 所示，试计算其钢筋量。

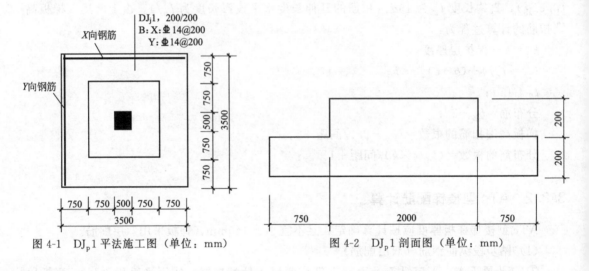

图 4-1 DJ$_p$1 平法施工图（单位：mm）　　　图 4-2 DJ$_p$1 剖面图（单位：mm）

【解】（1）X 向钢筋

$$长度=x-2c=3500-2×40=3420（mm）$$

$$根数=\frac{y-2×\min\left(75,\frac{s'}{2}\right)}{s'}+1=\frac{3500-2×75}{200}+1=18（根）$$

（2）Y 向钢筋

$$长度=y-2c=3500-2×40=3420（mm）$$

$$根数=\frac{x-2×\min\left(75,\frac{s}{2}\right)}{s}+1=\frac{3500-2×75}{200}+1=18（根）$$

【实例 4-2】 独立基础长度缩减 10% 的对称配筋钢筋量的计算

DJ$_p$2 平法施工图，如图 4-3 所示，试计算其钢筋量。

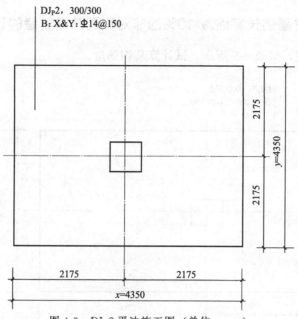

图 4-3 DJ$_p$2 平法施工图（单位：mm）

【解】DJ$_P$2 为正方形，X 向钢筋与 Y 向钢筋完全相同，本例中以 X 向钢筋为例进行计算，计算过程如下，钢筋如图 4-4 所示。

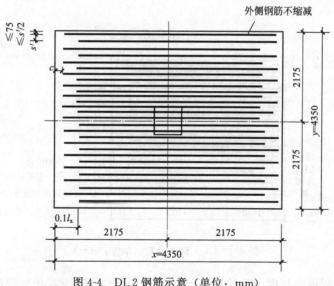

图 4-4 DJ$_p$2 钢筋示意（单位：mm）

$$X \text{ 向外侧钢筋长度} = \text{基础边长} - 2c = x - 2c = 4350 - 2 \times 40 = 4270 (\text{mm})$$

$$X \text{ 向外侧钢筋根数} = 2 \text{ 根（一侧各一根）}$$

$$X \text{ 向其余钢筋长度} = \text{基础边长} - c - 0.1 \times \text{基础边长} = x - c - 0.1 l_x$$
$$= 4350 - 40 - 0.1 \times 4350 = 3875 (\text{mm})$$

$$X \text{ 向其余钢筋根数} = [y - \min(75, s'/2)]/s - 1 = (4350 - 2 \times 75)/150 - 1 = 27 (\text{根})$$

【实例 4-3】 独立基础长度缩减 10%的非对称配筋钢筋量的计算

DJ_p3 平法施工图，如图 4-5 所示，试计算其钢筋量。

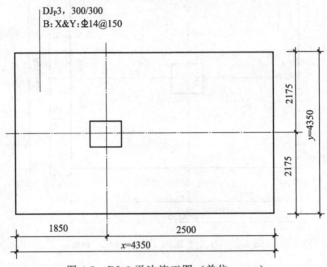

图 4-5 DJ_p3 平法施工图（单位：mm）

【解】本例 Y 向钢筋与上例 DJ_p2 完全相同，本例讲解 X 向钢筋的计算，计算过程如下，钢筋如图 4-6 所示。

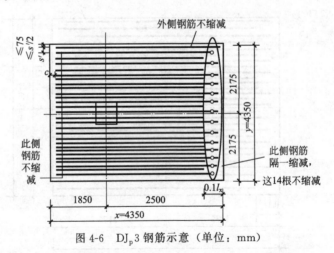

图 4-6 DJ_p3 钢筋示意（单位：mm）

$$X \text{ 向外侧钢筋长度} = \text{基础边长} - 2c = x - 2c = 4350 - 2 \times 40 = 4270 \text{(mm)}$$

$$X \text{ 向外侧钢筋根数} = 2 \text{ 根（一侧各一根）}$$

$$X \text{ 向其余钢筋（两侧均不缩减）长度（与外侧钢筋相同）} = x - 2c = 4350 - 2 \times 40 = 4270 \text{（mm）}$$

$$\text{根数} = \text{（布置范围} - \text{两端起步距离）/间距} + 1 = \{[y - 2 \times \min(75, s'/2)]/s' - 1\}/2$$
$$= [(4350 - 2 \times 75)/150 - 1]/2 = 14 \text{（根）（右侧隔一缩减）}$$

$$X \text{ 向其余钢筋（右侧缩减的钢筋）长度} = \text{基础边长} - c - 0.1 \times \text{基础边长} = x - c - 0.1l_x$$
$$= 4350 - 40 - 0.1 \times 4350 = 3875 \text{（mm）}$$

$$\text{根数} = 14 - 1 = 13 \text{（根）（因为隔一缩减，所以比另一种少一根）}$$

【实例 4-4】　多柱独立基础底板顶部钢筋的计算

DJ_p4 平法施工图，如图 4-7 所示，混凝土强度为 C30，试计算其钢筋量。

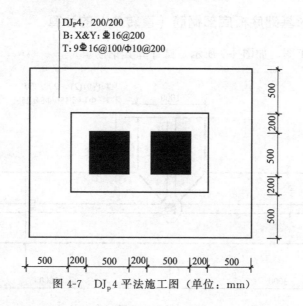

DJ_p4，200/200
B:X&Y:Φ16@200
T:9Φ16@100/Φ10@200

图 4-7　DJ_p4 平法施工图（单位：mm）

【解】DJ_p4 钢筋计算简图如图 4-8 所示。

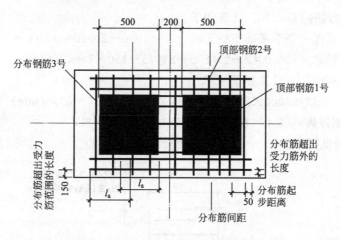

图 4-8　DJ_p4 钢筋计算简图（单位：mm）

1 号筋长度＝柱内侧边起算＋两端锚固 l_a＝200＋2×35d＝200＋2×35×16＝1320(mm)

1 号筋根数＝(柱宽 500－两侧起步距离 50×2)/100＋1＝5(根)

2 号筋长度＝柱中心线起算＋两端锚固 l_a＝500＋200＋500＋2×35d＝2320(mm)

3 号筋根数＝(总根数 9－5)＝4 根(一侧两根)

分布筋长度(3 号筋)＝纵向受力筋布置范围长度＋两端超出受力筋外的长度(本书此值取构造长度 150mm)＝(受力筋布置范围 500＋2×150)＋两端超出受力筋外的长度 2×150＝1100(mm)

分布筋根数＝(1820－2×100)/200＋1＝10(根)

4.2 条形基础钢筋计算实例

【实例 4-5】 条形基础底板底部钢筋（直转角）的计算

TJP$_p$01 平法施工图，如图 4-9 所示，试计算其钢筋量。

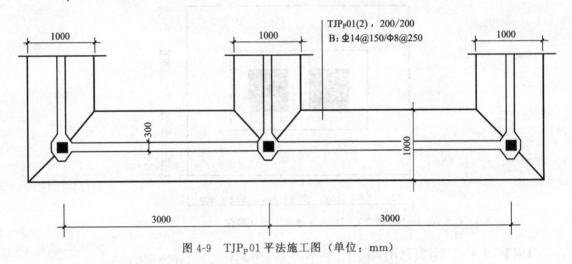

图 4-9 TJP$_p$01 平法施工图（单位：mm）

【解】（1）受力筋φ14@150。计算如下。

长度＝条形基础底板宽度－2c＝1000－2×40＝920（mm）

根数＝（3000×2＋2×500－2×75）/150＋1＝47（根）

（2）分布筋φ8@250。计算如下。

长度＝3000×2－2×500＋2×40＋2×150＝5380（mm）

单侧根数＝（500－150－2×125）/250＋1＝2（根）

（3）计算简图见图 4-10。

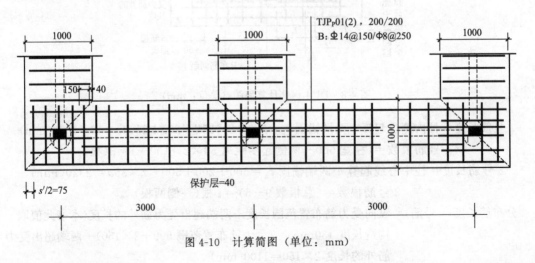

图 4-10 计算简图（单位：mm）

【实例 4-6】 条形基础底板底部钢筋（十字交接）的计算

TJP_p03 平法施工图，如图 4-11 所示，试计算其钢筋量。

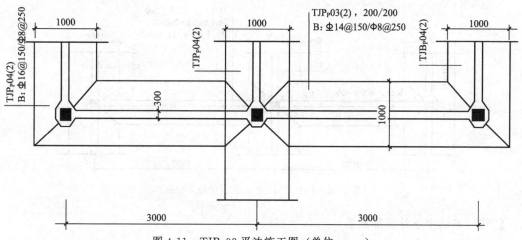

图 4-11 TJP_p03 平法施工图（单位：mm）

【解】（1）受力筋$\underline{\Phi}$14@150。计算如下。

长度＝条形基础底板宽度－$2c$＝1000－2×40＝920（mm）

根数＝26×2＝52（根）

第 1 跨＝（3000－75＋1000/4）/150＋1＝23（根）

第 2 跨＝（3000－75＋1000/4）/150＋1＝23（根）

（2）分布筋ϕ8@250。计算如下。

长度＝3000×2－2×500＋2×40＋2×150＝5380（mm）

单侧根数＝（500－150－2×125）/250＋1＝2（根）

（3）计算简图见图 4-12。

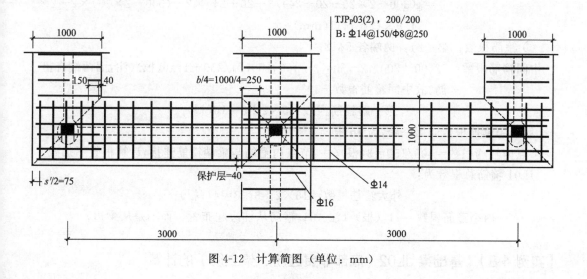

图 4-12 计算简图（单位：mm）

【实例 4-7】 普通基础梁 JL01 的计算

JL01 平法施工图，如图 4-13 所示，试计算其钢筋量。

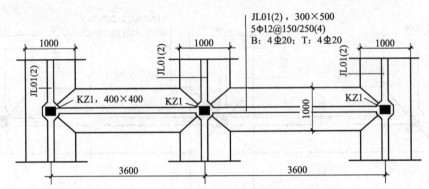

图 4-13　JL01 平法施工图（单位：mm）

【解】（本例中不计算加腋筋）

（1）底部贯通纵筋 4Φ20。计算如下。

$$长度=梁长（含梁包柱侧腋）-2c+2\times15d=(3600\times2+200\times2+50\times2)-$$
$$2\times25+2\times15\times20=8250（mm）$$

（2）顶部贯通纵筋 4Φ20。

$$长度=梁长（含梁包柱侧腋）-2c+2\times15d=(3600\times2+200\times2+50\times2)-$$
$$2\times25+2\times15\times20=8250（mm）$$

（3）箍筋。计算如下。

① 外大箍筋长度=$(b-2c)\times2+(h-2c)\times2+(1.9d+10d)\times2=(300-2\times25)\times$
$$2+(500-2\times25)\times2+2\times11.9\times12\approx1686（mm）$$

② 内小箍筋长度=$[(b-2c-d-d_{纵})/3+d+d_{纵}]+(h-2c)\times2+(1.9d+10d)\times2$
$$=[(300-2\times25-20-24)/3+20+24]\times2+(500-2\times25)\times2+2\times$$
$$11.9\times12\approx1411（mm）$$

③ 箍筋根数。第一跨：两端各 5ϕ12；

中间箍筋根数=$(3600-200\times2-50\times2-150\times5\times2)/250-1=6（根）$（注：因两端有箍筋，故中间箍筋根数-1）

$$第一跨箍筋根数=5\times2+6=16（根）$$

第二跨箍筋根数同第一跨，为 16 根。

节点内箍筋根数=$400/150=3（根）$（注：节点内箍筋与梁端箍筋连接，计算根数不加减）

JL01 箍筋总根数为：

$$外大箍筋根数=16\times2+3\times3=41（根）$$

内小箍筋根数=41（根）（注：JL 箍筋从柱边起布置，而不是从梁边）

【实例 4-8】 基础梁 JL02（底部非贯通筋、架立筋）的计算

JL02 平法施工图，如图 4-14 所示，试计算其钢筋量。

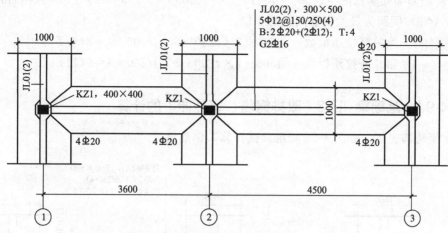

图 4-14 JL02 平法施工图（单位：mm）

【解】（本例中不计算加腋筋）

（1）底部贯通纵筋 2Φ20。计算如下。

长度＝(3600＋4500＋200×2＋50×2)－2×25＋2×15×20＝9150(mm)

（2）顶部贯通纵筋 4Φ20。计算如下。

长度＝(3600＋4500＋200×2＋50×2)－2×25＋2×15×20＝9150(mm)

（3）箍筋

① 外大箍筋长度＝(300－2×25)×2＋(500－2×25)×2＋2×11.9×12≈1686(mm)

② 内小箍筋长度＝[(300－2×25－20－24)/3＋20＋24]×2＋(500－2×25)×

2＋2×11.9×12≈1411(mm)

③ 箍筋根数

第一跨:5×2＋6＝16(根)

两端各 5Φ12；

中间箍筋根数＝(3600－200×2－50×2－150×5×2)/250－1＝6(根)

第二跨:5×2＋9＝19(根)

两端各 5Φ12；

中间箍筋根数＝(4500－200×2－50×2－150×5×2)/250－1＝9(根)

节点内箍筋根数＝400/150＝3(根)

JL02 箍筋总根数为：

外大箍筋根数＝15＋19＋3×3＝43(根)

内小箍筋根数＝43（根）

（4）支座①底部非贯通纵筋 2Φ20。计算如下。

长度＝延伸长度 $l_n/3$＋支座宽度 h_c＋梁包柱侧腋－保护层厚 c＋弯折 15d

＝(4500－400)/3＋400＋50－25＋15×20≈2092(mm)

（5）底部中间柱下区域非贯通筋 2Φ20。计算如下。

长度＝2×l_n/3＋h_c＝2×(4500－400)/3＋400≈3134(mm)

（6）底部架立筋 2Φ12。计算如下。

第一跨底部架立筋长度＝(3600－400)－(3600－400)/3－(4500－400)/3＋2×150≈467(mm)

第二跨底部架立筋长度＝(4500－400)－2×[(4500－400)/3]＋2×150≈1067(mm)

拉筋（φ8）间距为最大箍筋间距的2倍。

第一跨拉筋根数＝[3600－2×(200＋50)]/500＋1＝8(根)

第二跨拉筋根数＝[4500－2×(200＋50)]/500＋1＝9(根)

【实例4-9】 基础梁JL03（双排钢筋、有外伸）的计算

JL03平法施工图，如图4-15所示，试计算其钢筋量。

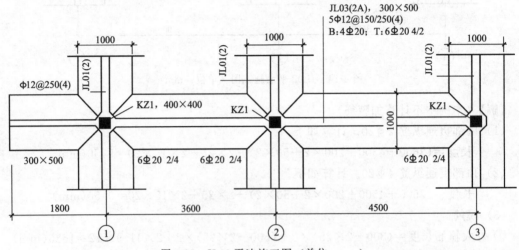

图4-15 JL03平法施工图（单位：mm）

【解】（1）底部贯通纵筋4Φ20。计算如下。

长度＝(3600＋4500＋1800＋200＋50)－2×25＋15×20＋12×20＝10640(mm)

（2）顶部贯通纵筋上排4Φ20。计算如下。

长度＝(3600＋4500＋1800＋200＋50)－2×25＋15×20＋12×20＝10640(mm)

（3）顶部贯通纵筋下排2Φ20。计算如下。

长度＝(3600－200)＋4500＋(200＋50－25＋15d)＋29d＝(3600－200)＋4500＋

(200＋50－25＋15×20)＋29×20＝9005(mm)

（4）箍筋。计算如下。

外大箍长度＝(300－2×25)×2＋(500－2×25)×2＋2×11.9×12≈1686(mm)

内小箍筋长度＝[(300－2×25－20－24)/3＋20＋24]×2＋(500－2×25)×2＋2×

11.9×12≈1411(mm)

箍筋根数：

第一跨：   5×2＋6＝16(根)

两端各5φ12；

中间箍筋根数＝(3600－200×2－50×2－150×5×2)/250－1＝6(根)

第二跨：   5×2＋9＝19(根)

两端各5φ12；

中间箍筋根数＝(4500－200×2－50×2－150×5×2)/250－1＝9(根)

节点内箍筋根数＝400/150＝3(根)

外伸部位箍筋根数＝(1800－200－2×50)/250＋1＝7(根)

JL03 箍筋总根数为：

$$外大箍根数＝16＋19＋3×3＋7＝51(根)$$

$$内小箍根数＝51 根$$

（5）底部外伸端非贯通筋 2 Φ 20（位于上排）。计算如下。

长度＝支座宽度 h_c ＋延伸长度 l_n/3＋伸至端部＝400＋(3600－400)/3＋

(1800－200－25)≈3042(mm)

（6）底部中间柱下区域非贯通筋 2 Φ 20（位于上排）。计算如下。

长度＝支座宽度 h_c ＋延伸长度 l_n/3×2＝400＋2×[(4500－400)/3]≈3134(mm)

（7）底部右端（非外伸端）非贯通筋 2 Φ 20。计算如下。

长度＝支座宽度 h_c ＋延伸长度 l_0/3＋伸至端部＝(4500－400)/3＋400＋50－25＋

15×20≈2092(mm)

【实例 4-10】 基础梁 JL04（有高差）的计算

JL04 平法施工图，如图 4-16 所示，试计算其钢筋量。

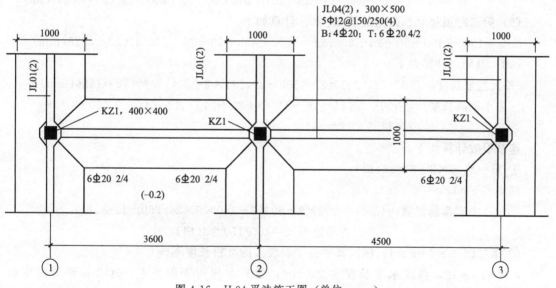

图 4-16 JL04 平法施工图（单位：mm）

【解】（本例中不计算加腋筋）

（1）第一跨底部贯通纵筋 4 Φ 20。计算如下。

长度＝3600＋(200＋50－25＋15d)＋$(200－25＋\sqrt{200^2+200^2}+29d)$

＝3600＋(200＋50－25＋15×20)＋$(200－25＋\sqrt{200^2+200^2}+29×20)$≈5163(mm)

（2）第二跨底部贯通纵筋 4 Φ 20。计算如下。

长度＝4500－200＋29d＋200＋50－25＋15d＝4500－200＋29×20＋

200＋50－25＋15×20＝5405(mm)

（3）第一跨左端底部非贯通纵筋 2 Φ 20。计算如下。

$$长度=(4500-400)/3+400+50-25+15d=(4500-400)/3+400+$$
$$50-25+15\times20\approx2092(mm)$$

（4）第一跨右端底部非贯通纵筋 2Φ20。计算如下。

$$长度=(4500-400)/3+200+\sqrt{200^2+200^2}+29d=(4500-400)/3+$$
$$200+\sqrt{200^2+200^2}+29\times20\approx2430(mm)$$

（5）第二跨左端底部非贯通纵筋 2Φ20。计算如下。

$$长度=(4500-400)/3+29d-200=(4500-400)/3+29\times20-200\approx1747(mm)$$

（6）第二跨右端底部非贯通纵筋 2Φ20。计算如下。

$$长度=(4500-400)/3+400+50-25+15d=(4500-400)/3+400+50-25+$$
$$15\times20\approx2092(mm)$$

（7）第一跨顶部贯通筋 6Φ20 4/2。计算如下。

$$长度=3600+200+50-25+15d-200+29d=3600+200+50-25+15\times20-200+$$
$$29\times20\approx4505(mm)$$

（8）第二跨顶部第一排贯通筋 4Φ20。计算如下。

$$长度=4500+(200+50-25+15d)+200+50-25+200(差高)+29d$$
$$=4500+(200+50-25+15\times20)+200+50-25+200+29\times20=6030(mm)$$

（9）第二跨顶部第二排贯通筋 2Φ20。计算如下。

$$长度=4500+400+50-25+2\times15d=4500+400+50-25+2\times15\times20=5525(mm)$$

（10）箍筋。计算如下。

外大箍筋长度$=(300-2\times25)\times2+(500-2\times25)\times2+2\times11.9\times12\approx1686(mm)$

内小箍筋长度$=[(300-2\times25-20-24)/3+20+24]\times2+(500-2\times25)\times2+$
$$2\times11.9\times12\approx1411(mm)$$

箍筋根数计算如下。

① 第一跨：$5\times2+6=16$（根）

两端各 5Φ12；

$$中间箍筋根数=(3600-200\times2-50\times2-150\times5\times2)/250-1=6(根)$$
$$节点内箍筋根数=400/150=3(根)$$

② 第二跨：$5\times2+9=19$（根）（其中位于斜坡上的 2 根长度不同）

a. 左端 5Φ12，斜坡水平长度为 200mm，故有 2 根位于斜坡上，这 2 根箍筋高度取 700mm 和 500mm 的平均值计算。

外大箍筋长度$=(300-2\times25)\times2+(600-2\times25)\times2+2\times11.9\times12\approx1886(mm)$

内小箍筋长度$=[(300-2\times25-20-24)/3+20+24]\times2+(600-2\times25)\times2+$
$$2\times11.9\times12\approx1611(mm)$$

b. 右端 5Φ12。

$$中间箍筋根数=(4500-200\times2-50\times2-150\times5\times2)/250-1=9(根)$$

③ JL04 箍筋总根数为：

外大箍筋根数$=16+19+3\times3=44$（根）（其中位于斜坡上的 2 根长度不同）

内小箍筋根数$=44$ 根（其中位于斜坡上的 2 根长度不同）

4.3 筏形基础钢筋计算实例

【实例 4-11】 基础主梁 JL01（一般情况）钢筋的计算

基础主梁 JL01 平法施工图，如图 4-17 所示，试计算其钢筋量。

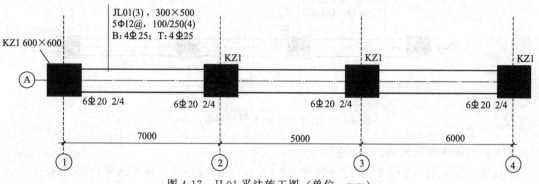

图 4-17 JL01 平法施工图（单位：mm）

【解】（1）底部及顶部贯通纵筋计算过程相同。计算如下。

长度＝梁长－保护层×2＝7000＋5000＋6000＋600－25×2＝18550(mm)

接头个数＝18550/9000－1＝2(个)

（2）支座 1、4 底部非贯通纵筋 2Φ25。计算如下。

长度＝自柱边缘向跨内的延伸长度＋柱宽＋梁包柱侧腋－保护层厚＋15d

＝$l_n/3+h_c+50-c+15d$＝(7000－600)/3＋600＋50－25＋15×25≈3134(mm)

（3）支座 2、3 底部非贯通筋 2Φ25。计算如下。

长度＝2×自柱连缘向跨内的延伸长度＋柱宽＝2×$l_n/3+h_c$

＝2×[(7000－600)/3]＋600≈4867(mm)

（4）箍筋长度。计算如下。

双肢箍长度＝$(b-2c)×2+(h-2c)×2+(1.9d+10d)×2$

外大箍长度＝(300－2×25)×2＋(500－2×25)×2＋2×11.9×12≈1686(mm)

内小箍筋长度＝[(300－2×25－25－24)/3＋25＋24]×2＋(500－2×25)×2＋

2×11.9×12≈1418(mm)

（5）第 1、3 净跨箍筋根数。每边 5 根间距 100mm 的箍筋，两端共 10 根。

跨中箍筋根数＝(7000－600－550×2)/200－1＝26(根)

总根数＝10＋26＝36(根)

（6）第 2 净跨箍筋根数。每边 5 根间距 100mm 的箍筋，两端共 10 根。

跨中箍筋根数＝(5000－600－550×2)/200－1＝16(根)

总根数＝10＋16＝26 (根)

（7）支座 1、2、3、4 内箍筋（节点内按跨端第一种箍筋规格布置）。计算如下。

根数＝(600－100)/100＋1＝6(根)

四个支座共计：4×6＝24(根)

（8）整梁总箍筋根数＝36×2＋26＋24＝122（根）。

注：计算中出现的"550"是指梁端 5 根箍筋共 500mm 宽，再加 50mm 的起步距离。

【实例 4-12】 基础主梁 JL02（底部与顶部贯通纵筋根数不同）钢筋的计算

基础主梁 JL02 平法施工图，如图 4-18 所示，试计算其钢筋量。

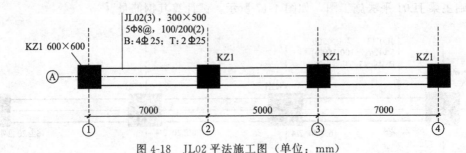

图 4-18 JL02 平法施工图（单位：mm）

【解】底部多出的贯通纵筋 2 Φ 25：

$$长度＝梁总长-2c＋2×15d＝7000×2＋5000-2×25＋2×15×25＝19700（mm）$$

$$焊接接头个数＝19700/9000-1＝2（个）$$

注：只计算接头个数，不考虑实际连接位置，小数值均向上进位。

【实例 4-13】 基础次梁 JCL01（一般情况）钢筋的计算

基础次梁 JCL01 平法施工图，如图 4-19 所示，试计算其钢筋量。

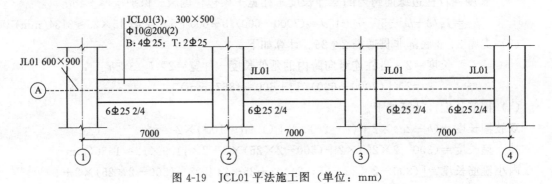

图 4-19 JCL01 平法施工图（单位：mm）

【解】（1）顶部贯通纵筋 2 Φ 25。计算如下。

$$锚固长度＝\max(0.5h_c,12d)＝\max(300,12×25)＝300（mm）$$

$$长度＝净长＋两端锚固＝7000×3-600＋2×300＝21000（mm）$$

$$接头个数＝21000/9000-1＝2（个）$$

（2）底部贯通纵筋 4 Φ 25。计算如下。

$$长度＝净长＋两端锚固＝7000×3-600＋29×25＋0.35×29×25≈21379（mm）$$

$$接头个数＝21379/9000-1＝2（个）$$

（3）支座 1、4 底部非贯通筋 2 Φ 25。计算如下。

$$支座外延伸长度＝(7000-600)/3＝2134（mm）$$

长度 $=b_b-c+$ 支座外延伸长度 $=600-25+2134=2709(\mathrm{mm})(b_b$ 为支座宽度)

（4）支座 2、3 底部非贯通筋 $2\Phi25$。计算如下。

计算公式 $=2\times$ 延伸长度 $+b_b=2\times[(7000-600)/3]+600\approx4867(\mathrm{mm})$

（5）箍筋长度。计算如下。

长度 $=2\times[(300-60)+(500-60)]+2\times11.9\times10\approx1598(\mathrm{mm})$

（6）箍筋根数。计算如下。

三跨总根数 $=3\times[(6400-100)/200+1]=98$（根）

基础次梁箍筋只布置在净跨内，支座内不布置箍筋，参见 16G101-3 第 86 页。

【实例 4-14】 基础次梁 JCL02（变截面有高差）钢筋的计算

基础次梁 JCL02 平法施工图，如图 4-20 所示，试计算其钢筋量。

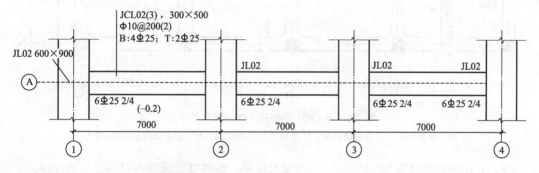

图 4-20 JCL02 平法施工图（单位：mm）

【解】（1）第 1 跨顶部贯通筋 $2\Phi25$。计算如下。

锚固长度 $=\max(0.5h_c,12d)=\max(300,12\times25)=300(\mathrm{mm})$

长度 $=$ 净长 $+$ 两端锚固 $=6400+2\times300=7000(\mathrm{mm})$

（2）第 2 跨顶部贯通筋 $2\Phi20$。计算如下。

锚固长度 $=\max(0.5h_c,12d)=\max(300,12\times25)=300(\mathrm{mm})$

长度 $=$ 净长 $+$ 两端锚固 $=6400+2\times300=7000(\mathrm{mm})$

（3）下部钢筋。同基础主梁 JL 梁顶梁底有高差的情况。

【实例 4-15】 梁板式筏基平板 LPB01 钢筋的计算

计算如图 4-21 所示 LPB01 中的钢筋预算量。

【解】保护层厚为 40mm，锚固长度 $l_a=29d$，不考虑接头。

（1）X 向板底贯通纵筋 $\Phi14@200$。左端无外伸，底部贯通纵筋伸至端部弯折 $15d$；右端外伸，采用 U 形封边方式，底部贯通纵筋伸至端部弯折 $12d$。

长度 $=7300+6700+7000+6600+1500+400-2\times40+15d+12d$

$=7300+6700+7000+6600+1500+400-2\times40+15\times14+12\times14=29798(\mathrm{mm})$

接头个数 $=29798/9000-1=3$（个）

根数 $=(8000\times2+800-100\times2)/200+1=84$（根）

注：取配置较大方向的底部贯通纵筋，即 X 向贯通纵筋满铺，计算根数时不扣除基础梁所占宽度。

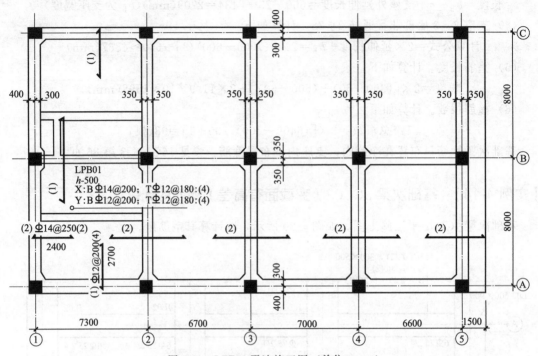

图 4-21　LPB01 平法施工图（单位：mm）

注：外伸端采用 U 形封边构造，U 形钢筋为 ϕ20@300，封边处侧部构造筋为 2ϕ8。

（2）Y 向板顶贯通纵筋 ϕ12@200。两端无外伸，底部贯通纵筋伸至端部弯折 15d。

长度 $=8000\times2+2\times400-2\times40+2\times15d=8000\times2+2\times400-2\times40+2\times15\times12$

$=17080(\text{mm})$

接头个数 $=17080/9000-1=1(\text{个})$

根数 $=(7300+6700+7000+6600+1500-2750)/200+1=133(\text{根})$

（3）X 向板顶贯通纵筋 ϕ12@180。左端无外伸，顶部贯通纵筋锚入梁内 max（12d，0.5 梁宽）；右端外伸，采用 U 形封边方式，底部贯通纵筋伸至端部弯折 12d。

长度 $=7300+6700+7000+6600+1500+400-2\times40+\text{max}(12d,350)+12d$

$=7300+6700+7000+6600+1500+400-2\times40+\text{max}(12\times12,350)+12\times12=29914(\text{mm})$

接头个数 $=29914/9000-1=3(\text{个})$

根数 $=(8000\times2-600-700)/180+1=83(\text{根})$

（4）Y 向板顶贯通纵筋 ϕ12@180。长度与 Y 向板底部贯通纵筋相同；两端无外伸，底部贯通纵筋伸至端部弯折 15d。

长度 $=8000\times2+2\times400-2\times40+2\times15d$

$=8000\times2+2\times400-2\times40+2\times15\times12=17080(\text{mm})$

接头个数 $=17080/9000-1=1(\text{个})$

根数 $=(7300+6700+7000+6600+1500-2750)/180+1=148(\text{根})$

（5）（2）号板底部非贯通纵筋 ϕ12@200（①轴）。左端无外伸，底部贯通纵筋伸至端部弯折 15d。

长度 $=2400+400-40+15d=2400+400-40+15\times12=2940(\text{mm})$

根数 $=(8000\times2+800-100\times2)/200+1=84(\text{根})$

(6)（2）号板底部非贯通纵筋ϕ14@200（②、③、④轴）。

$$长度＝2400×2＝4800(mm)$$
$$根数＝(8000×2+800-100×2)/200+1＝84(根)$$

（7）（2）号板底部非贯通纵筋ϕ12@200（⑤轴）。右端外伸，采用 U 形封边方式，底部贯通纵筋伸至端部弯折$12d$。

$$长度＝2400+1500-40+12d＝2400+1500-40+12×12＝4004(mm)$$
$$根数＝(8000×2+800-100×2)/200+1＝84(根)$$

（8）（1）号板底部非贯通纵筋ϕ12@200（Ⓐ、Ⓒ轴）。计算如下。

$$长度＝2700+400-40+15d＝2700+400-40+15×12＝3240(mm)$$
$$根数＝(7300+6700+7000+6600+1500-2750)/200+1＝133(根)$$

（9）（1）号板底部非贯通纵筋ϕ12@200（Ⓑ轴）。计算如下。

$$长度＝2700×2＝5400(mm)$$
$$根数＝(7300+6700+7000+6600+1500-2750)/200+1＝133(根)$$

（10）U 形封边筋ϕ20@300。计算如下。

$$长度＝板厚-上下保护层厚+2×12d＝500-40×2+2×12×20＝900(mm)$$
$$根数＝(8000×2+800-2×40)/300+1＝57(根)$$

（11）U 形封边侧部构造筋 4ϕ8。计算如下。

$$长度＝8000×2+400×2-2×40＝16720(mm)$$
$$构造搭接个数＝16720/9000-1＝1(个)$$
$$构造搭接长度＝150(mm)$$

4.4 柱构件钢筋计算实例

【实例 4-16】 地下室框架柱纵筋尺寸的计算

地下室层高为 4.50m，地下室下面是"正筏板"基础，基础主梁的截面尺寸为 700mm×900mm，下部纵筋为 8ϕ22。筏板的厚度为 500mm，筏板的纵向钢筋都是ϕ18@200。

地下室框架柱 KZ1 的截面尺寸为 750mm×700mm，柱纵筋为 22ϕ22，混凝土强度等级 C30，二级抗震等级。地下室顶板的框架梁截面尺寸为 300mm×700mm。地下室上一层的层高为 4.50m，地下室上一层的框架梁截面尺寸为 300mm×700mm。

求该地下室的框架柱纵筋尺寸。

【解】（1）地下室顶板以下部分的长度 H_1

$$地下室的柱净高 H_n＝4500-700-(900-500)＝3400(mm)$$
$$H_1＝H_n+700-H_n/3＝3400+700-3400/3＝2967(mm)$$

（2）地下室顶板以上部分的长度 H_2

$$上一层楼的柱净高 H_n＝4000-700＝3300(mm)$$
$$H_2＝\max(H_n/6,h_c,500)＝\max(3300/6,750,500)＝750(mm)$$

（3）地下室柱纵筋的长度 H_3

$$H_3＝H_1+H_2＝3300+750＝4050(mm)$$

【实例 4-17】 楼层框架柱箍筋根数的计算

已知楼层的层高为 4.20m，框架柱 KZ1 的截面尺寸为 700mm×650mm，箍筋标注为 $\phi 10@100/200$，该层顶板的框架梁截面尺寸为 300mm×700mm。

计算楼层的框架柱箍筋根数。

【解】（1）本层楼的柱净高为 $H_n=4200-700=3500(mm)$，框架柱截面长边尺寸 $h_c=700mm$，有

$$H_n/h_c=3500/700=5>4，由此可以判断该框架柱不是"短柱"。$$

加密区长度 $=max(H_n/6,h_c,500)=max(3500/6,700,500)=700(mm)$

（2）上部加密区箍筋根数计算

加密区长度 $=max(H_n/6,h_c,500)+$ 框架梁高度 $=700+700=1400(mm)$

$$根数=1400/100=14(根)$$

所以上部加密区实际长度 $=14×100=1400(mm)$

（3）下部加密区箍筋根数计算

加密区长度 $=max(H_n/6,h_c,500)=700(mm)$

$$根数=700/100=7(根)$$

所以下部加密区实际长度 $=7×100=700(mm)$

（4）中间非加密区箍筋根数计算

非加密区长度 $=4200-1400-700=2100(mm)$

$$根数=2100/200=11(根)$$

（5）本层 KZ1 箍筋根数计算

$$根数=14+7+11=32(根)$$

【实例 4-18】 KZ1 基础插筋的计算

KZ1 的截面尺寸为 750mm×700mm，柱纵筋为 22ϕ22，混凝土强度等级为 C30，二级抗震等级。

假设该建筑物具有层高为 4.10m 的地下室。地下室下面是"正筏板"基础（即"低板位"的有梁式筏形基础，基础梁底和基础板底一平）。地下室顶板的框架梁仍然采用 KL1（300mm×700mm）。基础主梁的截面尺寸为 700mm×800mm，下部纵筋为 8ϕ22。筏板的厚度为 500mm，筏板的纵向钢筋都是ϕ18@200（图 4-22）。

计算框架柱基础插筋伸出基础梁顶面以上的长度、框架柱基础插筋的直锚长度及框架柱基础插筋的总长度。

【解】（1）计算框架柱基础插筋伸出基础梁顶面以上的长度。已知：地下室层高=4100mm，地下室顶框架梁高=700mm，基础主梁高=800mm，筏板厚度=500mm，所以

地下室框架柱净高 $H_n=4100-700-(800-500)=3100(mm)$

框架柱基础插筋（短筋）伸出长度 $H_n/3=3100/3≈1033(mm)$

框架柱基础插筋（长筋）伸出长度 $=1033+35×22=1803(mm)$

（2）计算框架柱基础插筋的直锚长度。已知：基础主梁高度=800mm，基础主梁下部纵筋直径=22mm，筏板下层纵筋直径=16mm，基础保护层=40mm，所以

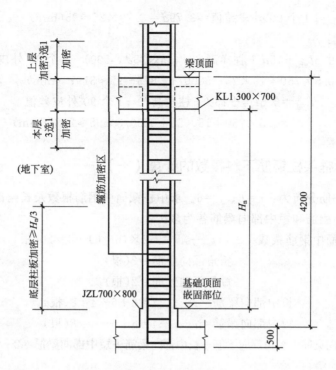

图 4-22　筏板的纵向钢筋（单位：mm）

H_n—所在楼层的柱净高

框架柱基础插筋直锚长度＝800－22－16－40＝722(mm)

（3）框架柱基础插筋的总长度计算

框架柱基础插筋的垂直段长度（短筋）＝1033＋722＝1755(mm)

框架柱基础插筋的垂直段长度（长筋）＝1803＋722＝2525(mm)

因为：l_{aE}＝40d＝40×22＝880(mm)

而现在的直锚长度＝722＜l_{aE}，所以

框架柱基础插筋的弯钩长度＝15d＝15×22＝330(mm)

框架柱基础插筋（短筋）的总长度＝1755＋330＝2085(mm)

框架柱基础插筋（长筋）的总长度＝2525＋330＝2855(mm)

【实例 4-19】　长、短钢筋下料长度的计算

某三级抗震框架柱采用 C30，HRB335 级钢筋制作，钢筋直径 d＝25mm，底梁高度为 450mm，柱净高 5000mm，保护层为 25mm。试计算长、短钢筋的下料长度。

【解】先要知道直锚长度是否满足 l_{aE} 的要求。

$$l_{aE}＝30d＝30×25＝750(mm)$$

梁高－保护层厚＝450－25＝425(mm)

$$l_{aE}＞梁高－保护层厚$$

说明直锚长度不能满足 l_{aE} 的要求应弯锚，还需计算出 35d 与 500mm 两者哪个值最大。

$$35d＝35×25＝875(mm)$$

故：35d＞500mm，应采用 35d。

$$1 个 90°外皮差值 = 3.79d = 3.79 \times 25 \approx 95 \text{(mm)}$$

根据计算公式：

$$L_长 = 0.5l_{aE} + 15d + 柱净高/3 + \max(35d，500) - 1 个 90°外皮差值$$

$$= 0.5 \times 750 + 15 \times 25 + 5000/3 + 875 - 95 \approx 3197 \text{(mm)}$$

$$L_短 = 0.5l_{aE} + 15d + 柱净高/3 - 1 个 90°外皮差值$$

$$= 0.5 \times 750 + 15 \times 25 + 5000/3 - 95 \approx 2322 \text{(mm)}$$

【实例 4-20】 框架柱钢筋下料根数的计算（一）

中柱截面中钢筋分布为：$i = 6$；$j = 6$。求中柱截面中钢筋根数及长角部向梁筋、短角部向梁筋、长中部向梁筋和短中部向梁筋各为多少？

【解】中柱截面中钢筋根数 $= 2 \times (i+j) - 4 = 2 \times (6+6) - 4 = 20$（根）

$$长角部向梁筋 = 2（根）$$

$$短角部向梁筋 = 2（根）$$

$$长中部向梁筋 = i + j - 4 = 6 + 6 - 4 = 8（根）$$

$$短中部向梁筋 = i + j - 4 = 6 + 6 - 4 = 8（根）$$

验算：长角部向梁筋＋短角部向梁筋＋长中部向梁筋＋短中部向梁筋＝2＋2＋8＋8＝20（根），正确无误。

【实例 4-21】 框架柱钢筋下料根数的计算（二）

已知边柱截面中钢筋分布为：$i = 4$；$j = 7$。求边柱截面中钢筋根数及长角部向梁筋、短角部向梁筋、长中部向梁筋、短中部向梁筋、长中部远梁筋、短中部远梁筋、长中部向边筋和短中部向边筋各为多少？

【解】边柱截面中钢筋根数 $= 2 \times (i+j) - 4 = 2 \times (4+7) - 4 = 18$（根）

$$长角部向梁筋 = 2（根）$$

$$短角部向梁筋 = 2（根）$$

$$长中部向梁筋 = j - 2 = 7 - 2 = 5（根）$$

$$短中部向梁筋 = j - 2 = 7 - 2 = 5（根）$$

$$长中部远梁筋 = \frac{i-2}{2} = \frac{4-2}{2} = 1（根）$$

$$短中部远梁筋 = \frac{i-2}{2} = \frac{4-2}{2} = 1（根）$$

$$长中部向边筋 = \frac{i-2}{2} = \frac{4-2}{2} = 1（根）$$

$$短中部向边筋 = \frac{i-2}{2} = \frac{4-2}{2} = 1（根）$$

验算：长角部向梁筋＋短角部向梁筋＋长中部向梁筋＋短中部向梁筋＋长中部远梁筋＋短中部远梁筋＋长中部向边筋＋短中部向边筋＝2＋2＋5＋5＋1＋1＋1＋1＝18（根），正确无误。

【实例 4-22】 框架柱钢筋下料根数的计算（三）

已知角柱截面中钢筋分布为：$i=6$；$j=5$。求角柱截面中钢筋根数及长角部远梁筋（一排）、短角部远梁筋（一排）、长中部远梁筋（一排）、短中部远梁筋（一排）、长中部远梁筋（二排）、短中部远梁筋（二排）、长角部远梁筋（二排）、短角部远梁筋（二排）、长角部向边筋（三排）、短角部向边筋（三排）、长中部向边筋（三排）、短中部向边筋（三排）、长中部向边筋（四排）、短中部向边筋（四排）各为多少？

【解】角柱截面中钢筋根数 $=2\times(i+j)-4=2\times(6+5)-4=18$（根）

长角部远梁筋（一排）$=2$（根）

BF〗 短角部远梁筋（一排）$=0$

$$长中部远梁筋（一排）=\frac{j}{2}-\frac{3}{2}=\frac{5}{2}-\frac{3}{2}=1（根）$$

$$短中部远梁筋（一排）=\frac{j}{2}-\frac{1}{2}=\frac{5}{2}-\frac{1}{2}=2（根）$$

$$长中部远梁筋（二排）=\frac{i}{2}-1=\frac{6}{2}-1=2（根）$$

$$短中部远梁筋（二排）=\frac{i}{2}-1=\frac{6}{2}-1=2（根）$$

长角部远梁筋（二排）$=0$

短角部远梁筋（二排）$=1$（根）

长角部向边筋（三排）$=0$

短角部向边筋（三排）$=1$（根）

$$长中部向边筋（三排）=\frac{j}{2}-\frac{1}{2}=\frac{5}{2}-\frac{1}{2}=2（根）$$

$$短中部向边筋（三排）=\frac{j}{2}-\frac{3}{2}=\frac{5}{2}-\frac{3}{2}=1（根）$$

$$长中部向边筋（四排）=\frac{i}{2}-1=\frac{6}{2}-1=2（根）$$

$$短中部向边筋（四排）=\frac{i}{2}-1=\frac{6}{2}-1=2（根）$$

验算：长角部远梁筋（一排）+短角部远梁筋（一排）+长中部远梁筋（一排）+短中部远梁筋（一排）+长中部远梁筋（二排）+短中部远梁筋（二排）+长角部远梁筋（二排）+短角部远梁筋（二排）+长角部向边筋（三排）+短角部向边筋（三排）+长中部向边筋（三排）+短中部向边筋（三排）+长中部向边筋（四排）+短中部向边筋（四排）$=2+0+1+2+2+2+0+1+0+1+2+1+2+2=18$（根），正确无误。

【实例 4-23】 框架柱钢筋下料尺寸的计算

已知：二级抗震楼层边柱，钢筋直径为 $d=25\text{mm}$，混凝土强度等级为 C30，梁高 600mm，梁保护层厚度为 30mm，柱净高 2500mm，柱宽 450mm，$i=8$，$j=8$。

试求各种钢筋的加工、下料尺寸。

【解】（1）长向梁筋

① 　　　　长 L_1＝层高－max\{柱净高/6,柱宽,500\}－梁保护层厚度

　　　　　　＝2500＋600－max\{2500/6,450,500\}－30

　　　　　　＝3100－500－30

　　　　　　＝2570(mm)

② 计算 L_2。二级抗震，d＝25mm，C30 时，l_{aE}＝35d＝35×25＝875(mm)

　　　　　　0.5l_{aE}＜(梁高－梁保护层厚度)＜l_{aE}

　　　　　　L_2＝12d＝12×25＝300(mm)

③ 　　　长向梁筋下料长度＝长 L_1＋L_2－外皮差值＝2570＋300－2.931d

　　　　　　≈2570＋300－73＝2797(mm)

（2）短向梁筋

① 　短 L_1＝层高－max\{柱净高/6,柱宽,500\}－max\{35d,500\}－梁保护层厚度

　　　　　　＝2500＋600－max\{2500/6,450,500\}－max\{875,500\}－30

　　　　　　＝3100－500－875－30＝1695(mm)

② 　　　　　　L_2＝12d＝12×25＝300(mm)

③ 　　　短向梁筋下料长度＝短 L_1＋L_2－外皮差值＝1695＋300－2.931d

　　　　　　≈1695＋300－73＝1922(mm)

（3）长远梁筋

　　　　　　L_2＝1.5l_{aE}－梁高＋梁保护层厚度

① 　　　长 L_1＝层高－max\{柱净高/6,柱宽,500\}－梁保护层厚度

　　　　　　＝2500＋600－max\{2500/6,450,500\}－30

　　　　　　＝3100－500－30＝2570(mm)

② 　　L_2＝1.5l_{aE}－梁高＋梁保护层厚度＝1.5×875－600＋30≈743(mm)

③ 　　　长远梁筋下料长度＝长 L_1＋L_2－外皮差值＝2570＋743－2.931d

　　　　　　≈2570＋743－73＝3240(mm)

（4）短远梁筋

① 　短 L_1＝层高－max\{柱净高/6,柱宽,500\}－max\{35d,500\}－梁保护层厚度

　　　　　　＝2500＋600－max\{2500/6,450,500\}－max\{875,500\}－30

　　　　　　＝3100－500－875－30＝1695(mm)

② 　　L_2＝1.5l_{aE}－梁高＋梁保护层厚度＝1.5×875－600＋30≈743(mm)

③ 　　　短远梁筋下料长度＝短 L_1＋L_2－外皮差值＝1695＋743－2.931d

　　　　　　≈1695＋743－73＝2365(mm)

（5）长向边筋

① 　　　长 L_1＝层高－max\{柱净高/6,柱宽,500\}－梁保护层厚度－d－30

　　　　　　＝2500＋600－max\{2500/6,450,500\}－30－25－30

　　　　　　＝3100－500－30－25－30＝2515(mm)

② 　　　　　　L_2＝12d＝12×25＝300(mm)

③ 　　　长向边筋下料长度＝长 L_1＋L_2－外皮差值＝2515＋300－2.931d

　　　　　　≈2515＋300－73＝2742(mm)

（6）短向边筋

① 短 L_1 ＝层高－max｛柱净高/6,柱宽,500｝－max｛35d,500｝－梁保护层厚度－d－30

＝2500＋600－max｛2500/6,450,500｝－max｛875,500｝－30－25－30

＝3100－500－875－30－25－30＝1640（mm）

② $$L_2＝12d＝12×25＝300 （mm）$$

③ 短向边筋下料长度＝短 $L_1＋L_2$ －外皮差值＝1640＋300－2.931d

≈1640＋300－73＝1867 （mm）

计算结果如图 4-23 所示，给出了各类筋的下料长度及各类钢筋数量。

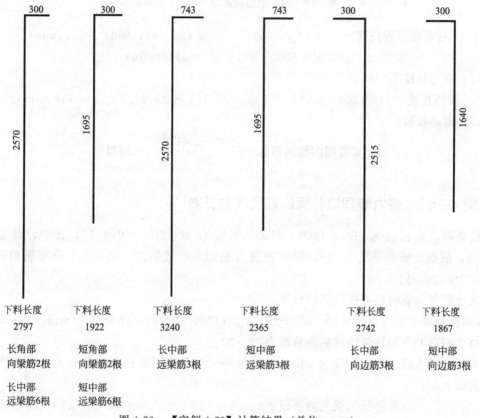

图 4-23　【实例 4-23】计算结果（单位：mm）

4.5　剪力墙钢筋计算实例

【实例 4-24】　连梁 LL5 中间层各种钢筋的计算

端部洞口连梁 LL5 计算图，如图 4-24 所示。设混凝土强度为 C30，抗震等级为一级，计算连梁 LL5 中间层的各种钢筋。

【解】（1）上、下部纵筋

计算公式＝净长＋左端柱内锚固＋右端直锚

左端支座锚固＝$h_c－c＋15d＝300－15＋15×25＝660$（mm）

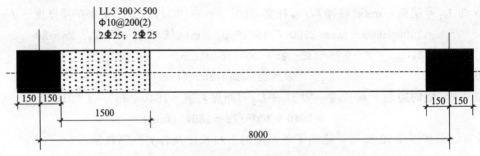

图 4-24　LL5 钢筋计算图（单位：mm）

右端直锚固长度 $= \max(l_{aE}, 600) = \max(38 \times 25, 600) = 950(\text{mm})$

$$总长度 = 1500 + 660 + 950 = 3110(\text{mm})$$

（2）箍筋长度

箍筋长度 $= 2 \times [(300 - 2 \times 15) + (500 - 2 \times 15)] + 2 \times 11.9 \times 10 \approx 1718(\text{mm})$

（3）箍筋根数

$$洞宽范围内箍筋根数 = \frac{1500 - 2 \times 50}{200} + 1 = 8(\text{根})$$

【实例 4-25】　剪力墙洞口补强纵筋长度的计算

已知洞口表标注为 JD5　1800×2100　1.800　6Φ20　Φ8@150，其中，剪力墙厚 300mm，混凝土强度等级为 C25，纵向钢筋为 HRB400 级钢筋，墙身水平分布筋和垂直分布筋均为Φ12@250。

试计算剪力墙洞口补强纵筋的长度。

【解】补强暗梁的纵筋长度 $= 1800 + 2 \times l_{aE} = 1800 + 2 \times 40 \times 20 = 3400(\text{mm})$

每个洞口上下的补强暗梁纵筋总数为 12Φ20。

补强暗梁纵筋的每根长度为 3400mm，但补强暗梁箍筋只在洞口内侧 50mm 处开始设置，所以

一根补强暗梁的箍筋根数 $= (1800 - 50 \times 2)/150 + 1 = 13(\text{根})$

一个洞口上下两根补强暗梁的箍筋总根数为 26 根。

$$箍筋宽度 = 300 - 2 \times 15 - 2 \times 12 - 2 \times 8 = 230(\text{mm})$$

箍筋高度为 400mm，则箍筋的每根长度 $= (230 + 400) \times 2 + 26 \times 8 = 1468(\text{mm})$。

【实例 4-26】　剪力墙顶层分布钢筋下料长度的计算

已知某二级抗震剪力墙中墙身顶层竖向分布筋，钢筋直径为 30mm（HRB400 级钢筋），混凝土强度等级为 C35。采用机械连接，其层高为 3.5m，屋面板厚 100mm。

试计算其顶层分布钢筋的下料长度。

【解】已知 $d = 30\text{mm} > 25\text{mm}$，HRB400 级钢筋，有：

$$顶层室内净高 = 层高 - 屋面板厚度 = 3500 - 100 = 3400(\text{mm})$$

C35 时的锚固值 $l_{aE} = 40d$，HRB400 级框架顶层节点 90°外皮差值为 4.648d，代入公式：

$$长筋＝顶层室内净高＋l_{aE}－500－1 个 90°外皮差值＝3400＋40×30－$$
$$500－4.648×30≈2880(mm)$$
$$短筋＝顶层室内净高＋l_{aE}－500－35d－1 个 90°外皮差值＝3400＋40×30－$$
$$500－35×30－4.648×30≈1830(mm)$$

【实例 4-27】　剪力墙边墙墙身顶层竖向分布筋（外侧筋和里侧筋）下料长度的计算

已知：四级抗震剪力墙边墙墙身顶层竖向分布筋，钢筋规格为 Φ20（即 HPB300 级钢筋，直径为 20mm），混凝土 C30，搭接连接，层高 3.3m，板厚 150mm，保护层厚度 15mm。

求：剪力墙边墙墙身顶层竖向分布筋（外侧筋和里侧筋）——长 L_1、L_2 的加工尺寸和下料尺寸。

【解】（1）外侧筋。计算如下。

$$长 L_1＝层高－保护层厚度＝3300－15＝3285(mm)$$
$$L_2＝l_{aE}－顶板厚＋保护层厚度＝30d－150＋15＝465(mm)$$
$$钩＝5d＝5×20＝100(mm)$$
$$下料长度＝3285＋465＋100－1.751d≈3285＋465＋100－35＝3815(mm)$$

（2）里侧筋。计算如下。

$$长 L_1＝3300－15－d－30＝3300－15－20－30＝3235(mm)$$
$$L_2＝l_{aE}－顶板厚＋保护层＋d＋30＝30d－150＋15＋20＋30＝515(mm)$$
$$钩＝5d＝5×20＝100(mm)$$
$$下料长度＝3235＋515＋100－1.751d≈3235＋515＋100－35＝3815(mm)$$

计算结果参看图 4-25。

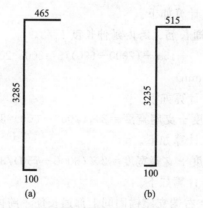

图 4-25　下料尺寸和长度（单位：mm）

(a) 外侧筋；(b) 里侧筋

4.6　梁构件钢筋计算实例

【实例 4-28】　多跨楼层框架梁 KL1 钢筋量的计算

已知：混凝土强度等级为 C30；梁纵筋保护层厚度为 20mm；柱纵筋保护层厚度为

20mm；抗震等级为一级抗震；钢筋连接方式为对焊；钢筋类型为普通钢筋。

试计算多跨楼层框架梁 KL1 的钢筋量，如图 4-26 所示。

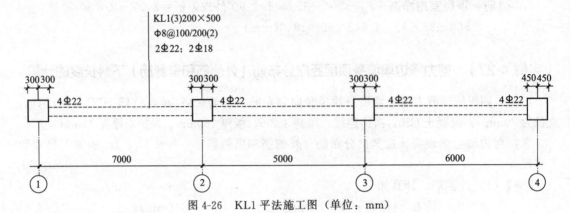

图 4-26　KL1 平法施工图（单位：mm）

【解】根据已知条件可得 $l_{aE}=33d$。

（1）上部通长筋 $2\Phi22$。计算如下。

① 判断两端支座锚固方式：左端支座 $600<l_{aE}$，因此左端支座内弯锚；右端支座 $900>l_{aE}$，因此右端支座内直锚。

② 上部通长筋长度 $=7000+5000+6000-300-450+(600-20+15d)+\max(33d,300+5d)$

$=7000+5000+6000-300-450+(600-20+15\times22)+\max(33\times22,$

$300+5\times22)$

$=18886(mm)$

接头个数 $=18886/9000-1=2(个)$

（2）支座 1 负筋 $2\Phi22$。计算如下。

① 左端支座锚固同上部通长筋；跨内延伸长度 $l_n/3$。

② 支座负筋长度 $=600-20+15d+(7000-600)/3=600-20+15\times22+(7000-600)/3$

$\approx3034(mm)$

（3）支座 2 负筋 $2\Phi22$。计算如下。

长度 $=$ 两端延伸长度 $+$ 支座宽度 $=2\times(7000-600)/3+600\approx4867(mm)$

（4）支座 3 负筋 $2\Phi22$。计算如下。

长度 $=$ 两端延伸长度 $+$ 支座宽度 $=2\times(6000-750)/3+600\approx4100(mm)$

（5）支座 4 负筋 $2\Phi22$。计算如下。

支座负筋长度 $=$ 右端支座锚固同上部通长筋 $+$ 跨内延伸长度 $l_n/3$

$=\max(33\times22,300+5\times22)+(6000-750)/3\approx2476(mm)$

（6）下部通长筋 $2\Phi18$。计算如下。

① 判断两端支座锚固方式：左端支座 $600<l_{aE}$，因此左端支座内弯锚；右端支座 $900>l_{aE}$，因此右端支座内直锚。

② 下部通长筋长度 $=7000+5000+6000-300-450+(600-20+15d)+\max(33d,300+5d)$

$=7000+5000+6000-300-450+(600-20+15\times18)+\max(33\times$

$18,300+5\times18)$

$=18694(mm)$

$$接头个数＝18694/9000-1＝2(个)$$

（7）箍筋长度。计算如下。

$$箍长度＝(b-2c)\times2+(h-2c)\times2+(1.9d+10d)\times2$$
$$＝(200-2\times20)\times2+(500-2\times20)\times2+2\times11.9\times8\approx1431(mm)$$

（8）每跨箍筋根数。计算如下。

① 　　　　　　　箍筋加密区长度＝2×500＝1000(mm)

② 第一跨

$$加密区根数＝2\times[(1000-50)/100+1]＝21(根)$$
$$非加密区根数＝(7000-600-2000)/200-1＝21(根)$$
$$第一跨＝21+21＝42(根)$$

③ 第二跨

$$加密区根数＝2\times[(1000-50)/100+1]＝21(根)$$
$$非加密区根数＝(5000-600-2000)/200-1＝11(根)$$
$$第二跨＝21+11＝32(根)$$

④ 第三跨

$$加密区根数＝2\times[(1000-50)/1100+1]＝21(根)$$
$$非加密区根数＝(6000-750-2000)/200-1＝16(根)$$
$$第三跨＝21+16＝37(根)$$

⑤ 总根数

$$总根数＝42+32+37＝111(根)$$

【实例 4-29】 非框架梁 L1 钢筋量的计算

已知：梁纵筋保护层厚度为 20mm，柱纵筋保护层厚度为 20mm，抗震等级为一级抗震，钢筋连接方式为对焊，钢筋类型为普通钢筋。

试计算多跨屋面非框架梁 L1 的钢筋量，如图 4-27 所示。

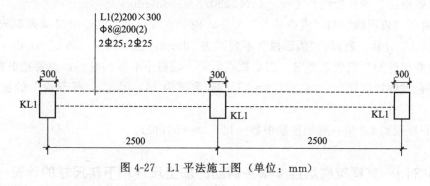

图 4-27　L1 平法施工图（单位：mm）

【解】（1）上部钢筋 2Φ25。计算如下。

$$上部钢筋长度＝5000+300-40+2\times15d＝5000+300-40+2\times15\times25＝6010(mm)$$

（2）下部钢筋 2Φ25。计算如下。

$$上部钢筋长度＝5000-300+2\times12d＝5000-300+2\times12\times25＝5300(mm)$$

（3）箍筋长度（2 肢箍）。计算如下。

$$箍筋长度＝(200－2×20)×2＋(300－2×20)×2＋2×11.9×8≈1031(mm)$$
$$第一跨根数＝(2500－300－50)/200＋1＝12(根)$$
$$第二跨根数＝(2500－300－50)/200＋1＝12(根)$$

【实例 4-30】 非框架梁 L2 第一跨（弧形梁）箍筋根数的计算

非框架梁 L2 第一跨（弧形梁）的箍筋集中标注为φ10@100（2），如图 4-28 所示。计算非框架梁 L2 第一跨（弧形梁）的箍筋根数。

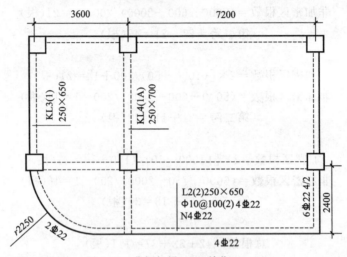

图 4-28 非框架梁 L2（单位：mm）

【解】（1）L2 第一跨净跨长度＝3600－250＝3350(mm)，所以，直段长度＝3350－(2250－250)＝1350(mm)。

（2）"直段长度"的"布筋范围除以间距"＝(1350－50×2)/100≈13。

（3）"直段长度"的箍筋根数＝13＋1＝14(根)。

（4）"弧形段"的外边线长度＝3.14×2250/2≈3533(mm)。

（5）由于"弧形段"与"直段长度"相连，而"直段长度"已经两端减去 50mm，而且进行了"加 1"计算，所以，"弧形段"不要减去 50mm，也不执行"加 1"计算（但是，当"布筋范围除以间距"商数取整时，当小数点后第一位数字非零的时候，也要把商数加 1）。

"布筋范围除以间距"＝3533/100＝35.33，取整为 36，因此，"弧形段"的箍筋根数为 36 根。

（6）非框架梁 L2 第一跨的箍筋根数＝14＋36＝50(根)。

【实例 4-31】 某框架楼层连续梁各钢筋的加工尺寸和下料尺寸的计算

已知抗震等级为四级的框架楼层连续梁，选用 HRB335 级钢筋，直径 $d＝24$mm，C30 混凝土，边净跨长度为 5.5m，柱宽 450mm。

求各钢筋加工尺寸和下料长度尺寸。

【解】
$$l_{aE}＝29d＝29×24＝696(mm)$$
$$0.5h_c＋5d＝225＋120＝345(mm)＜696(mm)，取 696(mm)。$$

$$L_1 = 12d + 5500 + 696 = 12 \times 24 + 5500 + 696 = 6484 \text{(mm)}$$
$$L_2 = 15d = 15 \times 24 = 360 \text{(mm)}$$

下料长度 $=L_1+L_2-$ 外皮差值 $=6484+360-2.931d=6484+360-2.931\times24\approx6774$(mm)

4.7　板构件钢筋计算实例

【实例 4-32】　纯悬挑板上部受力钢筋长度及根数的计算

根据图 4-29 计算纯悬挑板上部受力钢筋的长度和根数。

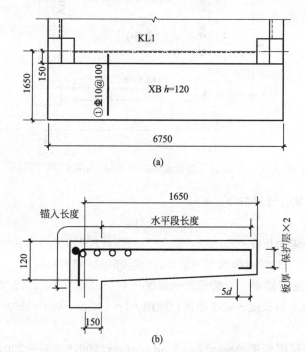

图 4-29　某纯悬挑板上部受力钢筋（单位：mm）

(a) 纯悬挑板平面图；(b) 纯悬挑板钢筋剖面

【解】上部受力钢筋水平段长度＝悬挑板净跨长－保护层厚度＝(1650−150)−15＝1485(mm)

纯悬挑板上部受力钢筋长度＝锚固长度＋水平段长度＋(板厚−保护层厚度×2＋5d)＋弯钩

$$= \max(24d, 250) + 1485 + (120 - 15 \times 2 + 5d) + 6.25d$$
$$= 250 + 1485 + (120 - 15 \times 2 + 5 \times 10) + 6.25 \times 10 = 1932.5 \text{(mm)}$$

$$\text{纯悬挑板上部受力钢筋根数} = \frac{\text{悬挑板长度} - \text{板保护层厚度} c \times 2}{\text{上部受力钢筋间距}} + 1 = \frac{6750 - 15 \times 2}{100} + 1 = 69 \text{(根)}$$

【实例 4-33】　楼面板 LB1 板底筋的计算

如图 4-30 所示，板保护层厚度为 15mm，梁保护层厚度为 20mm，抗震等级为一级抗震，纵筋连接方式为分跨锚固。

计算楼面板 LB1 的板底筋。

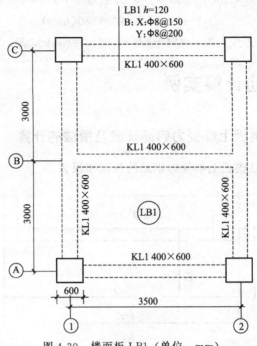

图 4-30 楼面板 LB1（单位：mm）

【解】（1）B—C轴。计算如下。

① X：φ8@150。

$$端支座锚固长度＝\max(h_b/2,5d)＝\max(200,5×8)＝200(\text{mm})$$
$$180°弯钩长度＝6.25d＝6.25×8＝50(\text{mm})$$

总长＝净长＋端支座锚固＋弯钩长度＝3500－400＋2×200＋2×6.25×8＝3600(mm)

根数＝(钢筋布置范围长度－起步距离)/间距＋1＝(3000－400－150)/150＋1＝18(根)

② Y：φ8@200

$$端支座锚固长度＝\max(h_b/2,5d)＝\max(200,5×8)＝200(\text{mm})$$
$$180°弯钩长度＝6.25d＝6.25×8＝50(\text{mm})$$

总长＝净长＋端支座锚固＋弯钩长度＝3000－400＋2×200＋2×6.25×8＝3100(mm)

根数＝(钢筋布置范围长度－起步距离)/间距＋1＝(3500－400－2×100)/200＋1＝16(根)

（2）A—B轴。计算如下。

① X：φ8@150

$$端支座锚固长度＝\max(h_b/2,5d)＝\max(200,5×5)＝200(\text{mm})$$
$$180°弯钩长度＝6.25d＝6.25×8＝50(\text{mm})$$

总长＝净长＋端支座锚固＋弯钩长度＝3500－400＋2×200＋2×6.25×8＝3600(mm)

根数＝(钢筋布置范围长度－起步距离)/间距＋1＝(3000－400－150)/150＋1＝18(根)

② Y：φ8@200

$$端支座锚固长度＝\max(h_b/2,5d)＝\max(200,5×8)＝200(\text{mm})$$
$$180°弯钩长度＝6.25d＝6.25×8＝50(\text{mm})$$

总长＝净长＋端支座锚固＋弯钩长度＝3000－400＋2×200＋2×6.25×8＝3100(mm)

根数＝(钢筋布置范围长度－起步距离)/间距＋1＝(3600－400－2×100)/200＋1＝16(根)

【实例 4-34】 楼面板 LB2 板顶筋的计算

如图 4-31 所示，板保护层厚度为 15mm，梁保护层厚度为 20mm，抗震等级为一级抗震，纵筋连接方式为绑扎搭接，其中四周梁宽为 300mm，钢筋定尺长度为 9000mm。

计算楼面板 LB2 的板顶筋。

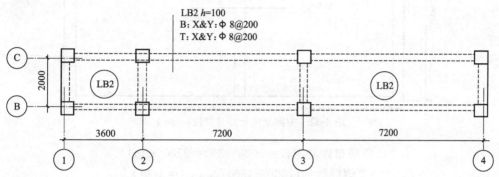

图 4-31　楼面板 LB2（单位：mm）

【解】（1）X：ϕ8@200。计算如下。

① 　　　　　端支座锚固长度＝30d＝30×8＝240(mm)

　　总长＝净长＋端支座锚固＝3600＋2×7200−300＋2×300＝18300(mm)

　　　　　　接头个数＝18300/9000−1＝2(个)

② 　　　　根数＝(钢筋布置范围长度−两端起步距离)/间距＋1

　　　　　　＝(2000−300−2×100)/200＋1＝9(根)

（2）Y：ϕ8@200。计算如下。

① 　　　　　端支座锚固长度＝30d＝30×8＝240(mm)

　　总长＝净长＋端支座锚固＝2000−300＋2×300＝2300(mm)

　　　　　　接头个数＝18300/9000−1＝2(个)

② 　　　　根数＝(钢筋布置范围长度−两端起步距离)/间距＋1

　　　　　1−2 轴＝(3600−300−2×100)/200＋1＝17(根)

　　　　　2−3 轴＝(7200−300−2×100)/200＋1＝35(根)

　　　　　3−4 轴＝(7200−300−2×100)/200＋1＝35(根)

【实例 4-35】 楼面板 LB3 中间支座负筋的计算

如图 4-32 所示，板保护层厚度为 15mm，梁保护层厚度为 20mm，其中四周梁宽为 300mm，图中未注明分布筋为ϕ6@200。

计算楼面板 LB3 的中间支座负筋。

【解】（1）①号支座负筋

　　　　　　　弯折长度＝h−15＝100−15＝85(mm)

　　　　　总长度＝平直段长度＋两端弯折＝2×1000＋2×85＝2170(mm)

根数＝(布置范围净长−两端起步距离)/间距＋1＝(3000−300−2×75)/150＋1＝18(根)

（2）①号支座负筋的分布筋

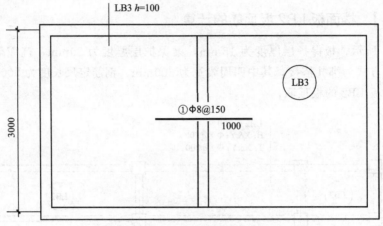

图 4-32   中间支座负筋（单位：mm）

$$负筋布置范围长＝3000－300＝2700(mm)$$
$$单侧根数＝(1000－150)/200＋1＝6(根)$$
$$两侧共 12 根。$$

【实例 4-36】   楼面板 LB4 端支座负筋的计算

如图 4-33 所示，板保护层厚度为 15mm，梁保护层厚度为 20mm，其中四周梁 300×500，图中未注明分布筋为 $\phi6@200$。

计算楼面板 LB4 的端支座负筋。

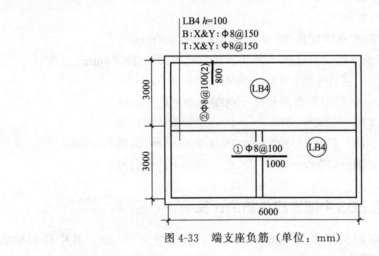

图 4-33   端支座负筋（单位：mm）

【解】（1）②号支座负筋

$$弯折长度＝h－15＝100－15＝85(mm)$$
$$总长度＝平直段长度＋两端弯折＝800＋150－15＋2×85＝1105(mm)$$
$$根数＝(布置范围净长－两端起步距离)/间距＋1＝(6000－300－2×50)/100＋1＝57(根)$$

（2）②号支座负筋的分布筋

$$负筋布置范围长＝6000－300＝5700(mm)$$

$$单侧根数＝(800－150)/200＋1＝4(根)$$

【实例 4-37】 楼面板 LB5 跨板支座负筋的计算

如图 4-34 所示，板保护层厚度为 15mm，梁保护层厚度为 20mm，其中四周梁 300×500，图中未注明分布筋为φ6@200。

计算楼面板 LB5 的跨板支座负筋。

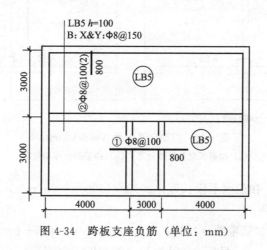

图 4-34　跨板支座负筋（单位：mm）

【解】（1）①号支座负筋

$$弯折长度＝h－15＝100－15＝85(mm)$$
$$总长度＝平直段长度＋两端弯折＝3000＋2×800＋2×85＝4770(mm)$$
$$根数＝(布置范围净长－两端起步距离)/间距＋1＝(3000－300－2×50)/100＋1＝27(根)$$

（2）①号支座负筋的分布筋

$$负筋布置范围长＝3000－300＝2700(mm)$$
$$单侧根数＝(800－150)/200＋1＝4(根)$$
$$中间根数＝(3000－300－100)/200＋1＝14(根)$$
$$总根数＝8＋14＝22(根)$$

【实例 4-38】 扣筋的计算

如图 4-35 所示，一个横跨一道框架梁的双侧扣筋③号钢筋，扣筋的两条腿分别伸到 LB1 和 LB2 两块板中，LB1 的厚度为 120mm，LB2 的厚度为 100mm。在扣筋的上部标注：③φ10@150（2），在扣筋下部的左侧标注：2000，在扣筋下部的右侧标注：1500。扣筋标注的所在跨及相邻的轴线跨度均为 3500mm，两跨之间的框架梁 KL1 的宽度为 200mm，均为正中轴线。扣筋分布筋为φ8@200。

计算扣筋各项数值。

【解】（1）计算扣筋的腿长

$$扣筋腿 1 的长度＝LB1 的厚度－15＝120－15＝105(mm)$$
$$扣筋腿 2 的长度＝LB2 的厚度－15＝100－15＝85(mm)$$

（2）计算扣筋的水平段长度

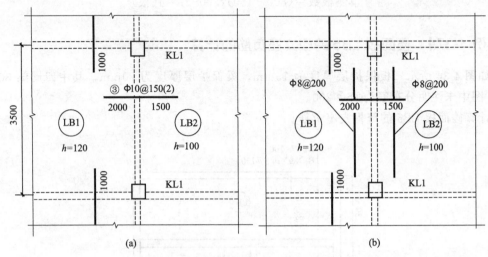

图 4-35 扣筋计算示意（单位：mm）

（a）扣筋长度及根数计算；（b）扣筋的分布筋计算

$$扣筋水平段长度 = 2000 + 1500 = 3500 (mm)$$

（3）计算扣筋的根数

$$单跨的扣筋根数 = (3300 - 50 \times 2)/150 + 1 \approx 22 + 1 = 23(根)$$

$$两跨的扣筋根数 = 23 \times 2 = 46(根)$$

（4）计算扣筋的分布筋。计算扣筋分布筋长度的基数为 3300mm，还要减去另向钢筋的延伸净长度，再加上搭接长度 150mm。

如果另向钢筋的延伸长度为 1000mm，延伸净长度 $= 1000 - 100 = 900 (mm)$，则

$$扣筋分布筋长度 = 3300 - 900 \times 2 + 150 \times 2 = 1800(mm)$$

扣筋分布筋的根数：

$$扣筋左侧的分布筋根数 = (2000 - 100)/200 + 1 \approx 10 + 1 = 11(根)$$

$$扣筋右侧的分布筋根数 = (1500 - 100)/200 + 1 = 7 + 1 = 8(根)$$

4.8 板式楼梯计算实例

【实例 4-39】 AT 型楼梯钢筋的计算

AT3 的平面布置图如图 4-36 所示。混凝土强度为 C30，梯梁宽度 $b = 200mm$。求 AT3 中各钢筋。

【解】（1）AT3 楼梯板的基本尺寸数据

① 楼梯板净跨度 $l_n = 3080mm$。

② 梯板净宽度 $b_n = 1600mm$。

③ 梯板厚度 $h = 120mm$。

④ 踏步宽度 $b_s = 280mm$。

⑤ 踏步总高度 $H_s = 1800mm$。

⑥ 踏步高度 $h_s = 1800/12 = 150mm$。

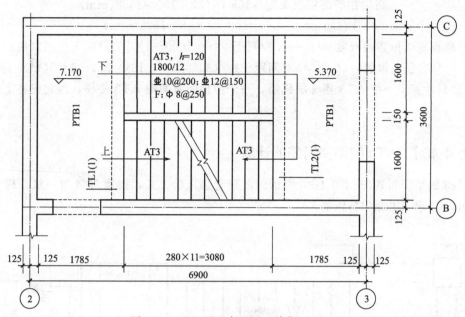

图 4-36　AT3 平面布置图（单位：mm）

（2）计算步骤

① 斜坡系数 $k=\sqrt{h_s^2+b_s^2}=\sqrt{150^2+280^2}\approx1.134$。

② 梯板下部纵筋以及分布筋

a.梯板下部纵筋。

$$长度\ l=l_n k+2a$$
$$=3080\times1.134+2\times\max(5d,b/2)$$
$$=3080\times1.134+2\times\max(5\times12,200/2)\approx3693(mm)$$
$$根数=(b_n-2c)/间距+1=(1600-2\times15)/150+1=12(根)$$

b.分布筋

$$长度=b_n-2c=1600-2\times15=1570(mm)$$
$$根数=(l_n k-50\times2)/间距+1=(3080\times1.134-50\times2)/250+1=15(根)$$

③ 梯板低端扣筋

$$l_1=[l_n/4+(b-c)]\times k=(3080/4+200-15)\times1.134\approx1083(mm)$$
$$l_2=15d=15\times10=150(mm)$$
$$h_1=h-c=120-15=105(mm)$$
$$分布筋=b_n-2c=1600-2\times15=1570(mm)$$
$$梯板低端扣筋的根数=(b_n-2c)/间距+1=(1600-2\times15)/250+1=8(根)$$
$$分布筋的根数=(l_n/4k)/间距+1=(3080/4\times1.134)/250+1=5(根)$$

④ 梯板高端扣筋

$$h_1=h-c=120-15=105(mm)$$
$$l_1=[l_n/4+(b-c)]\times k=(3080/4+200-15)\times1.134=1083(mm)$$
$$l_2=15d=15\times10=150(mm)$$
$$h_1=h-c=120-15=105(mm)$$

$$高端扣筋的每根长度=105+1083+150=1338(mm)$$
$$分布筋=b_n-2c=1600-2\times15=1570(mm)$$
$$梯板高端扣筋的根数=(b_n-2c)/间距+1=(1600-2\times15)/150+1=12(根)$$
$$分布筋的根数=(l_n/4\times k)/间距+1=(3080/4\times1.134)/250+1=5(根)$$

上面只计算了一跑AT3楼梯的钢筋，一个楼梯间有两跑AT3楼梯，因此应将上述数据乘以2。

【实例4-40】 ATc型楼梯钢筋的计算

ATc3的平面布置图如图4-37所示。混凝土强度为C30，抗震等级为一级，梯梁宽度$b=200mm$。求ATc3中各钢筋。

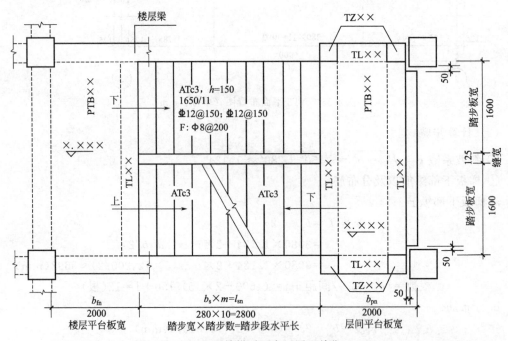

图4-37 ATc3型楼梯平面布置图（单位：mm）

h—梯板厚度

【解】（1）ATc3楼梯板的基本尺寸数据

① 楼梯板净跨度$l_n=2800mm$。

② 梯板净宽度$b_n=1600mm$。

③ 梯板厚度$h=120mm$。

④ 踏步宽度$b_s=280mm$。

⑤ 踏步总高度$H_s=1650mm$。

⑥ 踏步高度$h_s=1650/11=150mm$。

（2）计算步骤

① 斜坡系数$=\dfrac{\sqrt{b_s^2+h_s^2}}{b_s}=\dfrac{\sqrt{280^2+150^2}}{280}\approx1.134$。

② 梯板下部纵筋和上部纵筋

下部纵筋长度$=15d+(b-$保护层厚度$+l_{sn})\times k+l_{aE}=15\times 12+(200-15+2800)\times 1.134+40\times 12\approx 4045$(mm)

下部纵筋范围$=b_n-2\times 1.5h=1600-3\times 150=1150$(mm)

下部纵筋根数$=1150/150=8$(根)

本题的上部纵筋长度与下部纵筋相同。

上部纵筋长度$=4045$(mm)

上部纵筋范围与下部纵筋相同。

上部纵筋根数$=1150/150=8$(根)

③ 梯板分布筋（③号钢筋）的计算（"扣筋"形状）

分布筋的水平段长度$=b_n-2\times$保护层厚度$=1600-2\times 15=1570$(mm)

分布筋的直钩长度$=h-2\times$保护层厚度$=150-2\times 15=120$(mm)

分布筋每根长度$=1570+2\times 120=1810$(mm)

分布筋根数的计算如下。

分布筋设置范围$=l_{sn}\times k=2800\times 1.134\approx 3175$(mm)

分布筋根数$=3175/200=16$(根)（这仅是上部纵筋的分布筋根数）

上下纵筋的分布筋总数$=2\times 16=32$(根)

④ 梯板拉结筋（④号钢筋）的计算

根据相关规定，梯板拉结筋$\phi 6$，间距600mm。

拉结筋长度$=h-2\times$保护层厚度$+2\times$拉筋直径$=150-2\times 15+2\times 6=132$(mm)

拉结筋根数$=3175/600=6$(根)（注：这是一对上下纵筋的拉结筋根数）

每一对上下纵筋都应该设置拉结筋（相邻上下纵筋错开设置）。

拉结筋总根数$=8\times 6=48$(根)

⑤ 梯板暗梁箍筋（②号钢筋）的计算。梯板暗梁箍筋为$\phi 6@200$。

箍筋尺寸计算如下（箍筋仍按内围尺寸计算）。

箍筋宽度$=1.5h-$保护层厚度$-2d=1.5\times 150-15-2\times 6=198$(mm)

箍筋高度$=h-2\times$保护层厚度$-2d=150-2\times 15-2\times 6=108$(mm)

箍筋每根长度$=(198+108)\times 2+26\times 6=768$(mm)

箍筋分布范围$=l_{sn}\times k=2800\times 1.134\approx 3175$(mm)

箍筋根数$=3175/200=16$(根)（这是一道暗梁的箍筋根数）

两道暗梁的箍筋根数$=2\times 16=32$(根)

⑥ 梯板暗梁纵筋的计算。每道暗梁纵筋根数6根（一、二级抗震时），暗梁纵筋直径ϕ12（不小于纵向受力钢筋直径）。

两道暗梁的纵筋根数$=2\times 6=12$(根)

本题的暗梁纵筋长度同下部纵筋：暗梁纵筋长度$=4045$mm。

上面只计算了一跑ATc3楼梯的钢筋，一个楼梯间有两跑ATc3楼梯，两跑楼梯的钢筋要把上述钢筋数量乘以2。

参 考 文 献

[1] 中国建筑标准设计研究院.混凝土结构施工图平面整体表示方法制图规则和构造详图（现浇混凝土框架、剪力墙、梁、板）：16G101-1 [S].北京：中国计划出版社，2016.

[2] 中国建筑标准设计研究院.混凝土结构施工图平面整体表示方法制图规则和构造详图（现浇混凝土板式楼梯）：16G101-2 [S].北京：中国计划出版社，2016.

[3] 中国建筑标准设计研究院.混凝土结构施工图平面整体表示方法制图规则和构造详图（独立基础、条形基础、筏形基础、桩基础）：16G101-3 [S].北京：中国计划出版社，2016.

[4] 全国地震标准化技术委员会（SAC/TC 225）.中国地震动参数区划图：GB 18306—2015 [S].北京：中国标准出版社，2016.

[5] 中国建筑科学研究院.混凝土结构设计规范，（2015 年版）：GB 50010—2010 [S].北京：中国建筑工业出版社，2015.

[6] 中国建筑科学研究院.建筑抗震设计规范：GB 50011—2010 [S].北京：中国建筑工业出版社，2010.

[7] 中华人民共和国住房和城乡建设部.高层建筑筏形与箱形基础技术规范：JGJ 6—2011 [S].北京：中国建筑工业出版社，2011.

[8] 赵荣.G101 平法钢筋识图与算量 [M].北京：中国建筑工业出版社，2010.

[9] 王武齐.钢筋工程量计算 [M].北京：中国建筑工业出版社，2010.

[10] 李守巨.例解钢筋翻样方法 [M].北京：知识产权出版社，2016.